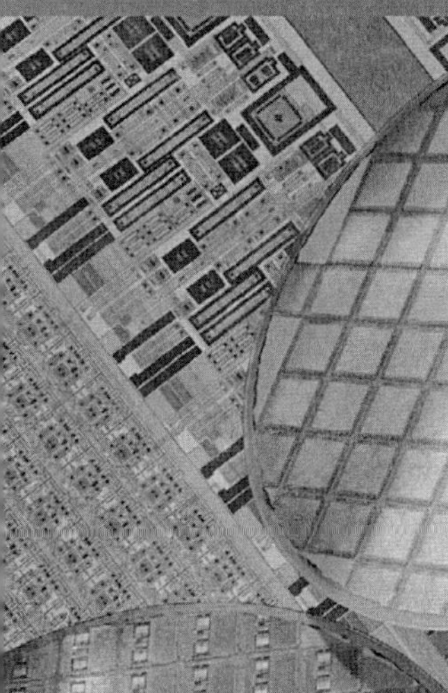

실리콘 태양전지 기술

Silicon solar cell technology

이 병 렬 지음

홍릉과학출판사

머리말

반도체 산업은 우리나라의 대표 산업으로 IT, 자동차 등 거의 모든 영역에서 핵심부품으로 사용되며 우리 생활 전반에 큰 영향을 미치고 있다. 반도체 기술의 응용 분야 중 하나인 태양전지 기술은 지구 온난화와 화석 에너지의 고갈 그리고 안전성 논란이 일고 있는 원자력 발전 등의 문제를 해결할 수 있는 거의 유일한 해법으로 기대되고 있다. 아직까지는 가격 경쟁력이 부족하지만 화석연료와 태양전지의 발전단가가 같은 수준에 도달하면 보급은 급속히 확산될 것으로 예상된다. 이를 위해선 더 많은 사람들이 태양전지 산업에 참여하여 저가격, 고효율 태양전지 기술 개발이 가속화 되어야 한다.

이미 "태양전지"에 관한 다양한 교재가 시중에 나와 있지만 이 분야에 관심이 있는 이공계 학생이나 산업현장의 공학자들이 전문 서적을 통해 깊이 있는 학습을 하고자 하면 반도체 재료나 pn 접합과 같은 반도체 물성에 대한 부분에서 벽에 부딪힌다. 또한 제조 공정과 공정 장비에 대한 이해도 필수적인데 이처럼 일반용과 전문서적 사이를 보완할 입문서가 의외로 부족하다고 판단되었다. 이 책은 이공계 학부생과 현장의 공학자들이 태양전지와 이의 기본이 되는 반도체 물성 그리고 반도체 제조 공정기술에 대한 기초 지식을 이해하고 쉽게 참고할 수 있는 수준으로 구성하였다.

반도체와 솔라셀이라는 분야 자체가 방대한 학문적 영역이기 때문에 본 교재가 모든 내용을 자세히 다루고 있지는 못하지만 솔라셀에 대한 기본적인 개념을 확고하게 해주며 태양광 발전 시스템을 이해하고 분석하는 데 충분한 참고가 될 것으로 기대한다. 보완할 분야나 내용상 오류에 대해선 아낌없이 지적해 주기 바라며 추후 개정판에서 다양한 예제와 함께 충실히 보완할 예정이다. 아무쪼록 이 교재가 솔라셀 분야에 관심을 갖고 있는 많은 분들에게 조금이라도 도움이 되기를 고대한다.

2013년 2월

저자

차례

PART 4 솔라셀 기술 / 179

PART 1

태양광 발전 개요

CHAPTER 01

태양 에너지

현대 사회의 주요 에너지원인 화석연료도 오랜 세월 동안 태양 에너지에 의해 형성된 것이라고 볼 수 있다. 인류의 역사를 살펴보면 산업혁명을 기점으로 화석연료 소비가 급격히 높아지고 있는데 다수의 학자들은 화석연료가 소진된 이후의 시대는 태양 에너지가 가장 효과적인 신재생(renewable) 에너지원이 될 것으로 예상하고 있다. 이처럼 인류 생존에 절대적으로 필요한 태양 에너지의 속성에 대해 알아본다.

1.1 에너지 자원과 소비량

1.1.1 에너지와 전력

에너지(energy)란 일(work)을 할 수 있는 능력 혹은 수행된 일의 양으로 정의한다. 물리학에서 일은 작용한 힘과 이에 의해 발생한 변위의 곱으로 결정되므로 단위는 [N·m] 혹은 [J]을 사용한다. 1[J]의 에너지란 1[N]의 힘으로 1[m]를 이동할 수 있는 양이다.

$$W[\mathrm{J}] \triangleq \int F\,ds\,[\mathrm{N}\cdot\mathrm{m}]$$

$$1[\mathrm{J}] = 1[\mathrm{N}\cdot\mathrm{m}] = 1[\mathrm{kgm^2/s^2}]$$

에너지는 동력, 열 혹은 전기와 같이 다양한 형태로 변환할 수 있으며 이에 따른 고유한 단위 체계를 사용한다. 예를 들어 열에너지의 경우 [cal], 전기 에너지의 경우 [Wh], 전자의 에너지는 [eV]를 주로 사용한다. 한편 화석연료의 경우 직접적인 에너지 비교를 할 수 없기 때문에 등가적인 에너지 크기로 나타내는데 1[toe]란 원유 1[ton]을 연소할 때 얻을 수 있는 에너지의 양을 의미한다.

$$1[\mathrm{cal}] = 4.184[\mathrm{J}]$$

$$1[\mathrm{Wh}] = 1\times 3{,}600[\mathrm{Ws}] = 3{,}600[\mathrm{J}]$$

$$1[\mathrm{eV}] = 1.6\times 10^{-19}[\mathrm{CV}] = 1.6\times 10^{-19}[\mathrm{J}]$$

$$1[\mathrm{toe}] = 10{,}000{,}000[\mathrm{kcal}] = 41.863\times 10^{9}[\mathrm{J}] = 11.6\times 10^{6}[\mathrm{Wh}]$$

한편 에너지의 시간 변화율을 동력 혹은 전력(power, P[W])으로 정의하는 데, 일정 기간의 에너지 소비량이 주어지면 평균 소비전력을 계산할 수 있다. 예를 들어 1[W]의 소비전력은 1년간 31.5[MJ]의 에너지 소비에 해당한다. 특히 전기 시스템에서 전력은 단위 전하(charge, Q[C])가 갖는 위치 에너지와 단위 시간당 전하 흐름의 곱과 같으므로 전압과 전류의 곱으로 구할 수 있다.

$$P[\mathrm{W}] = \frac{dW}{dt}[\mathrm{J/s}] = \left(\frac{dW}{dQ}\right)\left(\frac{dQ}{dt}\right) = V \cdot I\,[\mathrm{VA}]$$

$$1[\mathrm{W}] = 1[\mathrm{J/s}] = 1[\mathrm{W}] \times 365[\mathrm{day/yr}] \times 24[\mathrm{hr/day}] = 8,760[\mathrm{Wh/yr}] = 31.5 \times 10^{6}[\mathrm{J/yr}]$$

연간 에너지나 전체 전력량과 같이 매우 큰 물리량의 경우 공학 접두어(SI prefix)를 사용하여 표현하는 것이 편리한데 1[TW]는 10^{12}[W]에 해당하며 1[EJ]은 1[TJ]의 10^{6}배에 해당하는 크기이다.

표 1-1 SI 공학 접두어

Prefix	Symbol	10^n	decimal
yotta	Y	10^{24}	1 000 000 000 000 000 000 000 000
zetta	Z	10^{21}	1 000 000 000 000 000 000 000
exa	E	10^{18}	1 000 000 000 000 000 000
peta	P	10^{15}	1 000 000 000 000 000
tera	T	10^{12}	1 000 000 000 000
giga	G	10^{9}	1 000 000 000
mega	M	10^{6}	1 000 000
kilo	k	10^{3}	1 000
hecto	h	10^{2}	100
daca	da	10^{1}	10
		10^{0}	1
deci	d	10^{-1}	0.1
centi	c	10^{-2}	0.01
milli	m	10^{-3}	0.001
micro	μ	10^{-6}	0.000 001
nano	n	10^{-9}	0.000 000 001
pico	p	10^{-12}	0.000 000 000 001
femto	f	10^{-15}	0.000 000 000 000 001
atto	a	10^{-18}	0.000 000 000 000 000 001
zcpto	z	10^{-21}	0.000 000 000 000 000 000 001
yocto	y	10^{-24}	0.000 000 000 000 000 000 000 001

1.1.2 에너지 소비량

2010년에 EIA(Energy Information Administration)에서 발표한 세계 에너지 전망(World Energy outlook) 보고서에 의하면 전체 인류가 사용하는 연간 에너지 소비량은 지속적으로 상승하는 추세를 보이고 있으며 2005년 한 해에 약 500[EJ]이었던 것이 2010년에는 528[EJ]로 증가하였다. 이를 연평균 전력 소비로 계산하면 2010년 한 해 동안 평균 16.7[TW]라는 엄청난 전력 소비에 해당한다. 이를 60억 인류로 계산하면 개인별로 약 2.7[kW]의 전력을 연속적으로 사용하는 것과 같다.

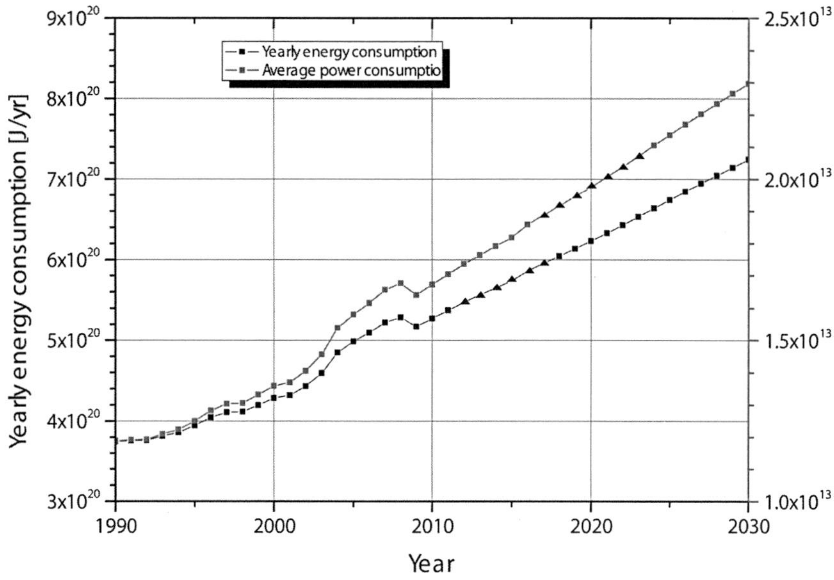

〈 그림 1-1 〉 연간 에너지 소비량 추이

에너지 소비량에 대해 공급 자원별 분포를 살펴보면 석유에 대한 의존도는 미세하게 줄고 있지만 전체의 35% 수준으로 여전히 가장 많이 사용되고 있다. 현대 사회에서 석유, 천연가스, 석탄 등의 화석연료가 전체 에너지 소요량의 80% 이상을 충당하고 있는데, 이는 언젠가는 고갈될 자원이다. 따라서 이에 대비하기 위해 신재생 에너지의 비중이 조금씩 확대되는 추세이고 이를 위해 세계 각국에서 활발한 연구 개발이 진행되고 있다. 아직까지는 신재생 에너지가 전체 에너지 소요량의 10% 미만에 머물러 있지만 2040년경에는 30% 수준에 도달할 것으로 많은 학자들이 전망하고 있다.

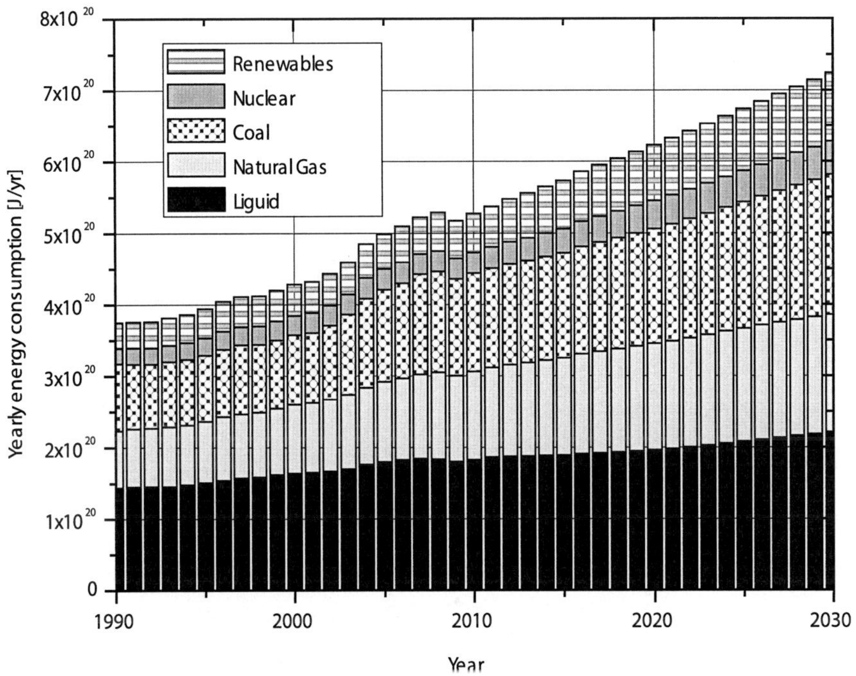

◀ 그림 1-2 ▶ 공급 자원별 에너지 소비량

1.1.3 신재생 에너지 자원

화석연료인 석탄, 석유, 천연가스와 원자력 발전의 연료인 우라늄(uranium)은 고갈성 에너지원인 반면, 자연에서 반복되는 에너지의 흐름에 유래하고 이를 사용하는 이상의 속도로 재생될 수 있는 에너지 자원을 재생 가능 에너지원이라고 구분한다. 재생 가능 에너지의 근원은 태양과 달인데 직접적으로는 태양열 온수기나 태양광 발전 그리고 간접적으로는 물이나 바람의 순환을 통해 수력이나 풍력발전 등에 이용된다. 또한 태양 에너지에 의해 성장한 식물을 이용하는 바이오 매스(bio mass)와 달의 인력에 기인한 조수의 변화와 조류작용 그리고 지구 내부 마그마(magma)의 지열을 이용한 발전 등도 여기에 해당한다.

이러한 재생 가능 에너지 중에서 수력발전을 제외한 새로운 형태의 재생 에너지를 신재생 에너지(renewable energy)라고 부르고 있다. 점차 중요성이 커지고 있는 신재생 에너지원은 기존의 화석연료를 변환하여 사용하거나 빛, 물, 생물 등 재생 가능한 에너지원을 변환하여 이용하는 총 11개 에너지원으로 정의하는 데, 크게 연료전지(fuel cell), 수소 에너지, 석탄 액화가스(coal liquefied gas)와 같은 3종류의 신에너지와 태양열, 태양광, 바이오 매스, 풍력, 소수력(small hydro power), 지열(geothermal), 해양 에너지, 폐기물과 같은 8종류의 재생 에너지원으로 구분한다.

표 1-2 신재생 에너지원

신 에너지	연료전지, 수소 에너지, 석탄액화가스
재생 에너지	태양열, 태양광, 바이오 매스, 풍력, 소수력, 지열, 해양 에너지, 폐기물

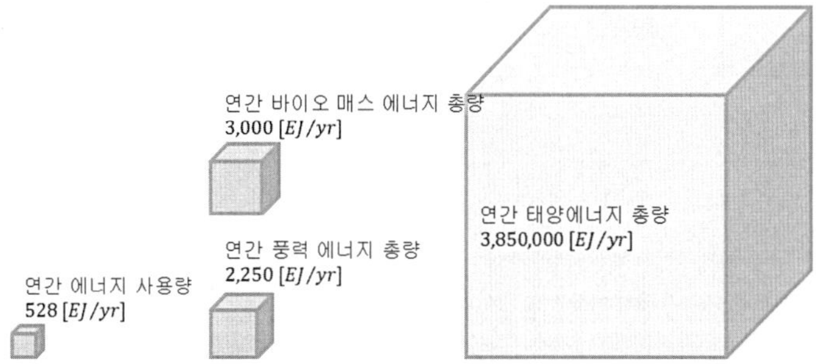

그림 1-3 신재생 에너지 공급 가능 규모

신재생 에너지원의 중요성에 비해 현 수준에서 사용하는 총량은 미약한 수준이다. 이것도 절반 이상이 폐기물 발전을 이용한 것이기 때문에 태양광과 같은 자연적인 에너지의 직접적인 이용은 그만큼 진행되지 않고 있다. 신재생 에너지원 중에서 한해 동안 공급 가능한 에너지 규모를 비교하면 태양광이 압도적인데 이는 인류가 한 해에 사용하는 에너지 총량의 약 7,300배에 달하는 거대한 에너지 규모이다.

에너지 공급 가능 규모뿐 아니라 기술 수준, 안정성, 경제성 등의 측면을 고려해 볼 때 태양광이 미래 에너지 자원 중 가장 유망한데, 현존하는 상용 솔라셀로 생산할 수 있는 전력의 크기는 맑은 날에 1[m^2]당 최대 200[W] 수준이다. 만일 면적이 9.4×10^6[km^2]에 달하는 사하라(Sahara) 사막 전체를 솔라셀로 덮을 수만 있다면 최대 1.88[PW]의 전력을 공급할 수 있고, 이것으로 하루 한 시간씩만 발전을 해도 연간 2,471[EJ]의 에너지를 얻을 수 있는 데 이는 인류가 한해 동안 소비하는 에너지 총량보다 몇 배 큰 규모이다.

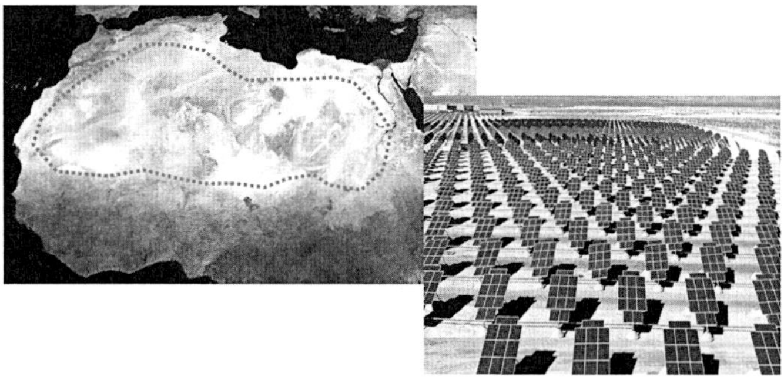

그림 1-4 사막지역의 태양광 발전 예

1.2 태양 복사 에너지

1.2.1 태양의 속성

태양은 내부에서 핵융합(nuclear fusion) 반응이 지속되는 거대한 고온의 기체 구로 지름은 약 1.39×10^6[km]로 지구의 109배이며 부피는 약 130만 배에 달한다. 질량은 지구의 33만 배로 평균 밀도는 지구의 1/4에 불과한데 이는 지구처럼 고체의 껍질을 가진 것이 아니라 태양 전체가 거대한 고온의 기체 구이기 때문이다. 태양의 내층에서 나오는 빛은 표면에 있는 물질에 흡수되어 밖으로 나오지 못한다. 따라서 태양의 내부는 직접 관측할 수 없고 표면 상태로부터 추정할 수밖에 없다. 태양의 내부 구조는 안쪽에서 바깥쪽으로 태양핵(solar core), 방사층(radiative zone), 대류층(convective zone), 광구(photosphere)로 구분된다.

태양핵은 태양 중심에서 반경 25%까지로 핵 융합 반응을 통해 열에너지를 생성하며 온도는 약 14.5[MK]에 달한다. 태양핵에서 반경의 70%까지는 방사층으로 태양핵의 열에너지를 방사 에너지(emission energy) 형태로 전달하는데 온도는 약 2.1[MK]이다. 방사층을 둘러싸고 있는 대류층을 통해 표면으로 열에너지가 전달되는데 태양 내부의 빛은 흡수되어 외부에서 관측할 수 없다. 광구는 육안으로 보았을 때 태양의 둥글고 빛나는 영역으로 표면에서 깊이 약 400[km]까지의 층으로 온도는 약 5,800[K]에 달한다.

1.2.2 태양광 스펙트럼(spectrum)

우리가 물체를 보고 그 색깔을 구별할 수 있는 것은 물체에 빛을 비추어 주었을 때 그 물체의 색에 해당하는 진동수(frequency, f[Hz]) 또는 파장(wave length, λ[m])의 빛만

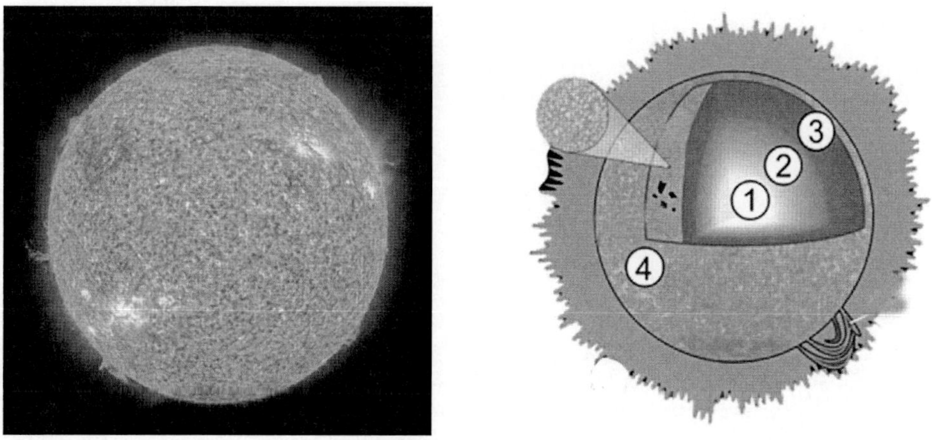

《 그림 1-5 》 태양 광구와 내부 구조

반사하고 나머지 파장의 빛은 흡수하기 때문이다. 빛의 진동수와 파장의 관계는 아래와 같다.

$$\lambda = \frac{c}{f}$$

$c=2,998\times10^{8}$[m/s] : speed of light

만일 물체가 빛을 계속 흡수하기만 한다면 물체가 지닌 에너지가 올라가서 뜨거워질 수밖에 없다. 따라서 일정한 온도를 유지하는 물체는 흡수한 빛만큼 복사(radiation)파의 형태로 빛을 방출하게 된다. 이처럼 복사파의 형태로 에너지를 방출하는 현상을 흑체 복사(blackbody radiation)라고 하며, 흑체(blackbody)란 표면에 가해지는 모든 파장대의 빛을 흡수하는 이상적인 열 방사원을 의미한다.

이때 파장대에 따라 방사되는 빛의 세기가 달라지는 정도를 스펙트럼 조사 강도(Spectral Irradiance, F(λ)) 분포로 나타내는데 이는 온도에 따라 고유한 분포 특성을 가진다. 스펙트럼 조사 강도 분포에서 가로축은 빛의 파장($\lambda[\mu$m])이고 세로축은 각 파장당 전력밀도(F[(W/m^2/m])를 나타낸다.

$$F[\mathrm{W/m^2/m}] = \frac{2\pi hc^2}{\lambda^5\left[\exp\left(\frac{hc}{\kappa\lambda T}\right)-1\right]}$$

$c=2.998\times10^{8}$[m/s] : speed of light

$h=6.626\times10^{-34}$ [J·s] : Planck's constant

$\kappa=1.380\times10^{-23}$[J/K] : Boltzmann's constant

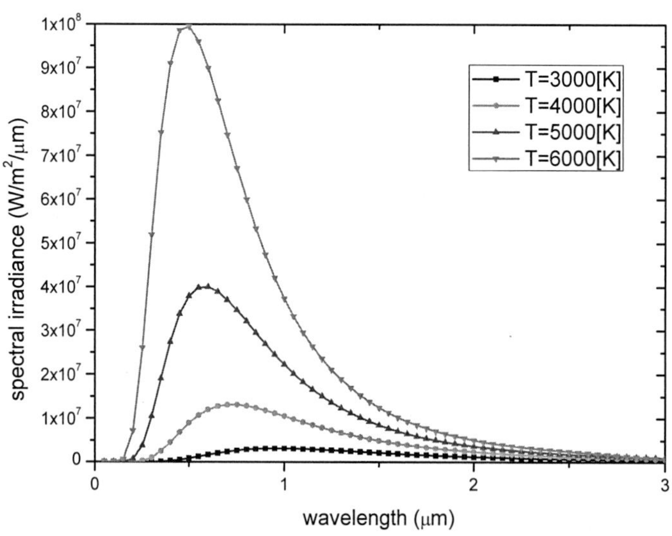

《 그림 1-6 》 흑체 복사에 의한 스펙트럼 조사 강도 분포

스펙트럼 조사 강도 분포를 미분하면 광원에서 방사하는 빛 중에서 최고 조사 강도를 갖는 파장(λ_p)을 구할 수 있는데 온도가 올라갈수록 최고 조사 강도를 나타내는 파장은 점차 짧아짐을 알 수 있다.

$$\left.\frac{dF(\lambda)}{d\lambda}\right|_{\lambda=\lambda_p} = 0$$

$$\rightarrow \lambda_p[\mu\mathrm{m}] = \frac{2,900}{\mathrm{T[K]}}$$

육안으로 볼 수 있는 가시광선(visible light)의 파장은 약 380~780[nm]영역인데 780[nm]보다 파장이 긴 적외(IR, Infrared)선과 380[nm] 보다 파장이 짧은 자외(UV, Ultraviolet)선은 육안으로 관측할 수 없다. 복사체의 온도에 따라 스펙트럼 조사 강도 분포가 달라지므로 온도가 3,000[K]까지 올라가면 가시영역 파장대의 빛을 방출하면서 점차 적색을 띄기 시작한다. 온도가 상승하면 조사 강도가 최대인 빛의 파장이 짧아지므로 점차 청색광에서 백색광으로 변화한다.

태양광의 표면 온도인 6,000[K]에서의 흑체 복사 스펙트럼은 파장이 150[nm] 부근인 자외선에서 시작되어 500[nm] 부근 파장에서 가장 큰 세기의 에너지를 방출하고, 파장이 길어지면서 완만하게 감소하는 매끄러운 분포이다. 이처럼 태양으로부터 방사되는 빛에는 가시광선뿐 아니라 눈에 보이지 않는 적외선과 자외선도 포함되어 있다. 비율은 가시광선이 52%, 적외선이 42%로 대부분을 차지하고 자외선은 약 5~6% 수준이다.

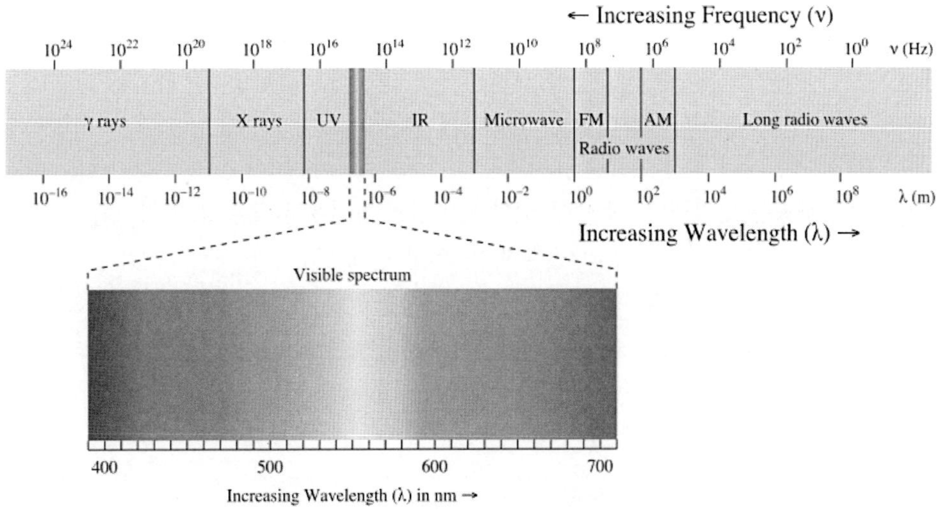

그림 1-7 빛의 파장

흑체에서 방출되는 스펙트럼 조사 강도 분포를 전체 파장에 대해 적분을 취하면 단위 면적당 작용하는 전력으로 표현되는 전체 조사 강도(H[W/m^2])를 구할 수 있다. 전체 조사 강도는 절대온도의 4제곱에 비례한다.

$$H[\mathrm{W/m^2}] \triangleq \int_0^{\infty} F(\lambda)d\lambda = \sigma \cdot T^4$$

$\sigma=5.67\times10^{-8}$[W/m^2/K^4] : Stefan-Boltzmann constant

빛은 파동과 입자의 성질을 모두 갖고 있는데 표면 온도가 약 6,000[K]인 태양에서 전달되는 빛은 가시광 외에 여러 파장대가 섞인 전자기파(electromagnetic wave) 형태로 전파된다. 이때 빛의 진행 속도는 파장과 진동수의 곱과 같다. 각 파장의 빛은 고유한 에너지 다발을 갖고 있는 광자(Photon)로 볼 수 있는 데, 광자가 갖는 에너지의 크기는 파장에 반비례한다. 따라서 가시광 스펙트럼에서 파장이 짧은 청색광이 적색광에 비해 더 큰 에너지를 가진다. 광자의 에너지 단위는 [J]이지만 광기전력 효과를 사용하는 솔라셀에서는 빛에 의한 전기에너지를 다루는 것이기 때문에 광자가 갖는 에너지 크기를 전자의 에너지 단위인 [eV]로 표현하는 것이 편리하다. 예를 들어 파장 0.5[μm]인 광자의 에너지는 3.97×10^{-19}[J]=2.48[eV]에 해당한다.

$$E[\mathrm{J}] = h \cdot \nu = \frac{hc}{\lambda}$$

$c=2.998\times10^{8}$[m/s] : speed of light
$h=6.626\times10^{-34}$[J·s] : Planck's constant

$$E[\mathrm{eV}] = \frac{1.24}{\lambda[\mu\mathrm{m}]}$$

광자 선속(photon flux, Φ)은 단위 시간당 단위 면적에 작용하는 광자의 수로 정의하는데 파장에 따라 광자가 갖는 에너지양이 다르므로 같은 조사 강도의 빛이라도 파장에 따라 광자 선속은 달라진다. 예를 들어 파장이 다른 광원에서 같은 조사 강도를 얻었다면 청색광의 광자에 비해 적색광의 광자가 더 많이 필요하다.

가해지는 빛의 특정 파장에 대한 광자 선속을 알면 여기에 광자의 에너지를 곱해서 빛의 조사 강도(Irradiance, H)를 구할 수 있다.

$$H[\mathrm{W/m^2}] = \Phi \cdot \frac{hc}{\lambda} = q\Phi\frac{1.24}{\lambda[\mu\mathrm{m}]}$$

$q=1.6\times10^{-19}$[C] : chrage of electron

한편 태양의 온도로부터 태양 표면의 조사 강도를 구할 수 있는데 이는 단위 면적당의 전력 밀도로 표시되므로 여기에 태양 표면적을 곱하면 전체 전력 방출량은 구할 수 있다. 태양에서 방사된 전체 전력이 우주공간을 통해 전달되므로 지구에 작용하는 태양광 전력 밀도는 태양에서 멀어진 거리의 제곱에 반비례한다. 따라서 태양에서 방사되는 전체 에너지 중 겨우 약 22억 분의 1만이 지구에 도달한다.

$$H_{sun}[\mathrm{W/m^2}] = \sigma \cdot T^4$$

$$P_{sun\ total} = H_{sun} \times 4\pi {R_{sun}}^2$$

$$H_{earth} = H_{sun} \times \frac{{R_{sun}}^2}{{R_{orbit}}^2} \cong 1.366[\mathrm{W/m^2}]$$

$R_{sun} \approx 6.95 \times 10^5$[km] : sun radius
$R_{orbit} \approx 1.496 \times 10^8$[km] : earth orbit radius

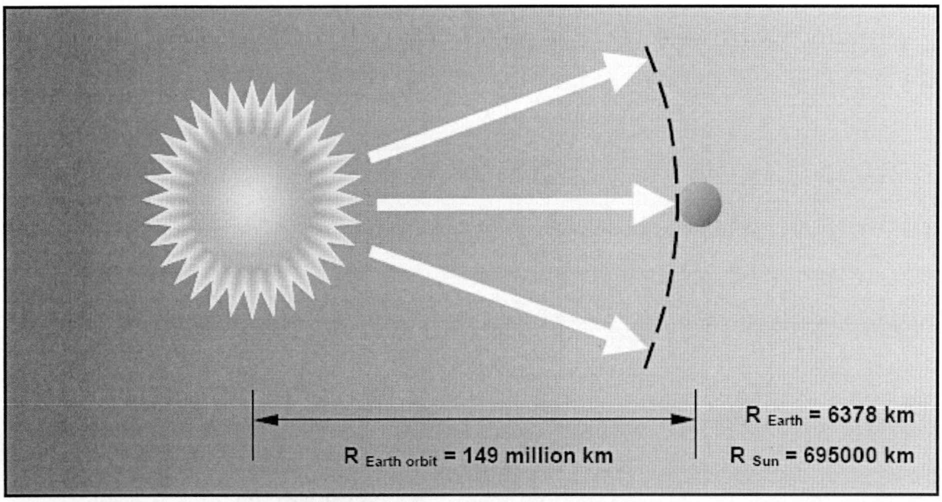

《 그림 1-8 》 지구에 도달하는 태양 방사 에너지

지구 대기권 바깥에서 측정한 태양광 조사 강도를 태양 상수(solar constant)라고 하는데, 태양의 온도뿐 아니라 지구 궤도 반경이 계속 변화하고 있으므로 일정한 값은 아니지만 대략 단위 제곱미터당 약 1.37[kW] 정도이다. 그러나 이는 지구 대기권 밖에서 측정한 값으로 실제 지표면에 작용할 때는 대기권을 통과해야 하므로 이 과정에서 발생하는 손실에 의해 지표면에서는 태양 상수보다 작은 조사 강도를 나타낸다.

태양으로부터 1[m^2]의 면적에 1[s]당 1.366[kJ]의 에너지가 지구 대기권 바깥에 도달한다. 지구의 반경이 6,378[km]이므로 투영 면적을 고려하면 1초당 태양으로부터 받아들이는 에너지는 약 175[PJ]이 된다. 이를 1년 동안 누적하면 5.52[YJ]에 해당하는 데 이 중 30%는 우주공간으로 반사되기 때문에 실제로 지구가 받아들이는 태양 에너지는 연간 3.86[YJ]이다. 이를 석유로 환산하면 매년 92.2[Ttoe]의 에너지가 되는데, 이 에너지에 의해 물과 대기의 순환이 일어나서 수력 발전과 풍력 발전이 가능한 것이다. 인류가 사용하는 화석연료도 수억 년 동안 생물이 빛을 받아 성장하고 사멸하면서 만들어진 것이기 때문에 우리가 사용하는 에너지원의 대부분은 태양에 기원하는 것이라고 볼 수 있다.

$$S = \pi \times R_{earth}^2 = \pi \times (6.378 \times 10^6)^2 = 1.28 \times 10^{14}[\mathrm{m}^2] = 128[\mathrm{Tm}^2]$$

$$P_o = 1.37[\mathrm{kW/m^2}] \times 128[\mathrm{Tm}^2] = 175[\mathrm{PW}]$$

$$\begin{aligned} E_o &= 175[\mathrm{PW}] \times 365[\mathrm{day/yr}] \times 24[\mathrm{hr/day}] \times 3{,}600[\mathrm{s/hr}] \\ &= 5.52 \times 10^{24}[\mathrm{J}] = 5.52[\mathrm{YJ}] \end{aligned}$$

$$\begin{aligned} E_{earth} &= E_o \times 30\% = 3.86[\mathrm{YJ}] = 3.86[\mathrm{YJ}] \times \frac{1}{41.9}[\mathrm{toe/GJ}] = 92.2 \times 10^{12}[\mathrm{toe}] \\ &= 92.2[\mathrm{Ttoe}] \end{aligned}$$

CHAPTER 02

일조 특성

태양으로부터 전달되는 복사 에너지는 우주공간에서 거의 손실 없이 지구에 전달된다. 따라서 지구 대기권 바깥에 위치한 인공위성에서 태양광 스펙트럼을 측정해 보면 태양 온도에 해당하는 흑체 복사 스펙트럼 분포와 거의 일치한다. 그러나 지표에서 태양광을 측정하면 특정 파장에서 상당량의 손실이 존재하는 것을 확인할 수 있다. 이는 태양 복사 에너지가 지구 대기권을 통과할 때 여러 가지 영향을 받기 때문이다. 이러한 손실 정도는 매 순간 태양의 위치에 따라 달라지므로, 태양의 고도각(elevation angle), 방위각(azimuth angle) 그리고 솔라셀이 설치된 지역의 위도와 솔라셀의 설치 각도 등에 따라 작용하는 일조 강도가 크게 달라진다. 이처럼 일조 강도가 변하는 현상을 이해하기 위해 측정 조건에 따른 대기질량 상수(air mass)와 태양각(solar angle) 그리고 솔라셀의 설치각 등에 대한 상관관계를 살펴본다.

2.1 대기 효과

2.1.1 일조 성분

우주공간을 통해 손실이 거의 없는 상태로 지구 대기까지 전달된 태양광 복사 에너지는 지구 대기권을 통과하는 과정에서 산란(scattering), 복사(radiation), 반사(reflection)가 일어난다. 태양광 스펙트럼 성분 중 장파장광은 거의 평행광으로 지표에 도달하지만, 상대적으로 에너지가 큰 단파장광은 대기권 내의 여러 입자에 의해 산란되어 방향성 없이 지표에 작용한다. 또한 대기 내 오존(O_3)층이나 수증기(H_2O), 이산화탄소(CO_2) 층에서 태양 에너지의 상당량이 흡수되기 때문에 실제 지표에 작용하는 태양광 스펙트럼은 대기 외부에서 측정한 분포와 달라진다. 특히 에너지가 큰 자외선 등의 단파장광은 O_3층에서 흡수가 일어나므로 오존층이 훼손되면 인체에 직접적으로 영향을 줄 수 있다. 또 지구에 도달한 태양광 에너지 중 일부는 대기권 표면이나 지표에서 반사되는데, 특히 지표에서 반사된 에너지가 우주공간으로 되돌아가는 과정에서 대기 내의 CO_2층에서 재흡수가 되는 온실 효과(greenhouse effect)가 발생하여 지구 온난화의 원인으로 작용한다.

지구에 도달한 태양 에너지는 지표면에 도달하기 선 대기권을 통과하는 과정에서 내기에 의한 반사와 흡수가 발생하므로 실제 지표에 작용하는 태양 에너지의 양은 대기권 외부에서 측정한 태양 에너지 양보다 작다. 또한 지표 도달 후에 약 30%는 우주공간에 재 반사되고 나머지가 지표와 대기에 작용한다.

$$F_{ground} = F_{solar} - F_{reflection} - F_{absorption}$$

대기 통과 과정에서 태양광은 산란, 흡수, 반사 등이 발생하여 일부만이 지표에 작용하는데, 이때 지표에 작용하는 태양의 복사 에너지를 일조(Insolation, Incoming solar radiation)라 하고 크게 직달 일조(direct insolation)와 산란 일조(diffuse insolation) 그리고 반사 일조(albedo insolation)로 구분한다. 산란 일조는 대기권에서의 산란에 의한 무방향성 복사 에너지로 전체 일조량의 10% 미만이다. 반사 일조는 지표에서 일어나는 태양광 반사에 의한 일조 성분으로 산림, 잔디, 흙, 사막 등에 따라 다른 반사율을 가진다. 통상 평균 반사율을 20% 수준인데 솔라셀의 설치 방향이 태양을 향하고 있으므로 반사 일조가 솔라셀에 미치는 영향은 제한적이다.

일조 성분 중에서 직달 일조와 산란 일조를 합한 것을 전 일조(total insolation) 혹은 수평면 일조(global insolation)라고 하는데 이것이 솔라셀에 동작에 직접적인 영향을 주는 성분이고, 반사 일조는 태양광 발전에는 거의 영향을 미치지 않으므로 일반적으로 무시해도 된다.

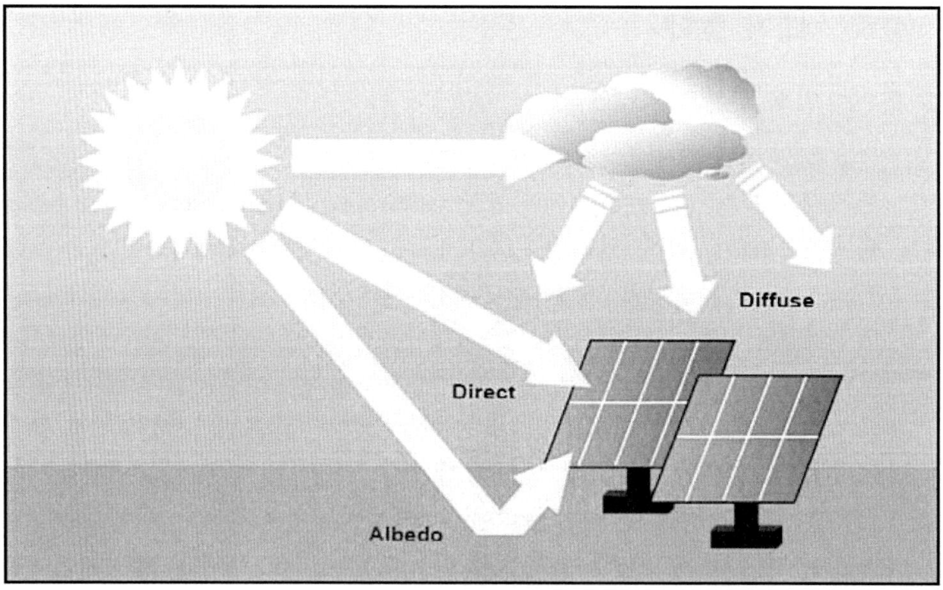

《 그림 2-1 》 일조 성분

2.1.2 대기질량 상수

광원으로부터 단위 면적당 단위 시간에 조사되는 에너지를 조사 강도(irradiance, [W/m^2])라고 하며, 조사량(irradiation, [J/m^2])은 광원으로부터 작용한 조사 강도를 일정 기간 적산한 값으로 시간에 따른 조사 강도의 변화가 반영된 물리량이다. 특히 태양광에 의한 조사 강도를 일조 강도(solar irradiance, G[W/m^2])라고 하며 태양 광선에 수직으로 놓은 1[cm^2] 면적에 1[min]간 작용한 복사 에너지의 크기로 정의한다. 이는 태양의 위치에 따라 달라지며 하루 중에서는 태양이 남중 위치에 있을 때, 그리고 1년 중에는 하지(summer solstice)경에 최대값을 가진다. 공기가 없는 대기권 바깥에서의 일조 강도인 태양상수(solar constant)는 약 1,366[W/m^2]인 반면, 맑은 날씨에 지표에 작용하는 일조 강도는 800~1,000[W/m^2] 수준이다. 일조량(solar irradiation, H[J/m^2])은 규정된 일정 기간 일조 강도를 적산한 값으로 일조 성분에 따라 직달, 산란, 수평면, 경사면 등으로 구분하여 표기한다.

태양광이 대기를 통과하는 과정에서 흡수와 산란에 의한 손실이 발생하므로, 대기 통과 거리가 길어질수록 태양 복사 에너지에 손실이 많이 발생하게 되어 지표에 작용하는 일조 강도는 줄어들게 된다. 특정 위치에서 태양광의 대기 통과 경로가 최단 거리에 비해 상대적으로 얼마나 늘어나는지의 비율을 대기질량(Air Mass, AM) 상수라는 지표로 정의하는데, 최단 거리는 태양광이 지표에 연직선상에 있을 때이므로 태양의 각도로부터 계산할 수 있다. 대기 상수를 측정하는 간단한 방법은 지표에 길이가 h인 기둥을 수직으로 세워두고 그림자의 길이 s를 측정하면 직각 삼각형의 관계로부터 아래와 같이 계산할 수 있다.

$$A.M. = \frac{Y}{X} = \frac{1}{\cos\zeta} = \sqrt{1+\left(\frac{s}{h}\right)^2}$$

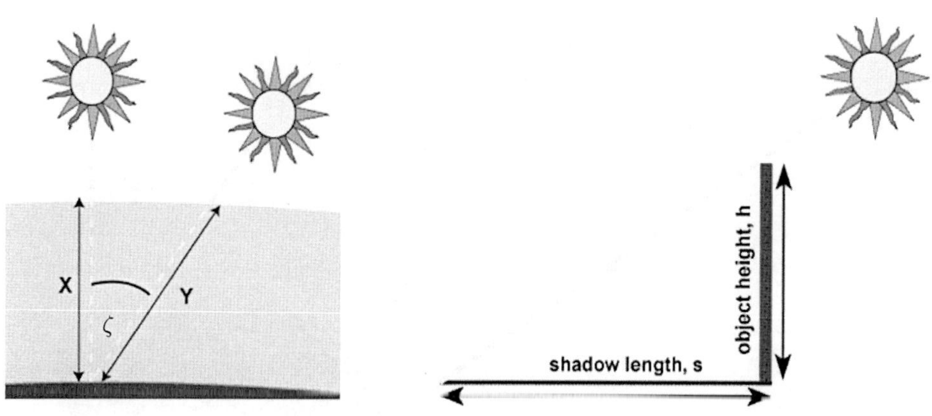

【 그림 2-2 】 대기질량 상수 측정 방법

대기질량 상수가 클수록 태양광이 대기권을 통과하는 거리가 길어지므로 지표에 작용하는 일조량은 줄어든다. $AM\,0$은 대기권을 통과하지 않는 경우이므로 인공위성과 같은 우주용 태양전지에 작용하는 일조 조건이다. 반면 $AM\,1$은 지표면에 수직한 방향으로 태양광이 작용할 때로 솔라셀을 지표에서 눕혀놓은 상태에서 태양광 발전을 한다면 가장 좋은 조건이 된다. $AM\,1.5$는 지표 수직축에서 48.2° 기울어진 방향으로 태양광이 작용할 때를 나타내며, 특히 $AM\,1.5G$는 직달 일조와 산란 일조를 포함하는 전체 수평면 일조 조건으로 솔라셀 평가를 위한 기준 일조 조건으로 사용한다. $AM\,1.5D$는 $AM\,1.5$ 조건에서 직달 일조만 고려한 것으로 집광형(conventrated) 솔라셀 평가에 사용하는 표준 일조 조건이다.

$$AM\,0 = \frac{0}{X}$$

$$AM\,1.0 = \frac{X}{X} = \frac{1}{\cos\zeta} \rightarrow \cos\zeta = 1 \rightarrow \zeta = 90°$$

$$AM\,1.5 = \frac{1.5X}{X} = \frac{1}{\cos\zeta} \rightarrow \cos\zeta = \frac{1}{1.5} \rightarrow \zeta = 48.2°$$

$$AM\,2.0 = \frac{2.0X}{X} = \frac{1}{\cos\zeta} \rightarrow \cos\zeta = \frac{1}{2} \rightarrow \zeta = 60.0°$$

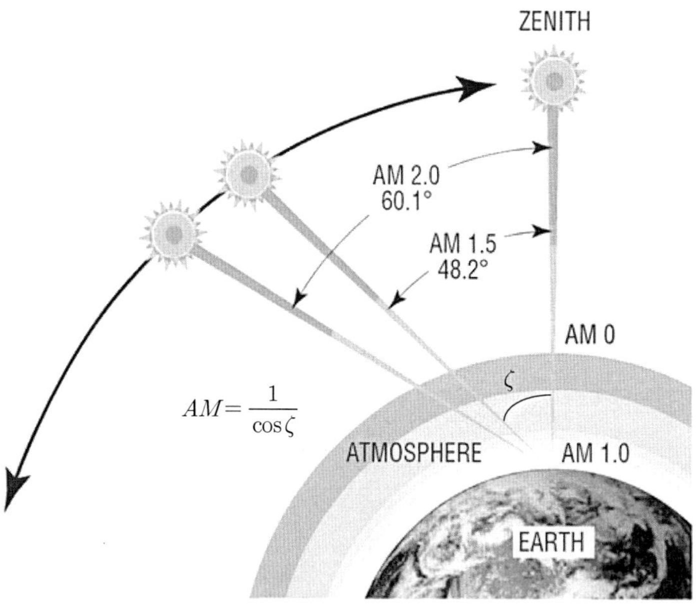

◖ 그림 2-3 ◗ 태양각에 따른 대지 질량 상수

2.1.3 태양광 스펙트럼 변화

$AM\,0$는 대기권을 통과하기 직전의 일조 조건이므로 태양 표면온도로 결정되는 흑체 복사 스펙트럼과 거의 유사하다. $AM\,1.5$ 조건에서는 대기권 통과 과정에서 특정 파장대별 산란과 흡수에 의한 손실이 발생하여 지표에 작용하는 일조 강도는 줄어든다. 특히 파장이 짧은 가시광에서 자외선까지의 광은 레일리히 산란(Rayleigh scattering)에 의해 큰 폭으로 감쇄된다. 기체 분자에 의한 빛의 산란 확률은 파장이 짧을수록 증가하는 데 흔히 맑은 날에 하늘이 파랗게 보이는 이유는 레일리히 산란에 의해 청색이나 보라색 광이 산란되기 때문이다. 반면 아침이나 저녁에는 태양의 고도가 낮아서 태양광이 대기를 길게 통과해야 하므로 산란 없이 먼 거리까지 통과하는 적색이 가시권에 잘 들어오게 되어 붉게 보이는 것이다.

또한 O_3층과 공기 중의 H_2O, O_2, CO_2 … 등의 기체 분자진동에 의한 흡수로 지표에 닿는 스펙트럼은 특정 파장대에서 크게 감쇄된 형태이다. 자외선은 주로 O_3층에서 흡수되기 때문에 지표에 거의 작용하지 않지만 최근 프레온(Freon)과 같은 염화불화탄소(CFC, chlorofluorocarbon) 계열의 가스가 O_3층을 파괴하기 때문에 자외선이 증가해서 피부암의 원인이 된다고 알려져 있다.

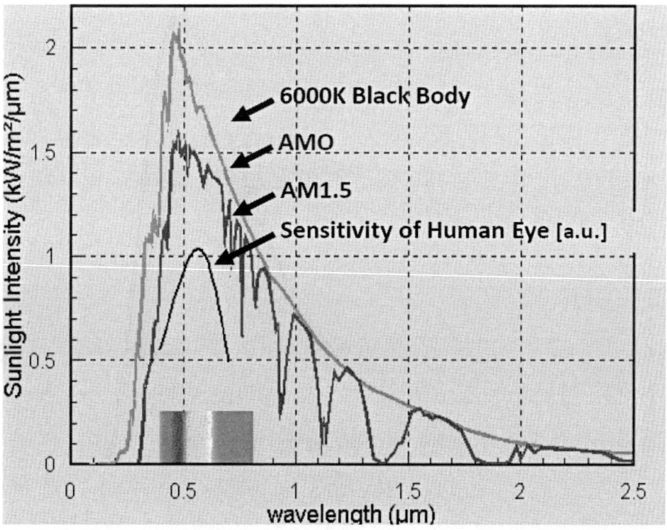

《 그림 2-4 》 대기질량 상수에 따른 스펙트럼 조사 강도 분포 변화

스펙트럼 조사 강도 분포를 전체 파장에 대해 적분하면 일조 강도를 구할 수 있는데, $AM\,0$일 때의 일조 강도인 1,366[W/m^2]를 태양 상수라고 한다. 지상용 솔라셀 평가를 위한 표준 일조 조건인 $AM\,1.5G$에서 일조 강도는 약 1,000[W/m^2]이다. 따라서 솔라셀의

변환효율이 20%라면 지상에서 발전량은 최대 200[W/m^2]가 된다. 한편 집광형 솔라셀의 평가 조건인 $AM\ 1.5D$ 조건에서는 10% 수준인 산란 일조 성분을 제외해야 하므로 일조 강도는 약 900[W/m^2]가 된다. 참고로 $AM\ 1.0G$에서 일조 강도는 약 1,100[W/m^2] 정도이다.

한편 대기 상수는 기후를 고려하지 않은 것으로 태양의 위치가 같더라도 해당 지역에서의 구름의 양에 따라 태양광 흡수와 산란 정도에 큰 차이가 발생한다. 구름은 주로 장 파장대의 광을 흡수하기 때문에 맑은 날의 일조 강도가 800~1,000[W/m^2]인 반면 날씨가 흐릴수록 일조 강도는 급격히 줄어든다. 안개나 구름이 낀 정도에 따라 대기 분산율도 20~80%까지 커져서 일조 강도는 200~600[W/m^2] 범위로 달라진다.

또한 태양광의 작용 방향은 위도에 따라 달라지므로 위도 차이라는 지형적 특성에 영향을 받는데, 같은 위도라도 고도가 높은 곳은 태양광을 분산시키거나 흡수하는 대기가 적어 상대적으로 일조 강도가 높다. 또한 같은 위도, 같은 고도의 지역이라도 바다와 산에 영향을 받는 해풍에 의해 서로 다른 기후를 나타낼 수 있기 때문에 환경의 차이와 지형적 특성에 따라서도 일조 강도 차이가 크게 나타난다.

2.2 태양각 영향

2.2.1 태양각

지표면의 특정 위치에 작용하는 태양광의 작용 방향은 지구가 일정하게 기울어진 상태로 자전하면서 태양 주위를 공전하기 때문에 시간에 따라 달라진다. 이처럼 태양각은 태양의 위치에 의해 결정되므로 태양의 고도각과 방위각 그리고 지구가 태양 주위를 공전하는 위치를 알면 결정할 수 있다.

(1) 지구 공전각(Ω)

지구가 1년에 걸쳐 태양 주위를 공전하는데 지구 자체를 관측자로 생각하고 천구상에서 태양의 위치가 이동하는 경로를 황도(ecliptic)라고 한다. 이 경로상에 있는 지구의 위치를 계산할 때 황도 좌표(ecliptic coordinate)를 사용하면 편리하다. 지구 공전각(Ω)은 양력으로 3월 20~21인 춘분점을 기준으로 황경(ecliptic longitude) 0°로 하고 하지를 90°, 추분을 180° 동지를 270°로 나타낸다. 24절기는 황경을 15° 간격으로 구분한 것이다.

$$\Omega = \frac{360}{365}\left(d - 81 + \frac{h-12}{24}\right)$$

d : day
h : hour

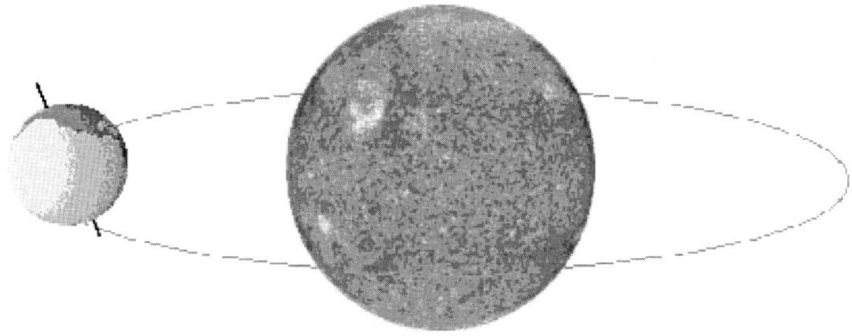

《 그림 2-5 》 지구 공전각

(2) 태양 경사각(δ)

한편 지구 자전축이 황도면에 대해 기울어져 있기 때문에 황경에 따라 태양광이 지표에 작용하는 방향도 달라진다. 최대값은 지구 자전축의 경사각과 같아서 하지일 때 23.45°로 최대이고, 동지일 때 −23.45°로 최소이며 춘분과 추분에는 0°가 된다. 이를 태양 경사각(Declination angle, δ)이라고 하며 아래와 같이 결정된다.

$$\delta_d = \sin^{-1}[\sin(23.45) \cdot \sin\Omega] \approx 23.45 \times \sin\Omega$$

$$\delta_{\max} = \delta_{summer\ solstice} = 23.45[°]$$
$$\delta_{\min} = \delta_{winter\ solstice} = -23.45[°]$$
$$\delta_{equinox} = 0[°]$$

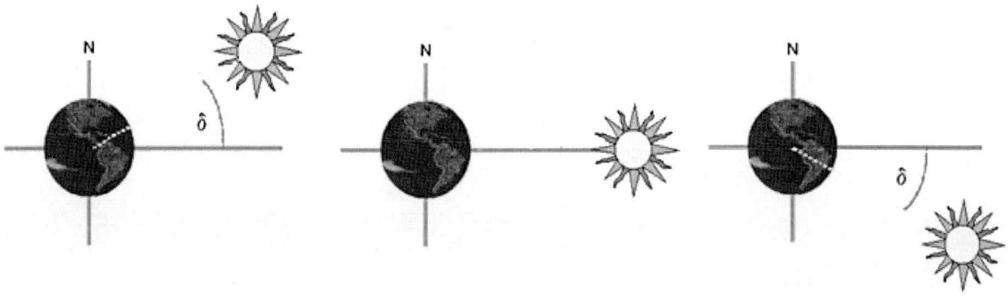

《 그림 2-6 》 연중 태양 경사각의 변화(하지, 춘/추분, 동지)

(3) 태양 고도각(α)

태양의 고도를 지평면에 대한 각도로 표시한 것을 태양 고도각이라 하고, 지표 수직축에 대한 각도를 제니스 각(Zenith angle, ζ)이라 부른다. 태양 고도각(α)은 태양이 뜨거나 지는 순간에 0°, 정오일 때 최대가 된다. 최대 고도각은 태양 경사각(δ)과 특정 지역의 위도(ϕ)에 따라 달라진다. 따라서 북반구에서 위도가 23.45°를 넘는 지역은 정오가 되어도 태양 고도각이 90°에 미치지 못한다. 북위 37° 지역인 한국에서 최대 태양 고도각은 하지 때 76°이고 동지 때 30°이다.

$\zeta = \phi - \delta$

ϕ : latitude

δ : declination angle

$$\alpha_{\max} = \alpha_{solar\ noon} = 90 - \zeta = 90 - (\phi - \delta) = 90 - \phi + \delta$$

$$\phi = 37 \rightarrow 30° < \alpha_{solar\ noon} < 76°$$

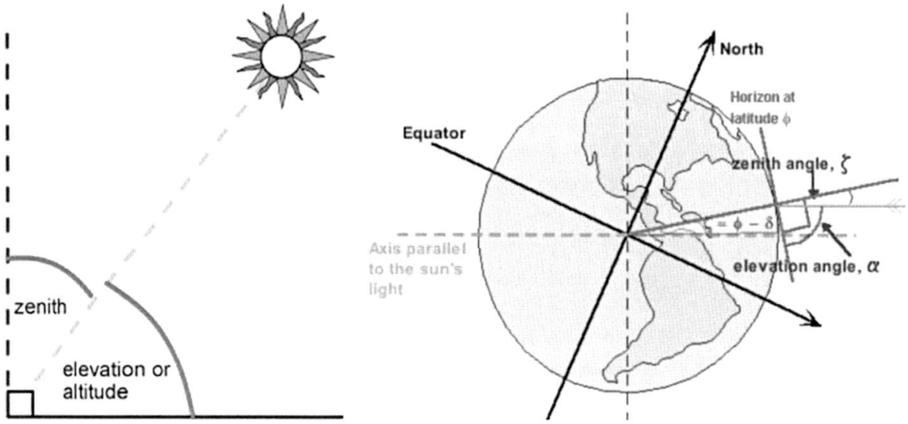

《 그림 2-7 》 위도에 따른 최대 태양 고도각 변화

(4) 태양 방위각(θ)

태양 방위각(Azimuth angle, θ)은 해가 뜨고 지는 경로에 따라 달라지는 방위를 표시한 것으로 북반구에서는 정오에 태양이 남중하며, 남반구에서는 북쪽을 향한다. 춘분이나 추분일 때 태양의 경로는 위도에 무관하게 정동 방향에서 뜨고 정서 방향으로 진다.

$$\theta_{solar\ noon} = 180[°]$$

$$\theta_{sun\ rise} = 90[°]@equinox$$

$$\theta_{sun\ set} = 270[°]@equinox$$

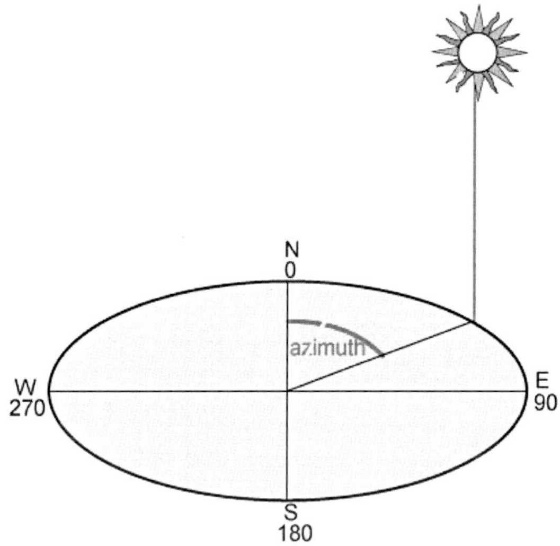

◀ 그림 2-8 ▶ 태양 방위각

2.2.2 솔라셀 설치각(β)

태양의 이동 경로를 생각해보면 겨울에 일조량을 많이 받기 위해 북반구의 경우 창이 남향이어야 함을 알 수 있다. 반면 남반구의 경우는 반대로 북향이 유리하다. 태양의 이동 경로(solar path)에 따라 연중 일자와 시간에 따라 바뀌는 방위각과 고도각의 변화를 2차원 평면상에 표시한 것을 폴라 플롯(polar plot)이라 부른다. 여기서 동심원은 고도각(Elevation angle, α)을 나타내며, 방사직선은 방위각(Azimuth angle, θ)을 표시한다. 태양의 이동 경로는 해당 지역의 위도(ϕ)에 따라 달라지므로 이를 통해 연중 태양각의 분포를 알 수 있다.

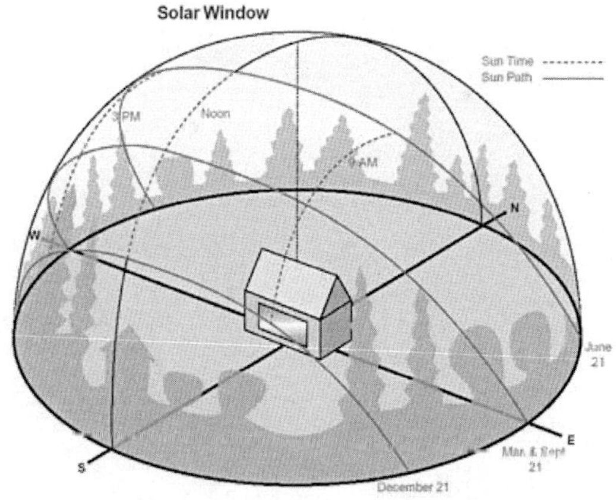

◀ 그림 2-9 ▶ 북반구에서 연중 태양의 경로

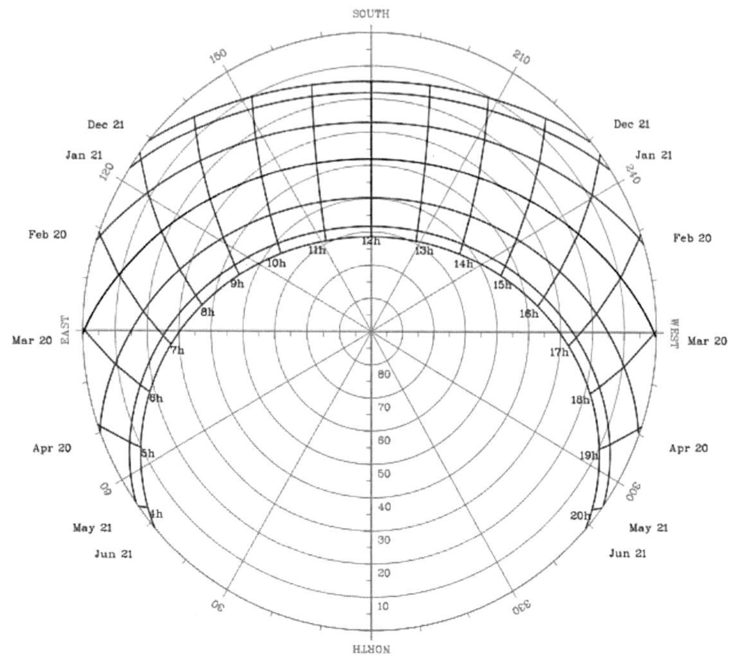

◖ 그림 2-10 ◗ 태양 경로에 대한 폴라 플롯

지표에 대해 솔라셀의 설치각(β) 만큼 기울어진 경사면에 작용하는 태양 일조량을 계산하기 위해선 태양각의 영향을 고려해야 한다. 경사면에 수직으로 작용하는 일조 성분은 태양각에 따라 지표에 작용하는 일조량에 태양 고도각(α)과 설치각(β)을 합한 각도의 삼각함수로 결정된다.

$$S_{horizontal} = S_{incident} \cdot \sin\alpha$$

$$S_{module} = S_{incident} \cdot \sin(\alpha+\beta) = \frac{S_{horizontal}}{\sin\alpha} \cdot \sin(\alpha+\beta)$$

β : tilt angle

$\alpha = 90 - (\phi - \delta)$: elevation angle

$\delta_d \approx 23.45 \times \sin\Omega$: declination angle

$$\Omega = \frac{360}{365}(d-81)$$

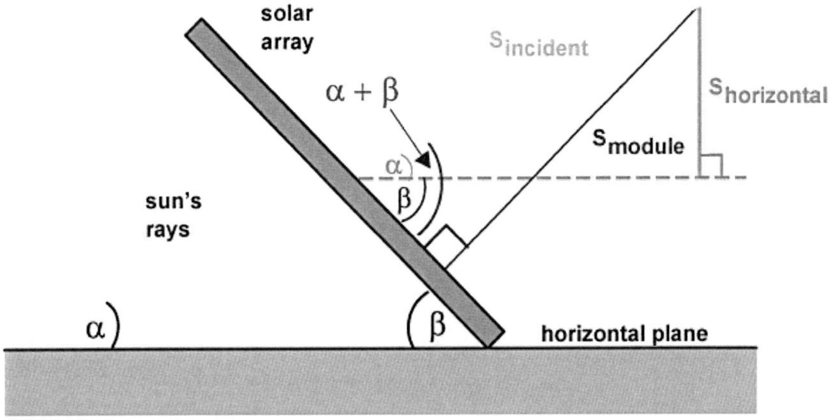

《 그림 2-11 》 솔라셀 설치각과 태양 고도각의 관계

태양 고도각은 지구의 공전 위치와 위도에 따라 달라지므로 위도(ϕ)와 태양 경사각(δ)의 차이가 경사면 각도(β)와 같을 때 최대 일조 조건으로 작용한다. 그런데 태양 경사각(δ)은 연중 그리고 시간에 따라 달라지는 값이므로 이에 따라 솔라셀의 설치각(β)을 계속 변화시켜야 최적 일조 조건이 성립한다. 이러한 목적으로 사용하는 방식을 추적(tracking)형 솔라셀이라 부른다.

$$\alpha + \beta = (90 - \phi + \delta) + \beta = 90$$

$$\therefore \beta = \phi - \delta$$

추적형은 효율면에서 유리하지만 유지 보수나 설치비용 등의 이유로 일정한 경사면에 고정하는 방식이 아직까지는 주류를 이루고 있다. 따라서 솔라셀 설치를 위한 고정 경사각을 결정하는 것이 중요한데 연간 최대 전력 생산을 위해선 경사면의 각도(β)를 위도(ϕ)에 일치시키면 된다. 용도에 따라서는 여름철에 전력 수요가 높은 점을 감안하여 위도(ϕ)보다 약간 낮은 각도로 설치각(β)을 설정할 수 있다. 그러나 여름에 일조량이 많긴 하지만 고온에서 솔라셀의 특성이 나빠져서 같은 일조 조건에 비해 20% 정도로 출력이 떨어지기 때문에 발전량이 월등히 높아지지는 않는다. 또한 여름철에 비해 겨울철 일조량이 적을뿐더러 이 시기에 작용하는 태양의 방향에 비해 솔라셀의 설치 방향이 너무 다르기 때문에 겨울철 발전량이 크게 감소한다. 따라서 연중 계절별 태양광 발전량의 차이가 커진다. 한편 가정용의 경우 연중 발전량의 차이를 줄이는 것이 더 중요할 수 있으므로 위도(ϕ)보다 큰 각도로 설치각(β)을 정하는 것이 일반적이다. 또한 설치각을 키우면 겨울철에 눈이 솔라셀 표면에 쌓여 빛을 차단하는 현상도 줄일 수 있다. 다음 도표는 북위 37° 지역에 작용하는 일조량과 설치각에 따른 실효 일조량의 연중 변화 효과를 보인 것이다.

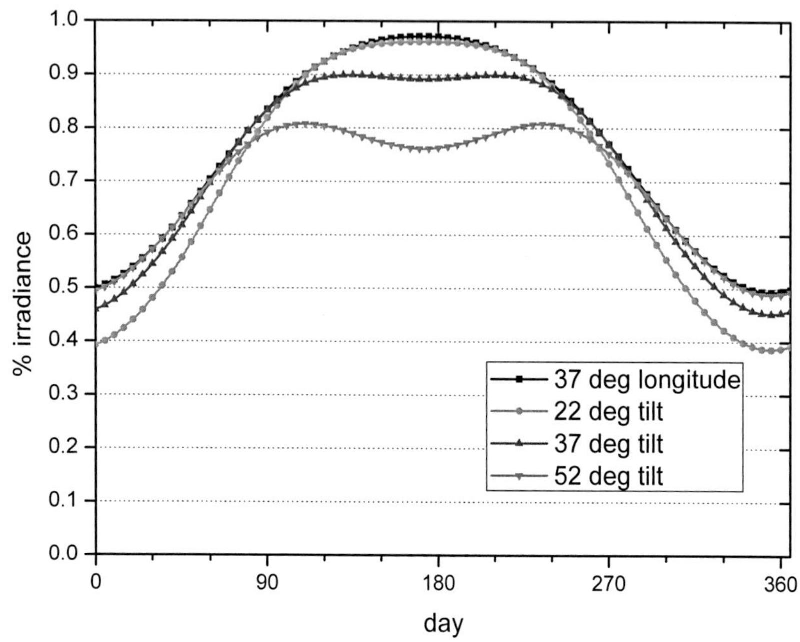

《 그림 2-12 》 북위 37° 지역에서 솔라셀 설치각에 따른 연중 일조량의 변화 추이

CHAPTER 03

태양광 발전 시스템

통상 PV 시스템(photovoltaic system)으로 불리는 태양광 발전 시스템은 태양광을 전기 에너지로 변환하는 장치 전반을 총칭한다. PV 시스템은 작게는 탁상용 계산기에서 대용량의 전력을 생산하는 발전 플랜트까지 다양한 구성이 가능하다. 대표적인 예로 가정용 PV 시스템의 경우 자체 전력공급을 책임지는 방식으로 사용할 수 있지만, 주간에는 자체 전력으로 사용하고 여유전력은 상용 전력망에 재전송해서 판매할 수도 있다. 혹은 야간전력 사용을 위해 배터리에 저장하거나 혹은 심야에 상용전력망과 연계하여 사용할 수도 있다. 이들 시스템에서 가장 핵심적인 부분은 솔라셀 기술이지만 용도에 따라 시스템 구성이 달라져야만 한다.

3.1 태양광 발전 시스템 구성

3.1.1 태양광 발전 시스템 특징

PV 시스템은 연료나 냉각수가 필요 없고 공해 물질 배출이나 소음이 없는 청정 전력공급 장치이다. 특히 고정형 PV 시스템의 경우 가동부가 없기 때문에 유지 보수가 간단하고 사용 수명도 길다. 기본적으로 PV 시스템은 태양광이 존재하면 작동하므로 구름이 낀 경우에도 발전이 가능하고 인조 광원하에서도 전력 생산이 가능하다. 또한 모듈화가 잘 되어 있어서 용량 변화에 쉽게 대응할 수 있다는 장점이 있다.

그러나 유지 보수가 쉽고 연료 소비가 필요 없지만 초기 비용이 높고 발전 단가가 비싸기 때문에 경제성 면에서 해결해야 할 부분이 많다. 특히 솔라셀은 DC 전력만 생산할 수 있으므로 사용 부하의 대부분을 차지하는 AC 부하를 동작시키기 위해선 인버터(inverter)라는 전력변환 장치가 반드시 필요하다. 또한 솔라셀 자체의 동작 수명은 길지만 독립형 장치에는 배터리를 사용해야 하므로 유지 보수가 필요하다는 단점이 있다.

3.1.2 태양광 발전 시스템 분류

PV 시스템은 응용 분야에 따라 크게 주거용, 산업용, 우주용, 가전용으로 구분할 수 있다. 또한 운영 방식에 따라선 자체 전력을 단독으로 공급하는 독립형과 전력 생산 전용의 대단위 발전 플랜트형 그리고 이 둘의 중간인 분산 발전용으로 나눌 수 있다. 또한 PV 시스템의 구성 방식에 따라 독립 운전형과 계통 연계(grid connected)형으로 구분할 수 있다. 계통 연계형은 발전 플랜트 용도와 분산 발전을 위한 주거 단지 용도로 나눌 수 있다. 독립 운전형은 직결형과 배터리 부가형 그리고 다른 방식의 전력원과 연계해서 사용하는 혼합형 등으로 분류된다.

표 3-1 PV 시스템 분류표

분류 기준	종류	특성
응용 분야	주거용	가정용 전력 공급
	산업설비용	대용량 발전 단지, 수 처리, 야간 조명, 통신설비 …
	항공우주용	인공위성
	가전기기용	시계, 계산기, 랜턴 …
운영 방식	발전 플랜트형	일조 조건이 우수한 장소에 대규모 발전 단지 구성 기존 전력망과 계통 연계
	분산 발전형	주택용 발전 시스템 주거용으로 사용하고 남은 전력은 기존 전력망에 공급
	독립형	사막이나 고립지역의 무선 중계기, 등대 … 소형 전기/전자 장치의 전원 공급
구성 방식	독립 운전형	상용전력 계통으로부터 분리되어 독자적인 전력 공급 • 직결형 : 배터리 없이 DC 부하 구동 • 배터리 부가형 : DC 전원 공급, DC/AC 전원 공급 • 혼합형 : 엔진 혹은 풍력발전기와 병렬 운전
	계통 연계형	상용전력 계통과 병렬로 접속되어 발전된 전력을 계통으로 내보내거나 받을 수 있도록 구성 • 발전 플랜트용 : 발전 사업 전용 • 주거 단지용 : 자체 전력 사용 및 전력 판매 겸용

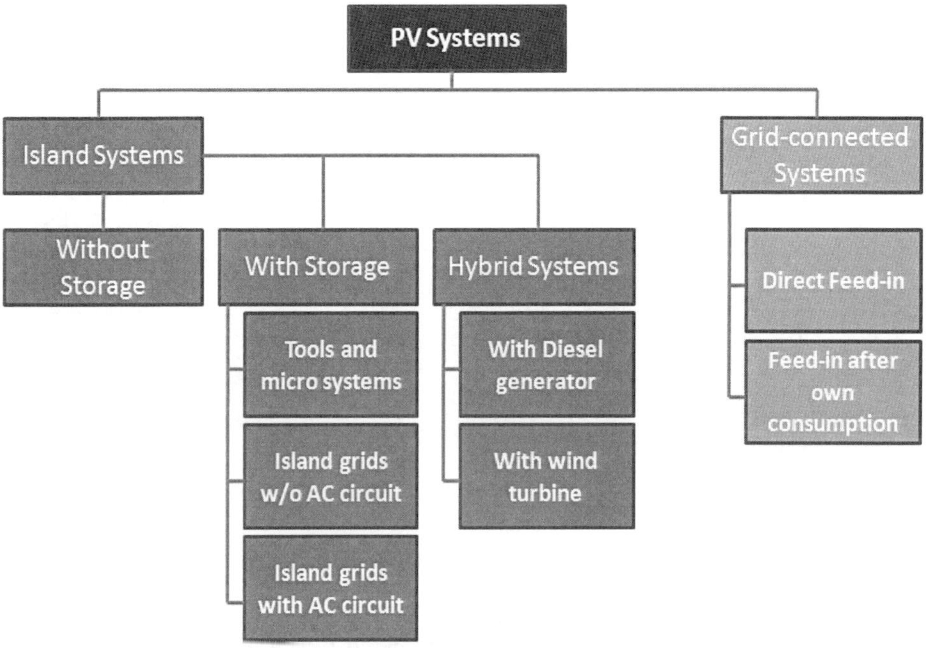

◀ 그림 3-1 ▶ 구성 방식에 따른 PV 시스템 분류

(1) 직결형(Direct-coupled) PV 시스템

독립 운전 용도로 사용하는 직결형 PV 시스템의 경우 배터리 없이 DC 부하에 직접 작용하므로 시스템 구성이 간단해서 비용이 적게 들고 신뢰성도 높다는 장점이 있다. 그러나 일조 시간에만 작동할 수 있고 일조 특성에 따라 출력 변동이 크기 때문에 허용 동작 범위가 큰 부하에만 사용할 수 있다. 대표적인 예로 사막지역의 식수 공급을 위한 펌프 구동용 PV 시스템이 여기에 해당한다.

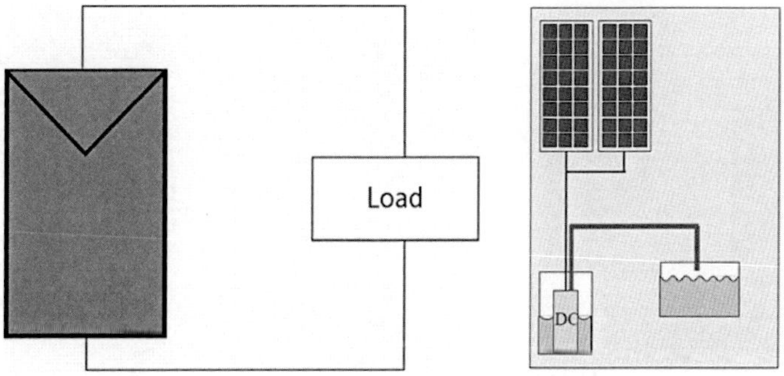

◀ 그림 3-2 ▶ 직결형 PV 시스템

(2) 충전형(Direct-coupled with storage) PV 시스템

충전형 PV 시스템은 직결형에 배터리를 추가하여 일조 시간 중에 충전된 전력을 야간에도 사용할 수 있는 구성이다. 이때 배터리 충전 장치를 적절히 제어하면 솔라셀이 최적의 동작점에서 작동하도록 할 수 있는 데 이를 최대 전력 추종(Maximum Power Point Tracking, MPPT) 제어라고 한다.

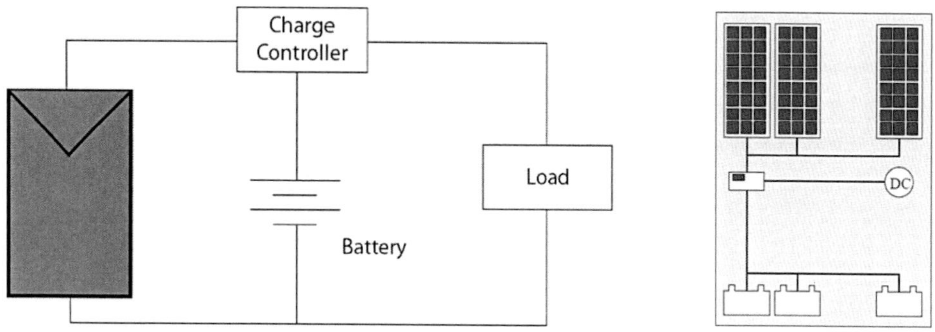

❰ 그림 3-3 ❱ 충전형 PV 시스템

(3) 직류/교류(DC-AC)형 PV 시스템

PV 시스템 구성 중 가장 일반적인 방식은 배터리 충전을 통해 일조 조건 변동에 대응하면서 또한 인버터를 통해 DC 출력을 AC로 변환하여 AC 부하도 구동할 수 있게 만드는 방식이다. 따라서 부하의 종류에 제한 받지 않고 사용할 수 있어서 가장 활용성이 높은 구성이다. 이 경우 배터리 충전기와 인버터가 솔라셀 입장에서 전자부하(electronic load) 역할을 하므로 이를 통해 MPPT 제어를 할 수 있게 된다. 따라서 이러한 전력 조절장치(PCS, Power Conditioning System)의 성능에 따라 전체 시스템의 효율이 결정된다.

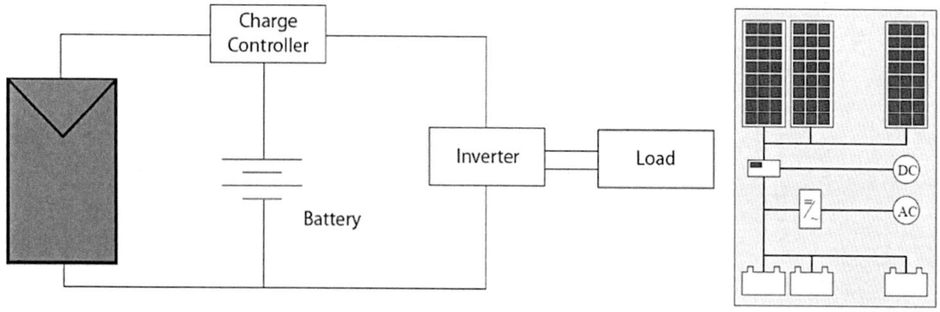

❰ 그림 3-4 ❱ 직류/교류형 PV 시스템

(4) 혼합형(Hybrid) PV 시스템

혼합형 PV 시스템은 태양광 외 다른 전력원과 연동해서 작동하는 시스템으로 주로 풍력이나 디젤 발전기 등과 함께 사용하는 방식을 의미한다. 특히 디젤 발전기의 경우 부하가 작을 때는 엔진 효율이 극히 나빠지기 때문에 이때는 솔라셀 출력만을 사용한다. 반대로 큰 부하를 구동해야 하는 경우 여러 전력원을 함께 사용할 수 있게 함으로써 다양한 부하 조건에 대해 높은 효율로 전력을 공급할 수 있다. 따라서 배터리 충전과 직류를 교류로 변환하는 기능 외에 부하에 따라 개별 전력원을 제어하고 전체적인 전력 공급을 최적화하는 전력 조절장치의 성능이 매우 중요하다. 혼합형 PV 시스템은 다양한 부하 조건에 대응할 수 있기 때문에 주로 고립지역의 가구나 단독 주거 단지에 전력을 안정적으로 공급하는 데 가장 적합한 방식이다.

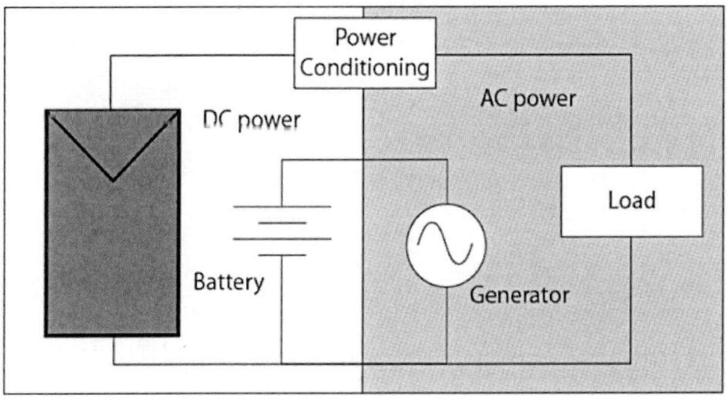

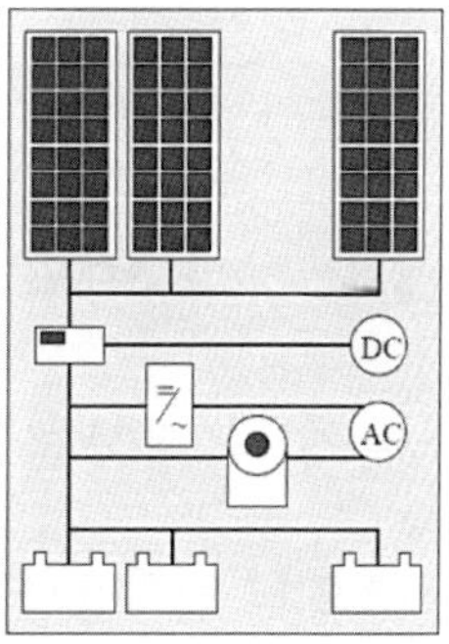

《 그림 3-5 》 혼합형 PV 시스템

(5) 계통 연계형(Grid-connected) PV 시스템

계통 연계형은 PV 시스템을 통해 생산한 전력을 상용전원 측에 공급할 수 있는 방식으로 이때 사용하는 계통 연계형 인버터의 기능이 전력 품질뿐 아니라 계통 전원의 안전성 측면에서 매우 중요하다. 예를 들어 전기가 차단된 상용 배전 선로에 PV 시스템에서 전력이 역으로 공급되면 이를 보수/점검하는 사람에게 큰 재해를 입힐 수 있다. 또한 기존 전력망에 문제를 발생시킬 수 있기 때문에 PV 시스템의 단독 운전은 반드시 차단되어야 한다. 또한 PV 시스템에서 생성한 전압이 과도하게 높아진 상태로 계통에 접속되어 역송전하는 경우 계통점의 전압이 상승하여 전력회사의 기준전압 운전범위를 넘을 가능성이 있다. 따라서 이러한 전압상승을 자동적으로 막는 자동 전압 조정 기능도 반드시 필요하다. 한편 인버터에서는 전력소자를 이용하여 DC 전원을 고주파 전력 스위칭(power switching) 과정을 통해 교류 전압을 만들기 때문에 소자의 불균형이나, 제어 방법에 따라 출력에 약간의 직류 성분이 중첩할 수 있다. 절연 변압기를 내장한 인버터에서는 이를 어느 정도 막을 수 있어서 계통으로 유출되지는 않지만, 고주파 변압기 절연방식이나 변압기를 사용하지 않는 방식에서는 인버터 출력이 직접 계통에 접속되기 때문에 약간의 직류 성분을 혼입시킬 수 있다. 지나친 직류 성분이 존재하게 되면 승압용 변압기에 자기 포화(magnetic saturation) 등의 현상이 생겨서 송배전 계통 측에 악영향을 줄 수 있다.

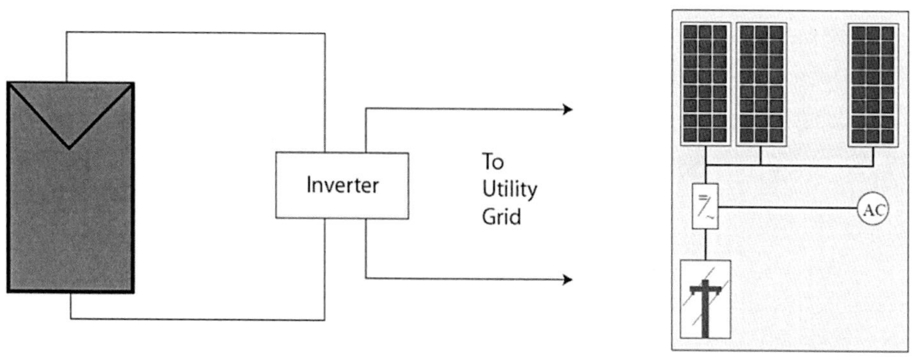

그림 3-6 계통 연계형 PV 시스템

3.2 태양광 발전 시스템 요소

3.2.1 솔라셀/모듈/스트링/어레이(cell/module/string/array)

다수의 솔라셀을 직렬로 연결한 패널(panel)을 솔라 모듈(module)이라고 부르고, 이를 직렬로 배치한 것은 스트링(string), 다시 직병렬로 배치한 것은 어레이(array)라고 부른다. 직렬 연결한 경우 출력전압이 증가하고 병렬 연결하면 출력 전류가 증가하므로 요구 전력에 따라 적절하게 스케일링(scaling)하면 작은 출력부터 대용량까지 같은 기술을 이용해서 PV 시스템 구성이 가능하다.

일반적인 솔라셀의 출력전압과 전류 그리고 전력의 관계는 아래와 같은 그래프 형태를 갖는데, 이때 전력 생산량이 최대가 되는 동작점을 최대 전력점(MPP, Maximum Power Point)이라고 한다. 최대 전력점에서의 전압과 전류를 각각 최대 전력전압(Maximum Power Voltage, V_{MP})과 최대 전력전류(Maximum Power current, I_{MP})라고 하며 이는 일조 조건에 따라 달라진다. V_{MP}와 I_{MP}의 비율을 솔라셀의 특성 저항(Characteristic Resistance, R_{char})이라고 하는데 이 값도 일조 조건에 따라 달라진다.

$$R_{char} = \frac{V_{MP}}{I_{MP}} \neq constant$$

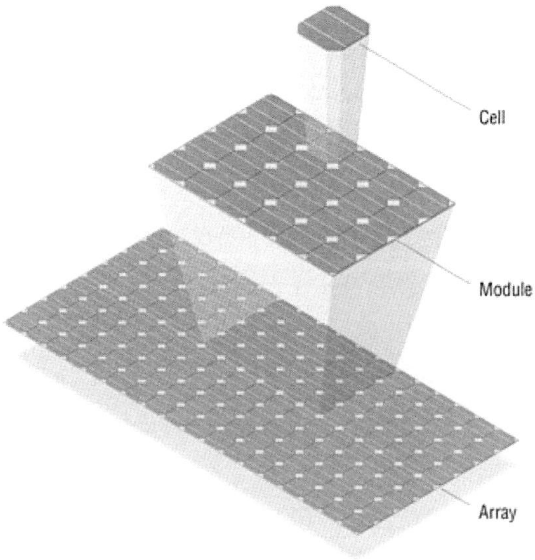

《 그림 3-7 》 솔라셀, 모듈, 어레이

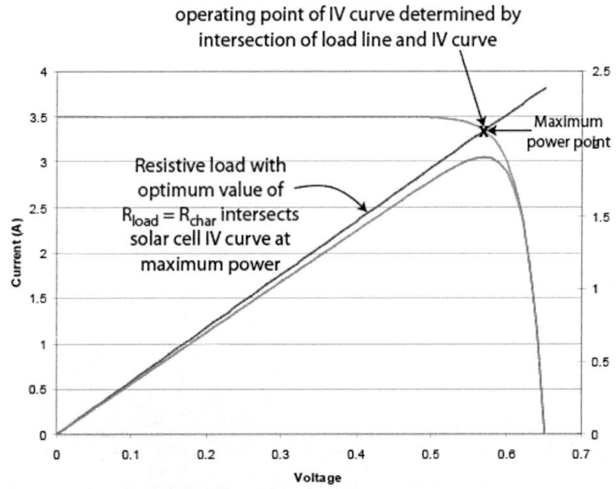

《 그림 3-8 》 솔라셀의 출력 특성

3.2.2 부하(load)

부하는 전원으로부터 공급되는 전기 에너지를 받아서 일(work)을 수행하는 장치로 크게 DC 부하와 AC 부하로 구분한다. 대표적인 부하로는 모터나 조명 장치를 들 수 있으며 이외 다양한 형태의 전기 장치가 부하에 포함된다. 부하에 대해선 세질별 혹은 순시(instantaneous) 요구 전력 크기 외에도 부하에 작용하는 전압과 전류의 허용 변동 범위 등을 고려해야 한다. 대부분의 부하는 교류로 작동하므로 허용 고조파(harmonics) 성분, 허용 DC 성분, 최대 정격(maximum rating) 등도 감안해야 한다.

한편 PV 시스템 관점에서 솔라셀은 생성한 전력을 부하에 최대의 크기로 전달하는 것이 중요하다. 이를 위해선 지속적으로 달라지는 일사 조건에서도 솔라셀의 출력 전류와 전압을 제어하여 최대 전력을 생산하는 동작점에 있도록 작동시켜야 한다. 예를 들어 솔라셀에 저항형 부하를 연결하는 경우 솔라셀의 특성 저항(R_{char})이 부하 저항(load resistance, R_{load})과 같을 때 최대 전력 전달이 가능하다.

$$R_{char} = \frac{V_{MP}}{I_{MP}} = R_{load}$$

그러나 앞에서 설명한 바와 같이 일조 조건에 따라 솔라셀의 특성 저항(R_{char})이 달라지고 요구하는 부하 저항(R_{load})도 계속 변하기 때문에 솔라셀에서 최대 전력을 생산하면서 또한 부하에 최대 전력을 전달하는 문제는 간단하지 않다. 따라서 일조량에 따라 전기적으로 가변할 수 있는 일종의 전자식 부하(electronic load)가 필요한데 이 기능을 전력변환 장치에서 수행할 수 있기 때문에 MPPT가 가능한 것이다.

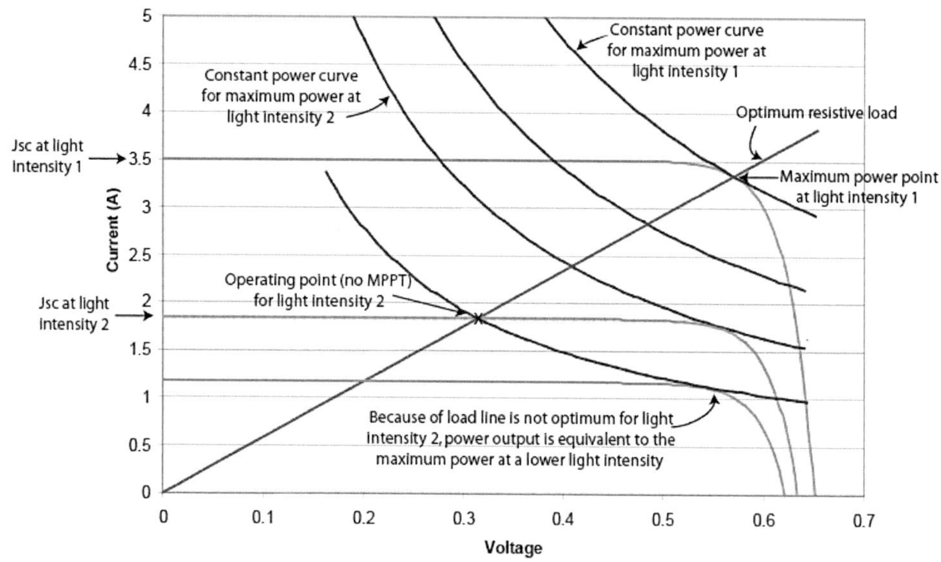

【 그림 3-9 】 일조량에 따른 최대 전력 전달 조건의 변경

3.2.3 BOS(Balance Of System)

PV 시스템을 구성하는 요소 중에서 전원역할을 하는 솔라셀과 전력이 전달되는 부하를 제외한 나머지를 총칭해서 BOS(Balance Of System)라고 부른다. BOS 부품으로는 배터리와 충전기, 그리고 전력변환과 제어 기능을 갖는 전력 조절장치를 들 수 있으며 이외 설치 공간도 BOS에 포함된다. PV 시스템 중 솔라셀의 설치각을 고정하지 않고 태양의 고도각과 방위각에 따라 설치 방향을 조절할 수 있게 해주는 태양 추적기(solar tracker)도 BOS의 한 종류이다.

(1) 전력 조절장치(PCS, Power Conditioning System)

PV 시스템을 구성하는 요소 중 PCS는 전력 변환 기능을 하면서 동시에 MPPT 제어를 통해 솔라셀의 동작 효율을 최대로 높이는 기능을 한다. PCS의 기능 중에 배터리 충전은 배터리의 수명이나 동작 효율에 영향을 주는데, 가장 간단한 충전방식은 정전압(constant voltage)이나 정전류(constant current)로 충전하는 것이다. 그러나 이 방식은 충전 속도가 느리거나 혹은 배터리에 과전류가 가해질 가능성이 있기 때문에 적합하지 않다. 통상적으로는 충전 정도가 낮을 때는 고속으로 그리고 최내 충전량 부근이 되면 충전 속도를 줄이는 다단계 충전방식을 많이 사용한다.

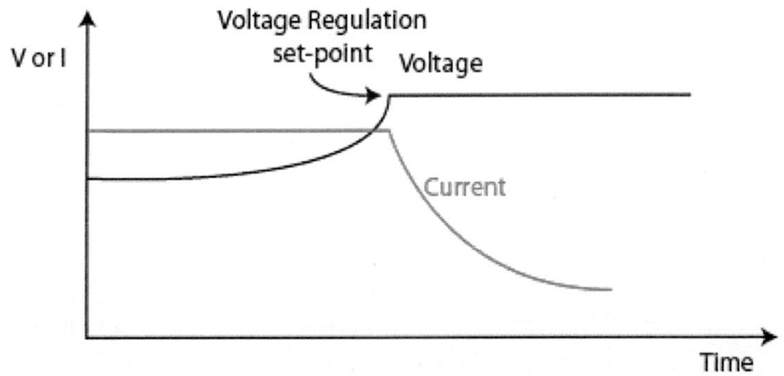

【그림 3-10】 다단계 충전방식

또한 배터리의 과충전과 과방전은 배터리 수명에 심각한 영향을 미치기 때문에 충전 상태를 모니터링해서 일정하게 유지하는 것이 필요하다. 이를 위한 가장 간단한 유지 방법은 배터리가 일정 전압에 도달하면 충전 경로를 우회시키거나 차단하는 것이다. 그러나 이 방식은 충전 효율면에서 나쁘기 때문에 잘 사용하지 않고 실제로는 PWM(Pulse Width Modulation) 방식으로 충전 전압을 가변시키면서 제어하거나 충전 전류를 시간에 대해 누적한 전하량 제어 방식을 주로 사용한다.

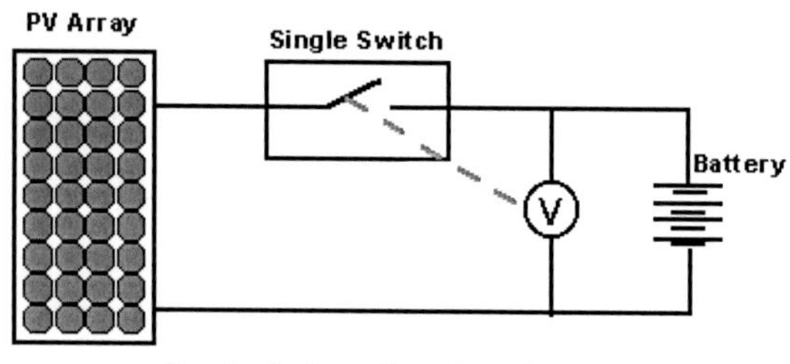

《 그림 3-11 》 배터리 과충전 방지

이외 블록킹 다이오드(blocking diode)는 배터리 충전회로에 내장되어 야간에 배터리에 충전된 에너지가 솔라셀 측으로 방전되는 것을 막는 역할을 한다.

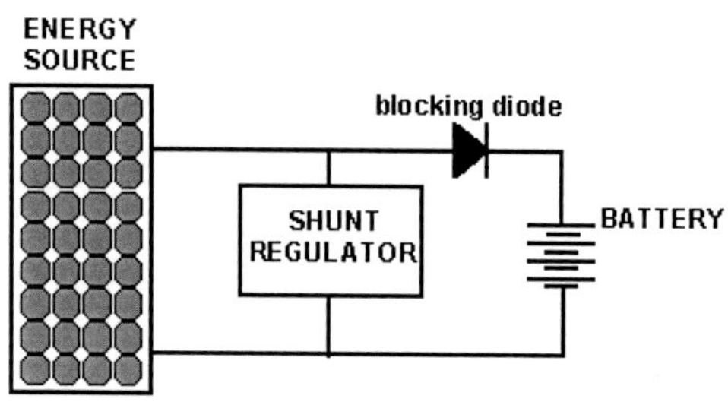

《 그림 3-12 》 배터리 충전회로의 블록킹 다이오드

한편 교류부하를 사용하기 위해선 PCS에서 DC를 AC로 변환하는 인버터 기능이 반드시 필요하다. 일반적으로 인버터의 효율은 정격 전력일 때 가장 좋고 부하가 적을 경우 효율도 나빠지기 때문에 출력 전력이 클 경우 대용량 인버터를 사용하는 대신 다수의 인버터를 병렬 연결해서 사용할 수도 있다. 복합형 PV 시스템의 경우 엔진 등의 출력으로부터 배터리를 충전해야 할 경우도 있으므로 인버터의 입출력 기능이 전환될 수도 있다. 이를 인버터의 양방향 운전 기능이라고 한다.

PV 시스템용 인버터는 크게 독립형과 계통 연계형으로 구분하는데 계통 연계형은 배터리 없이 사용하는 것이 일반적이며 이 경우 입력 전압의 변동이 배터리가 있을 때보다 커지므로 입력 정격 전압이 중요하다. 또한 계통 연계형 인버터는 안전사고를 예방하기 위해 단독 운전 방지 기능이 필수적이다.

(2) 배터리(battery)

솔라셀은 일조 조건에 따라 출력이 달라지므로 독립형 PV 시스템의 경우 야간이나 흐린 날에도 부하에 일정한 전력을 공급하기 위해선 배터리가 필수적이다. 그러나 배터리 사용에 의해 전체 동작 효율이 떨어지며, 사용 수명에 따라 5년에서 10년 단위로 교체해야 하는 등 정기적인 유지 보수가 필요해서 추가적인 비용이 소요된다. 배터리의 종류에 따라 비용과 에너지 밀도, 효율, 충방전 범위 등이 달라지므로 사용 환경에 따라 적절한 배터리 선정이 중요하다. 대표적인 배터리 종류로는 납축전지(lead acid battery), NiCd(Nickel-cadmium), NiMH(Nickel-metal hydride), Li-ion(Lithium-ion) 배터리 등이 사용된다.

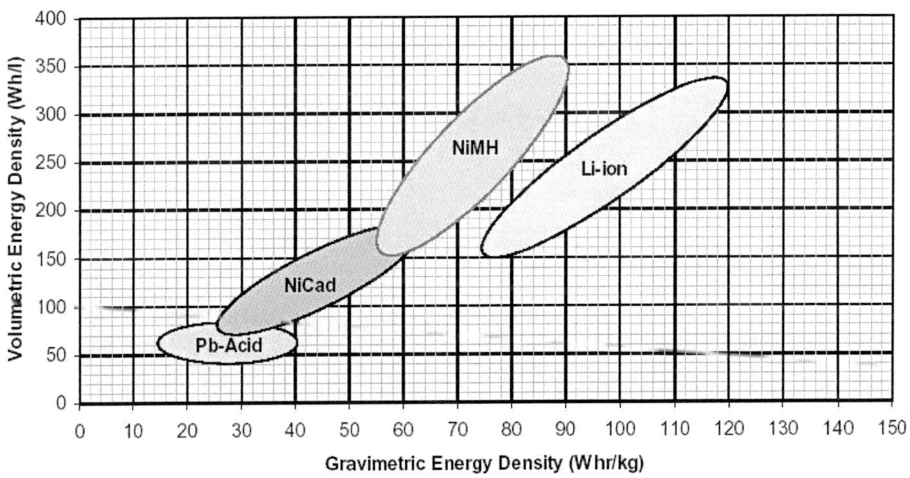

◖ 그림 3-13 ◗ 배터리 종류별 특성

(3) 태양 추적기(solar tracker)

한편 태양광 추적 장치로 태양의 방위각과 고도각에 따라 솔라 패널의 설치 방향을 조절할 수 있는데 크게 1축과 2축 방식으로 나눈다. 1축 방식은 태양의 방위각(Azimuth angle, θ)만을 추적하는 반면 2축 형은 태양의 고도각(Elevation angle, α)을 동시에 추적할 수 있다. 이는 일반적인 솔라셀보다는 태양빛을 렌즈로 모아서 사용하는 집광형 PV(Concentrated PV, CPV) 시스템에서 주로 사용하는 방식이다. CPV 시스템의 경우 추적장치를 통해 연간 약 20%의 추가 전력 생산이 가능하다.

CHAPTER 04

솔라셀

1960년대 지상용 솔라셀을 이용한 태양광 발전이 도입된 이래 결정형 실리콘(crystalline silicon, c-Si) 솔라셀 기술은 발전을 거듭해 현재 PV 시스템의 주류를 형성하고 있다. 그러나 c-Si 솔라셀의 성능이 거의 한계에 도달하면서 현재는 다양한 방식의 솔라셀 기술 개발을 통한 경쟁이 전개되고 있다. 이처럼 다양한 솔라셀 기술에 대해 각각의 원리와 특성을 살펴봄으로써 솔라셀의 전반적인 기술 현황을 파악해본다.

4.1 솔라셀 개요

4.1.1 솔라셀 개발 역사

솔라셀 기술은 1839년 프랑스의 물리학자 A.E. 베크렐(Alexandre-Edmond Becquerel, 1820~1891)이 실험 중 발견한 현상에서 시작되었다. 당시의 실험은 전해질 속에 담긴 2개의 전극 중 어느 한 전극에 가시광이나 자외선을 조사하면 기전력(EMF, Electromotive Force)이 생기는 현상이었는데 이는 이후 색소증감형(DSSC, Die Sensitized Solar Cell) 솔라셀의 시초라고 할 수 있다. 이 현상이 발견되고 난 후 1883년에 미국의 발명가인 찰스 프릿츠(Charles Fritts)가 원자번호 34번인 Se(selenium)에 Au(gold)를 코팅하여 빛을 쬐면 광기전력을 발생시킬 수 있음을 발견하였다. 이것이 최초로 탄생한 접합(junction)형 솔라셀로 당시의 변환효율은 고작 1% 수준이었다. 근대의 솔라셀 기술은 1954년 벨 연구소에서 Si에 특정한 불순물을 주입하여 빛에 대한 민감도를 개선하는 기술이 개발되면서 활성화 되어 최초로 6%대의 효율을 가진 실제적인 솔라셀이 생산되기 시작했다.

1950년대에 들어 미국과 소련의 우주 개발 경쟁이 심화되던 중 1958년에 쏘아 올린 뱅가드(Vangard) 1호 위성의 전원 공급장치로 솔라셀이 최초로 사용되었다. 이후 1960년대에 지상용 전원으로 솔라셀이 적용되기 시작하면서 화석연료를 대체할 에너지원으로 관심을 받기 시작했다. 1970년대 두 차례의 석유파동을 거치면서 선진국을 중심으로 체계적인 솔라셀 연구가 진행되었고 1990년대에 호주의 뉴사우스 웨일즈 대학(University of New South Wales, UNSW)에서 24.5%의 고효율 단결정 Si 솔라셀이 발표되었다. 현재 우주용으로는 화합물 반도체를 이용한 다중 접합(multi junction)형 솔라셀이 주로 사용되고 있으며 35%대의 높은 변환효율을 보인다. 최근에는 솔라셀에 사용되는 반도체의 양을 줄이고, 제조비용을 줄이기 위해 CIGS(Copper Indium Gallium Selenide, $CuIn_xGa_{1-x}Se_2$)와 같은 반도체 박막을 이용한 솔라셀이 연구되고 있다.

4.1.2 솔라셀 동작 원리

솔라셀의 기본적인 구조는 pn 접합 다이오드(junction diode)와 같으며 p형 베이스(base)에 n형 에미터(emitter)층이 상부에 배치된 형상이다.

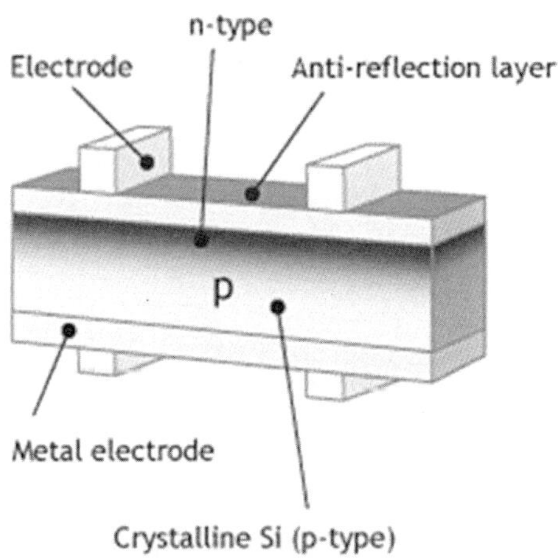

◀ 그림 4-1 ▶ pn 접합형 Si 솔라셀 기본 구조

여기에 태양광이 솔라셀 표면에 작용하면 광자(photon)가 Si에 흡수되면서 빛 에너지에 의한 전자-정공 쌍(EHP, Electron Hole Pair)이 만들어진다. pn 접합 다이오드의 접합면에는 내부 전계(internal field)가 존재하는데, 이에 의해 광에 의해 생성된 전자와 정공이 분리되고 외부 회로로 이동한다. 따라서 내부 전계에 의한 전압이 pn 접합 다이오드의 외부 단자에 형성되며, n형 영역에서 p형 영역을 통해 외부 회로로 전류가 흐른다. 이는 통상의 다이오드 특성에 비해 전류 방향이 반대이므로 전력을 소비하는 것이 아니라 외부로 공급하는 작용을 하는 것이다.

4.1.3 솔라셀 특성 평가

솔라셀이나 솔라 모듈의 성능 시험을 위한 표준시험 조건(STC, Standard Test Condition)은 25℃ 상온에서 $AM\,1.5G$의 태양광 스펙트럼 분포와 유사한 인조 광원하에서 전압 전류 특성을 측정하는 방법이다. 여기에 사용하는 인조 광원을 솔라 시뮬레이터(solar simulator)라고 하며, 조사 강도는 1[kW/m^2]이다. 솔라 시뮬레이터의 광원은 Xe(Xenon) 또는 할로겐(halogen) 램프이며 적절한 광학 필터(filter)를 이용하여 태양광 스펙트럼과 유사하게 만들어 준다.

솔라셀의 성능에 대해서는 세계 어디에서도 같은 조건으로 측정될 수 있도록 국제적인 측정 정도를 보증하는 노력이 이루어지고 있다. 이를 위해 같은 솔라셀이나 솔라 모듈을 세계 각국의 표준화 기관에서 상호 평가하여 같은 값이 되도록 조정하는 데 이를 라운드 로빙(round lobbying) 평가라고 한다.

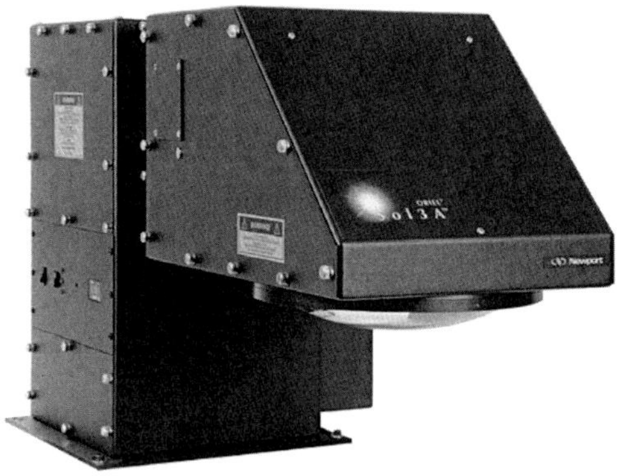

《 그림 4-2 》 솔라 시뮬레이터

솔라셀의 특성은 동작 전류에 대한 출력전압을 평가하면 얻을 수 있는데 이로부터 최대 전력(P_{MAX}), 단락전류(I_{SC}), 개방전압(V_{OC}), 곡선인자(FF, Fill Factor), 변환효율(η) 등을 구할 수 있다. 솔라셀의 전압 전류 곡선상의 동작 조건 중에서 최대 전력을 생산할 수 있는 동작점을 최대 전력점(MPP, Maximum Power Point)이라 하고, 이때 전압과 전류를 각각 최대 전력전압(V_{MP})과 최대 전력전류(I_{MP})로 표시한다.

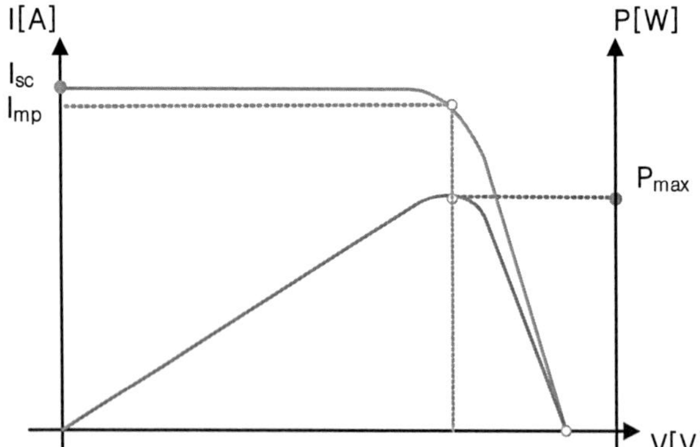

《 그림 4-3 》 솔라셀의 출력 특성

솔라셀의 전압 전류 곡선의 형태에 따라 생산 가능한 최대 전력량이 달라지는 데 이를 곡선인자(FF)라는 지표로 나타낸다. 곡선인자는 태양전지의 출력 곡선의 이상성을 나타내는 지표가 되며 주로 셀 내부의 기생(parasitic) 저항과 솔라셀 다이오드의 성능지수에 따라 달라진다.

솔라셀의 변환효율(η)은 태양전지 면적과 입사 조사 강도를 곱한 값, 즉 입사 전력에 대한 최대 출력 전력의 비율을 나타낸 것이다. 변환효율은 개방전압과 단락전류 그리고 곡선인자의 곱에 비례한다.

$$peak\ power,\ P_{\max}[W_p] = V_{MP} \cdot I_{MP}$$

$$fill\ factor,\ FF = \frac{V_{MP} \cdot I_{MP}}{V_{oc} \cdot I_{sc}}$$

short circuit current, I_{sc}[A]
open circuit voltage, V_{oc}[V]
maximum power current, I_{MP}[A]
maximum power voltage, V_{MP}[V]

$$efficiency,\ \eta = \frac{P_{MAX}}{P_I} = \frac{V_{MP} \cdot I_{MP}}{P_I} = FF \cdot \frac{V_{oc} \cdot I_{sc}}{P_I}$$

4.2 솔라셀 분류 및 특성

4.2.1 솔라셀 분류

솔라셀은 사용하는 재료에 따라 크게 Si 계열과 화합물 반도체(compound semiconductor) 계열로 구분한다. Si 솔라셀은 벌크(bulk) 결정을 이용하는 결정형(crystalline) Si계와 박막(thin film)형 Si계 그리고 벌크 결정과 박막을 혼합한 하이브리드(hybrid) Si 계가 있다. 솔라셀용 재료로 가장 많이 사용되고 있는 것이 결정형 Si 계열인데 이 중에서 단결정 Si(single crystal silicon, sc-Si)은 효율이 높지만 비용이 높은 것이 단점이다. 가장 보급이 많이 된 것은 다결정 Si(poly-crystalline silicon, pc-Si) 혹은 복결정 Si(multi-crystalline silicon, mc-Si)인데 효율은 약간 떨어지지만 제조비용을 sc-Si에 비해 낮게 가져갈 수 있다.

결정형 Si 계열 솔라셀이 원재료를 많이 소요한다는 단점이 있는 반면, 박막형 Si 솔라셀은 비정질 Si(amorphous silicon, a-Si)이나 미결정 Si(microcrystalline silicon, μc-Si or nanocrystalline silicon, nc-Si)을 얇은 두께로 형성해서 사용하기 때문에 제조원가

측면에서 큰 장점이 있다. 하이브리드 Si 솔라셀은 sc-Si에 a-Si을 붙인 형태이다.

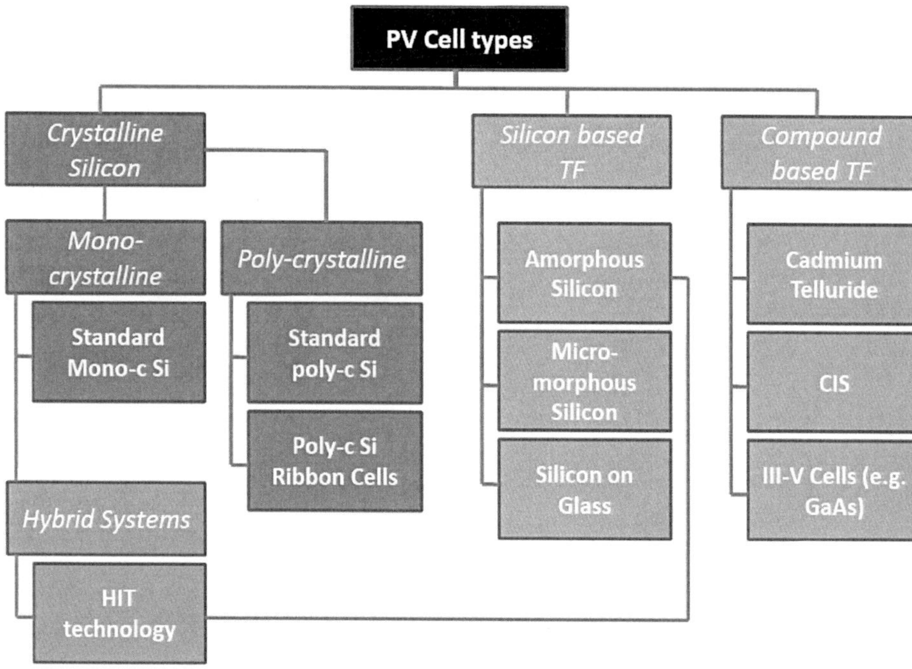

그림 4-4 현재 사용되는 솔라셀의 재료별 분류

화합물 반도체 계열은 크게 III-V족 계열과 CdTe(Cadmium telluride)형 그리고 CIGS (Copper indium gallium selenide)형으로 분류한다. III-V족 계열은 GaAs(Gallium arsenide) 단결정 기판에 다양한 조성비의 III-V족 반도체 박막을 다층으로 형성한 것으로 높은 변환효율을 발휘하는 고성능 솔라셀이지만 고가이므로 주로 우주용으로 사용되고 있다. CdTe와 CIGS 계열은 박막으로 중간 정도의 효율을 얻을 수 있지만 제조비용이 싸기 때문에 보급이 확산되고 있다. 이 밖에 차세대형 솔라셀로 유기(organic) 반도체형과 색소증감(Die Sensitized)형에 대한 상용화 연구가 본격적으로 진행 중이다.

솔라셀은 기본적으로 반도체 pn 접합 구조로 되어 있는 데 접합 형태에 따라 동질 접합(homo-junction)형과 이종 접합(hetero-junction)형으로 구분한다. 동질 접합형의 대표적인 예는 결정형 Si 솔라셀로 pn 접합 부근 영역에서 태양광 에너지의 최대 일조 강도 성분을 흡수하도록 설계되어 있다.

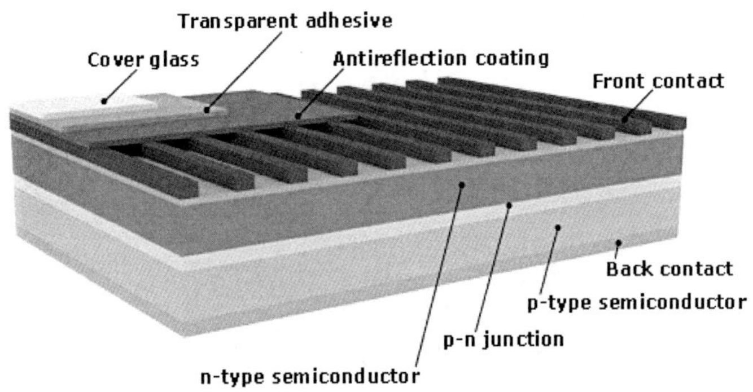

《 그림 4-5 》 동질 접합형 Si 솔라셀의 구조

동질 접합형 솔라셀 중에서 수소화 비정질 Si(Hydrogenated amorphous silicon, a-Si:H)을 사용하는 솔라셀은 pn 접합의 중앙에 진성(intrinsic) 영역을 삽입하기 때문에 p-i-n형이라고 구분한다. 이는 진성 영역의 상부에 p형 a-Si을, 하부에는 n형 a-Si을 적층한 구조이다.

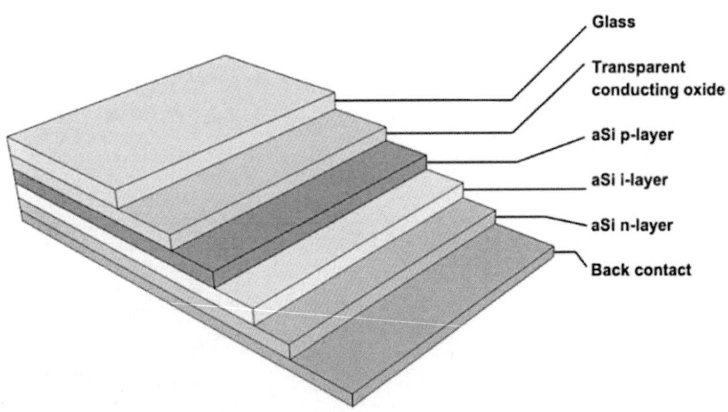

《 그림 4-6 》 동질 접합형 p-i-n형 비정질 Si 솔라셀의 구조

이종 접합형 솔라셀의 대표적인 예로는 CIGS(Copper Indium Gallium Selenide, $CuIn_xGa_{(1-x)}Se_2$)형 솔라셀을 들 수 있으며 n형 CdS(Cadmium Sulfide)와 p형 $CuInSe_2$ (Copper Indium diselenide)가 pn 접합을 형성한 구조이다.

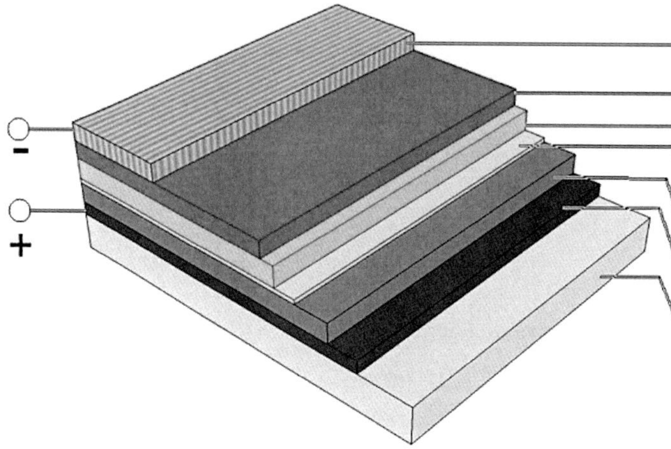

그림 4-7 이종 접합형 CIGS 솔라셀의 구조

또 다른 이종 접합형 솔라셀로는 CdTe(Cadmium Telluride)형을 들 수 있는데 n형 CdS (Cadmium Sulfide)층과 p형 CdTe(Cadmium Telluride)층으로 접합이 형성된다.

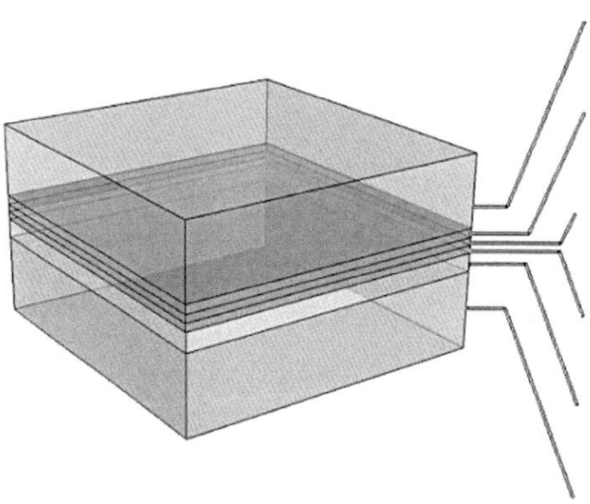

그림 4-8 이종 접합형 CdTe 솔라셀의 구조

한편 지금까지 설명한 솔라셀의 접합 구조를 단일 접합(single-junction)형이라고 한다면 다중 접합(multi-junction)형은 단일 접합형의 변환효율 한계를 극복하기 위해 밴드 갭(band gap)이 다른 물질로 형성한 다수의 pn 접합을 적층한 구조이다. 2장에서 설명한 바와 같이 태양광은 적외선에서 가시광선을 넘어 자외선까지 폭넓은 파장의 빛을 포함하고 있어서 해당 파장의 광자마다 에너지가 다르다. 솔라셀의 기본적인 원리는 반도체 물질의 고유한 밴드 갭보다 큰 에너지를 가진 빛에 의해 전자-정공 쌍이 생기기 때문에 파장이

긴 광은 광전 효과에 기여하지 못하고 투과해 버린다. 그렇다고 해서 밴드 갭이 작은 반도체로 솔라셀을 구성하면 열손실이 늘어나기 때문에 파장에 따라 최적의 밴드 갭을 갖는 물질이 존재한다. 세부적인 내용은 Part 2. 반도체 물성에서 자세히 설명하겠지만 빛의 파장에 따라 역할을 분담하여 태양광을 효과적으로 이용하자는 것이 다중 접합형 솔라셀의 기본적인 개념이다. 따라서 아래 그림과 같이 최상층을 가장 밴드 갭이 큰 물질로 접합을 만들고 아래로 순차적으로 배치하면 빛이 통과하면서 에너지가 큰 단파장대 광부터 차례로 광전 변환을 할 수 있어서 태양광을 효율적으로 사용할 수 있다.

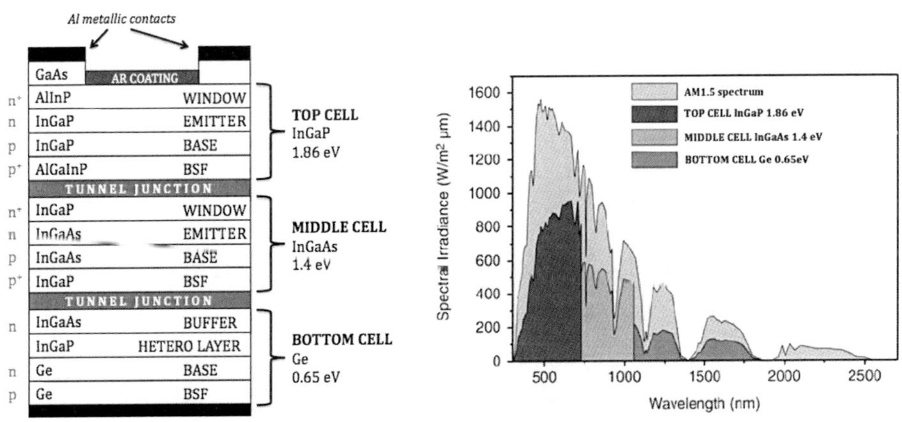

그림 4-9 다중 접합형 솔라셀의 구조와 접합 층별 광전 변환 영역

4.2.2 솔라셀 종류별 특성

(1) sc-Si 솔라셀

sc-Si 솔라셀은 원자가 균일하게 배열된 상태로 두께가 200[μm] 정도인 Si을 재료로 사용하며 제조 기술이 안정된 1세대 솔라셀이라고 할 수 있다. 넓은 스펙트럼 영역에서 상대적으로 양호한 성능을 가지며 변환효율은 15~23% 수준이다. 그러나 제조단가와 제품 가격이 높고 색상도 갈색 혹은 검정색으로 불투명하고 무겁다는 단점이 있다.

sc-Si을 이용한 솔라셀 기술은 1953년에 벨(Bell) 연구소에서 개발된 이래 꾸준히 연구개발이 진행되었고 1990년대에 들어 효율 경쟁이 가장 활발하게 이루어졌다. 당시 개발 내용 중 최고 수준은 호주 뉴사우스웨일즈대학(UNSW, University of New South Wales)에서 발표한 RERL(Passivated-Emitter, Rear-Localized)이라고 명명된 기술로 셀 효율은 24.5%, 모듈 효율은 22.7%에 달한다. 이후 2000년대에 들어선 변환효율보다는 서비용화가 최대의 관심사로 되면서 sc-Si 솔라셀의 변환효율은 거의 한계에 달한 상태이다.

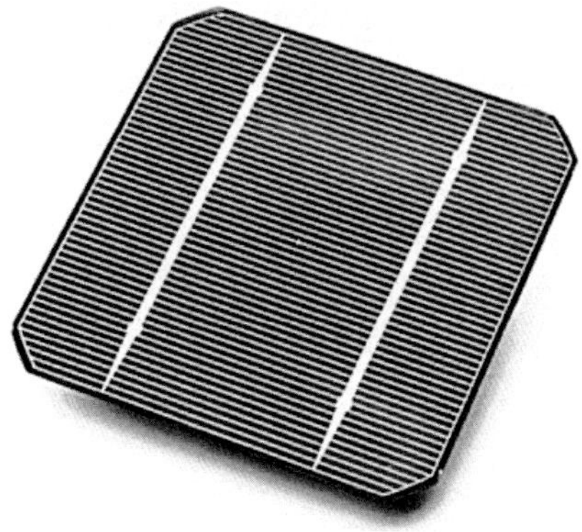

《 그림 4-10 》 sc-Si 솔라셀

(2) mc-Si 솔라셀

mc-Si 솔라셀은 원자가 규칙적인 배열이긴 하지만 배열 방향이 불규칙적인 결정립(grain)으로 되어 있다. mc-Si은 sc-Si과 달리 Si 절단 주물을 용해하여 주형에 넣어 굳혀서 만드는데 sc-Si 잉곳(ingot)에 비해 10배 정도 높은 생산성을 얻을 수 있다. 따라서 원가 비중을 줄일 수 있으면서 제조 공정도 sc-Si과 큰 차이가 없기 때문에 안정적인 양산 공정 기술을 대부분 그대로 사용할 수 있다.

그러나 결정립계(grain boundary)에 존재하는 결정 결함(crystal defect) 영역에서 광에 의해 생성된 전자나 정공을 포획하기 때문에 효율은 sc-Si에 비해 약간 못 미치는 수준이다. 작은 면적에서 20%대의 효율이 보고되기도 하지만 100[cm^2] 이상의 대면적 셀의 효율은 17%대 부근이고, 모듈 효율은 대략 15% 수준이다.

《 그림 4-11 》 mc-Si 솔라셀

(3) a–Si:H 솔라셀

앞에서 설명한 결정질형 Si 솔라셀은 높은 효율과 양산 기술의 안정화로 전체 시장의 80% 이상을 점유하고 있다. 그러나 결정질 Si의 밴드 갭이 1.12[eV]인데 이보다 약간 높은 에너지를 갖는 광자를 잘 흡수하지 못한다. 따라서 두께가 100[μm] 미만인 경우 상당량의 빛이 광전 변환에 기여하지 못하고 투과해 버리기 때문에 두껍게 만들어야 하고 이는 결국 생산 단가의 상승으로 이어진다.

a–Si 솔라셀의 재료는 수소화 비정질 Si(Hydrogenated amorphous silicon, a– Si:H)으로 결정형 Si과 원자 배열이 다르기 때문에 전혀 다른 특성을 보인다. a–Si:H의 밴드 갭은 약 1.7[eV]로 이보다 약간 높은 에너지의 광자 흡수율이 매우 높아서 박막으로도 충분히 작동한다. 1.7[eV]에 해당하는 빛의 파장은 약 730[nm]로 이보다 긴 파장의 빛은 투과해 버리기 때문에 a–Si:H 박막은 붉은색을 띠고 있다. 따라서 태양광의 절반 정도를 차지하는 적외선은 대부분 투과하므로 변환효율이 낮은 것이 단점이다.

a–Si:H의 연구는 1960년대부터 진행되었지만 1975년에야 pn 접합을 형성할 수 있었다. a–Si:H 솔라셀은 기본적으로 p–i–n 접합 구조를 갖고 있는데 양산 기술의 발전으로 화학기상증착(CVD, Chemical Vapor Deposition)이나 스퍼터링(sputtering) 공정으로 기판에 박막으로 형성할 수 있다. 따라서 Si 소재 사용을 획기적으로 줄일 수 있을 뿐 아니라 대형 기판으로 제작할 수 있어 생산성이 높고 제조 단가를 크게 줄일 수 있다.

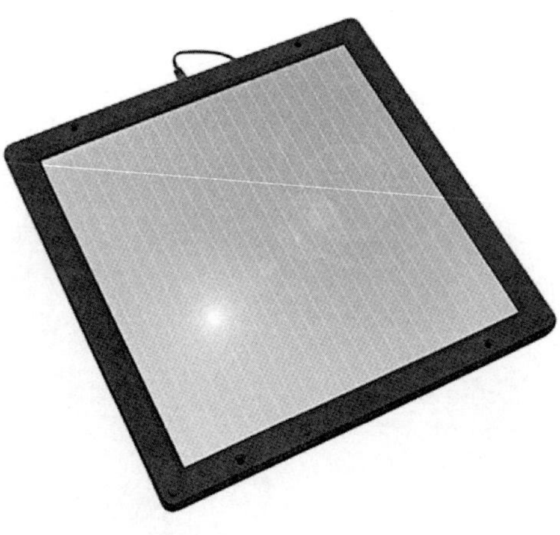

《 그림 4–12 》 a–Si:H 솔라셀

(4) CIGS 솔라셀

박막으로 구현할 수 있어서 재료를 적게 사용하면서도 변환효율을 높일 수 있는 방식으로 CIGS(Copper Indium Gallium Selenide, $CuIn_xGa_{(1-x)}Se_2$) 솔라셀을 들 수 있다. 이는 Cu(copper), In(Indium), Ga(Gallium), Se(Sellenium)과 같은 4종의 원소로 만드는 $CuIn_xGa_{(1-x)}Se_2$ 화합물 반도체의 약어이다. 흔히 CIS($CuInSe_2$)로 불리는 3원 화합물 반도체에서 In의 일부를 Ga으로 대체한 반도체이다. CdTe와 같은 II-VI족 반도체와 비교하면 CIGS는 II족 반도체 대신 I-III족으로 대체된 I-III-VI-VI족 반도체이다.

CIGS는 밴드 갭이 1.25[eV] 부근인데 이보다 높은 에너지의 빛을 흡수하는 비율이 다른 반도체 물질에 비해 매우 높아서 1~2[μm] 정도의 두께로도 충분하다. 또한 효율도 15~20% 수준까지 보고되고 있을 정도로 mc-Si 솔라셀을 능가하고 있다. 이는 결국 원재료의 사용을 대폭 줄일 수 있다는 결론에 도달하는데, 예를 들어 결정질 Si 솔라셀로 1[kW] 출력을 얻기 위해 소요되는 재료의 약 1%만으로도 CIGS 솔라셀을 제작할 수 있다는 의미를 가진다.

CIGS형 솔라셀 제조에 필요한 반도체 물질을 연성 기판에도 증착할 수 있기 때문에 다양한 형태로 가공이 가능하다. 이 특성을 이용하여 건물의 외장 재료나 지붕 혹은 창문 등에 사용할 수 있어서 건물 집적형 PV(BIPV, Building Integrated PV) 시스템 구현에 적합하다. 또한 CIGS형은 진공 증착설비를 사용하지 않고도 대면적을 셀을 구현할 수 있기 때문에 향후 Si 솔라셀에 비해 가격 경쟁력이 높을 것으로 기대된다.

그러나 다른 한편으로 지구 표면을 구성하고 있는 물질의 성분비를 나타내는 클라크 수(Clarkes number)를 비교하면 Si이 25%인 반면 Cu는 0.01%, In은 0.00001%로 매우 부족한 물질이다. 특히 In은 평판 디스플레이의 투명 도전막인 ITO(Indium Tin Oxide)의 재료로 사용되므로 수요가 높아서 대량 생산 보급에 장애가 되고 있다.

《 그림 4-13 》 CIGS 솔라셀

(5) CdTe 솔라셀

CdTe형 솔라셀은 Cd과 Te 화합물을 소재로 사용하며 낮은 제조 단가가 가장 큰 장점이다. CdTe형 솔라셀은 밴드 갭이 1.48[eV]로 이론상으로 태양광 스펙트럼에 가장 적합한 특성을 갖기 때문에 이론적인 효율 한계가 가장 높은 물질로 기대를 받고 있다. 그러나 현재의 제조 기술로는 변환효율이 11~16% 수준으로 결정질 Si에 비해 낮아서 설치 면적을 크게 가져가야 하므로 주로 대형 발전 플랜트와 같이 값싼 대지를 활용할 수 있는 경우에 적합하다.

CdTe형 솔라셀 기술 발전을 저해하는 요소는 Cd가 클라크 수가 0.00005%에 불과해서 재료 수급에 문제가 생길 수 있다는 점과 RoHS(Restriction of Hazardous Substance) 규제를 받는 유독성 물질이라는 점이다. 유독성에 대해선 폐기 후 재활용하는 기술 수준이 높아지면서 해결되고 있는 추세이다.

◀ 그림 4-14 ▶ CdTe 솔라셀

4.2.3 솔라셀 성능

$AM\,1.5G$에서 단일 pn 접합을 이용하는 솔라셀의 이론적인 최대 변환효율은 33%로 알려졌다. 나머지 67%는 열에 의한 손실 47%와 솔라셀에서 흡수되지 않고 투과하는 광자 성분 18%, 그리고 광전 변환에 의해 생성된 전자와 정공이 재결합하면서 발생하는 손실 2% 등이다.

15장 "솔라셀 성능"에서 자세히 설명하겠지만 솔라셀에서 최대로 공급할 수 있는 전력(P_{MAX})과 이때의 전압(V_{MP})과 전류(I_{MP})는 솔라셀의 전기적 등가회로를 이용하여 다음의 과정을 거치면 구할 수 있다.

$$I \cong I_L - I_o \cdot \exp\left(\frac{V}{V_T}\right)$$

$$I_{sc} = I_L - I_o \cong I_L$$

$$V_{oc} = V_T \cdot \ln\left(\frac{I_L}{I_o} + 1\right) \cong V_T \cdot \ln\left(\frac{I_L}{I_o}\right) = V_T \cdot \ln\left(\frac{I_{sc}}{I_o}\right)$$

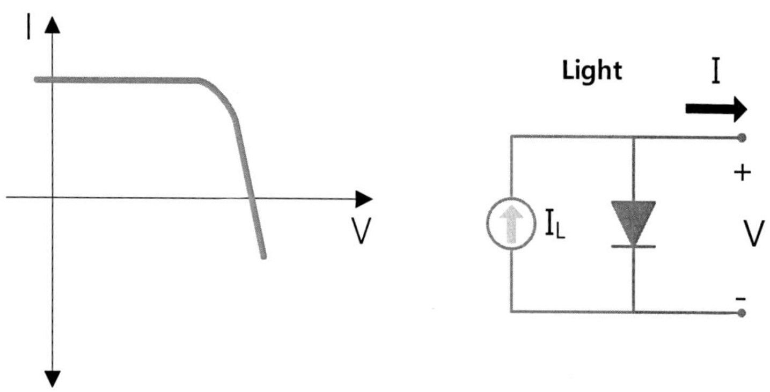

《 그림 4-15 》 pn 접합 다이오드 등가회로

$$@\, V = V_{MP} \rightarrow \frac{dP}{dV} = \frac{d(V \cdot I)}{dV} = 0$$

$$\frac{I_L}{I_o} = \left(1 + \frac{V_{MP}}{V_T}\right) \cdot \exp\left(\frac{V_{MP}}{V_T}\right)$$

$$P_{MAX} = V_{MP} \cdot I_{MP} = \frac{I_{sc} \cdot \dfrac{V_{MP}^2}{V_T}}{1 + \dfrac{V_{MP}}{V_T}}$$

위에 기술한 최대 전력에 관한 수식에서 단락전류(I_{sc})는 광전류에 해당하므로 밴드 갭(E_G)이 증가하면 감소한다. 반면 밴드 갭 증가에 따라 암 포화 전류(I_o)가 줄기 때문에 최대 전력전압(V_{MP})은 증가한다. 결국 솔라셀의 변환효율을 밴드 갭의 함수로 표시하면 최적치가 존재하는데, 아래 그림에 보인 바와 같이 $E_G = 1.4$[eV] 부근에서 최대가 된다.

Si의 경우 이론적으로 최대 30% 변환효율이 가능하다. 그러나 현존하는 결정형 Si 솔라셀의 경우 상용 제품의 최대 효율은 24%이고 이를 모듈로 조립하면 약 20% 수준이다. 차이로 발생하는 6%는 셀 표면에서의 태양광 반사 성분과 상부 금속전극과 Si과의 접촉 영역에서의 손실 그리고 제조 과정에서 발생하는 결함 등에 의한 것이다. 현존하는 CdTe형 상용 솔라셀은 Si 솔라셀보다 변환효율은 낮지만 이론적인 최대 변환효율이 높기 때문에 추가적인 기술 개발 가능성이 높다고 볼 수 있다.

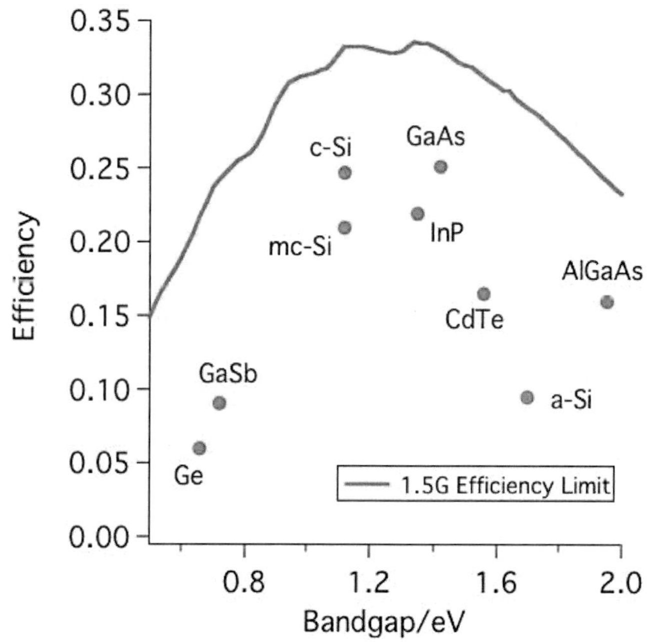

《 그림 4-16 》 밴드 갭에 따른 솔라셀의 이론적 한계 효율

다음은 솔라셀 연구 결과로 발표된 변환효율에 대해 발표 시기별로 최고치의 데이터를 표시한 도표로 전반적인 기술 개발의 추이를 보여주고 있다. 우선 결정질형 Si 솔라셀의 경우 25% 수준까지 보고되고 있으며 a-Si:H 솔라셀도 13% 수준에 도달했지만 효율 개선은 거의 정체된 상태이다. CIGS 박막형의 경우 20% 수준까지 보고되고 있으며, CdTe형은 약 18% 수준으로 mc-Si 솔라셀의 변환효율에 근접한 수준이다. 단일 접합형의 한계인 33% 변환효율을 넘어설 수 있는 구성인 다중 접합형의 경우 집광형 솔라셀로 구현하는 방식의 경우 변환효율이 40%를 넘어섰다. 그 외 차세대 솔라셀인 유기 반도체형과 색소증감형 솔라셀도 변환효율 10%를 돌파했고 기술 발전이 가속화되고 있다.

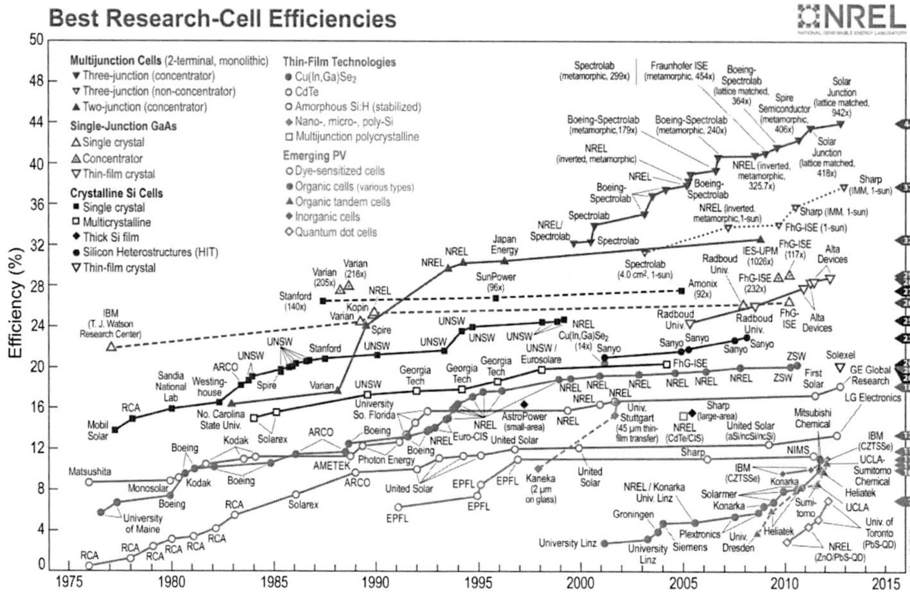

❰ 그림 4-17 ❱ 솔라셀 종류별 효율개선 추이

PART 2

반도체 물성

반도체 재료

CHAPTER 05

현대 문명의 쌀이라고 불리는 실리콘(Silicon, Si)은 대표적인 반도체 소재로서 일반적인 전자 소자뿐 아니라 솔라셀의 주원료로 사용되고 있다. 반도체의 고유한 전기적 성질은 전류를 발생시키는 전자의 흐름 정도와 관련이 있기 때문에 원자 구조 특히 전자 구조에 의해 결정된다. 현재 다양한 반도체 물질이 사용되고 있지만 절대 다수를 차지하는 Si의 원자 구조와 결정 구조를 살펴보고 결정면과 결정 방향에 따른 기계적, 전기적 특성이 어떻게 달라지는지 알아본다.

5.1 반도체 개요

원자 내부에 원자핵의 존재가 발견된 초기에는 원자의 구조가 태양계와 유사하게 원자핵 주위를 전자가 궤도를 그리며 회전하는 것으로 알려졌다. 이후 보어(Niels Bohr, 1913)에 의해 소개된 고전 원자론에서 원자핵 주위의 전자는 고유한 특정 궤도에만 위치할 수 있고, 또한 각 궤도에 배치될 수 있는 전자의 수는 제한되어 있다는 것이 설명되었다.

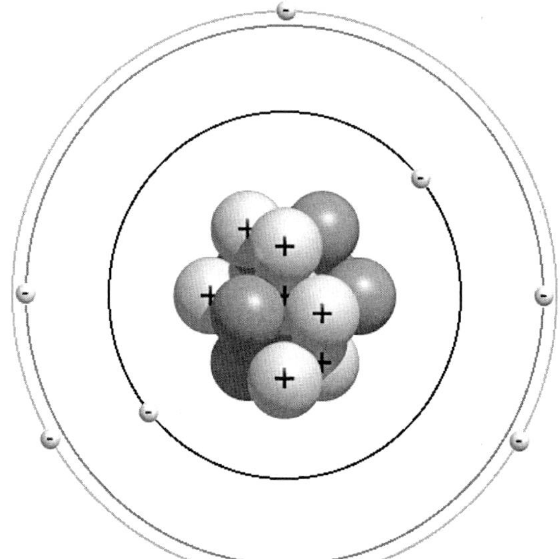

【 그림 5-1 】 질소(Nitrogen, N) 원자의 보어 모델

이때 원자핵 주위의 전자는 불연속적인 에너지 준위를 갖기 때문에 고유한 궤도가 정해지는데, 이 상태를 양자수(quantum number)로 나타낸다. 먼저 주양자수 n에 따라 주궤도를 점유할 수 있는 최대의 전자 개수는 양자수 제곱의 두 배로 정해진다.

$$N_e = 2n^2$$

이 주궤도 내에는 다시 s, p, d, f 부궤도가 존재하는 데 각각의 부궤도를 점유할 수 있는 전자의 개수는 각각 최대 2개, 6개, 10개, 14개 … 순으로 정해진다. 부양자수와 전자의 배치 상태는 아래와 같은 방식으로 표기한다.

$$s/p/d/f : s^2\,p^6\,d^{10}\,f^{14}$$

예를 들어 원자번호 7번인 N의 경우 첫 번째 궤도에 2개가 위치하며 나머지 5개는 다음 에너지 준위에서 s 궤도에 2개, p 궤도에 3개가 배치된다. 원자번호 14번인 실리콘의 경우는 2번째 궤도까지 2개와 8개가 위치하며 나머지 4개는 3번째 궤도의 준위에서 s 궤도에 2개, p 궤도에 3개가 배치된다.

$$_{5}N : (1s^2)\,(2s^2\,2p^3)$$

$$_{11}Na : (1s^2)\,(2s^2\,2p^6)\,(3s^1)$$

$$_{13}Al : (1s^2)\,(2s^2\,2p^6)\,(3s^2\,3p^1)$$

$$_{14}Si : (1s^2)\,(2s^2\,2p^6)\,(3s^2\,3p^2)$$

$$_{32}Ge : (1s^2)\,(2s^2\,2p^6)\,(3s^2\,3p^6\,3d^{10})\,(4s^2\,4p^2)$$

가장 높은 에너지 준위를 갖는 최외곽 궤도의 전자는 원자핵에서 가장 멀기 때문에 정전 구속력이 가장 약하다. 따라서 일정 이상의 외부 에너지가 가해지면 궤도를 이탈하여 자유로이 움직이는 전자가 되어 결국 전기 전도에 기여하게 된다. 이처럼 최외곽 궤도의 전자가 물질의 전기적 속성을 결정하는 데 중요한 역할을 하는데 이들을 가전자(valence electron)라고 부른다.

특히 최외곽 s, p 궤도에 있는 전자의 수를 원자가라고 하며 이들 전자를 통해 다른 원소와 화학적 결합이 일어나며 물질의 성질이 결정된다. 이 원자가에 의해 원자의 안정성이 설명되는데 최외곽 s, p 궤도 준위에 전자가 8개로 차 있거나 혹은 모두 비어 있으면 가장 안정하다. 대표적으로 Ne(Neon), Ar(Argon) … 등을 들 수 있다. 반면 가전자가 1개인 Cu(Copper), Ag(Silver), Au(Gold) … 등은 양질의 도체로 작용한다.

Group → / ↓ Period	1	2	3	4	5	6	7	8	9	10	11	12	13	14	15	16	17	18
1	1 H																	2 He
2	3 Li	4 Be											5 B	6 C	7 N	8 O	9 F	10 Ne
3	11 Na	12 Mg											13 Al	14 Si	15 P	16 S	17 Cl	18 Ar
4	19 K	20 Ca	21 Sc	22 Ti	23 V	24 Cr	25 Mn	26 Fe	27 Co	28 Ni	29 Cu	30 Zn	31 Ga	32 Ge	33 As	34 Se	35 Br	36 Kr
5	37 Rb	38 Sr	39 Y	40 Zr	41 Nb	42 Mo	43 Tc	44 Ru	45 Rh	46 Pd	47 Ag	48 Cd	49 In	50 Sn	51 Sb	52 Te	53 I	54 Xe
6	55 Cs	56 Ba		72 Hf	73 Ta	74 W	75 Re	76 Os	77 Ir	78 Pt	79 Au	80 Hg	81 Tl	82 Pb	83 Bi	84 Po	85 At	86 Rn

그림 5-2 원소 주기율표

반도체는 도체와 부도체의 중간영역에 속하는 물질로 전자 배치 구조로는 4개의 가전자를 갖는 물질이다. 종류는 IV족 원자로 이루어진 C(Carbon), Si, Ge(Germanium) … 등이 대표적인 반도체 물질이며, III족과 V족의 물질로 이루어진 GaAs(Gallium arsenide), GaN(Gallium nitride), AlN(Aluminium nitride), InP(Indium phosphide) … 등은 대표적인 III-V족 화합물 반도체이다. 이외에도 II-VI족 화합물인 CdSe(Cadmium selenide), CdTe (Cadmium telluride) CdS(Cadmium sulfide)… 등도 많이 사용되는 반도체 물질이다. 솔라셀에 사용되는 CIGS(Copper Indium Gallium Selenide)는 II-VI족 원소에서 II족을 I족과 III족으로 대체하고 VI족 원소를 2개 사용한 I-III-VI-VI족 반도체이다.

특정한 재질로 이루어진 시료의 저항(Resistance, $R[\Omega]$)은 시료의 형상과 물성에 의해 달라진다. 즉 길이(L)와 단면적(A) 그리고 비저항(resistivity, $\rho[\Omega \cdot \text{cm}]$) 혹은 전기 전도도(conductivity, $\sigma[\text{S} \cdot \text{cm}^{-1}]$)로 결정되는데, 비저항의 범위가 물질에 따라 크게 다르기 때문에 같은 형상의 시료라도 물성에 따라 도체가 되기도 하고 절연체가 되기도 한다.

$$R[\Omega] = \rho \cdot \frac{L}{A} = \frac{1}{\sigma} \cdot \frac{L}{A}$$

$$\rho[\Omega \cdot \text{cm}] = \frac{1}{\sigma}$$

표 5-1 대표적인 물질의 비저항과 전기 전도도

물성	단위	Cu (Copper)	Si (silicon)	SiO_2 (silicon dioxide)
비저항(ρ)	$[\Omega \cdot \text{cm}]$	1.68×10^{-6}	6.4×10^{4}	7.5×10^{19}
전기 전도도(σ)	$[\text{S} \cdot \text{cm}^{-1}]$	5.96×10^{5}	1.56×10^{-5}	1.3×10^{-20}

일반적으로 반도체는 비저항(ρ) 혹은 전기 전도도(σ)가 도체와 부도체의 중간 정도되는 물질로 정의한다. 그러나 반도체의 효용성은 전기적 성질을 인위적으로 쉽게 제어할 수 있다는 점에서 중요하다. 따라서 이러한 성질을 이용하면 여러 형태의 전기 소자로 사용할 수 있다.

전기적 성질의 인위적 조절은 여러 방법으로 가능한데 먼저 반도체 제작 과정에서 특정한 불순물을 넣으면 전도성을 크게 높일 수 있다. 이를 반도체 제조 공정 중 불순물 주입 공정 혹은 도핑(doping) 공정이라고 부른다. 예를 들어 순수한 Si은 부도체에 가깝지만 1 [ppm] 정도의 불순물을 주입하면 양질의 도체에 근접하는 수준으로 만들 수 있다. 혹은 외부에서 인가하는 전압으로 생성된 전계(electric field)를 통해 전기 전도도를 조절할 수 있는데, 이 특성을 이용한 것이 다이오드(diode)나 트랜지스터(transistor)와 같은 전자 소자이다. 혹은 온도나 기계적 응력(stress), 방사 에너지와 같은 외부 물리량의 변화에 대해서도 전기적 특성이 달라지므로 반도체 센서나 솔라셀 등에 활용할 수 있다.

5.2 결정 구조

원자내의 전자 구조뿐 아니라 고체를 이루는 물질의 공간적인 원자 배열에 의해서도 물질의 성질이 결정된다. 고체 내부 원자의 배열은 크게 단결정(single crystal), 다결정(poly crystal), 비정질(amorphous)로 구분할 수 있다. 비정질은 원자의 배열에 어떠한 규칙성도 찾을 수 없는 형태인 반면, 단결정은 전체 영역에 걸쳐 일정한 주기로 원자들이 배치되어 있다. 다결정은 재료 전체가 다수의 결정립(garin)으로 되어 있고 결정립 내부는 단결정과 같이 규칙성을 유지하고 있지만 전체적으로 볼 때 입자간의 방위 관계가 불규칙한 특성을 가진다. 다결정 중에서 결정립의 크기가 큰 경우는 단결정의 특성과 거의 같다고 볼 수 있어서 이를 복결정(multi crystal)이라고 부르기도 한다. 또 비정질 중에서 극히 미세한 영역에 결정 구조를 갖고 있는 상태를 미결정(micro crystal)이라고 분류한다.

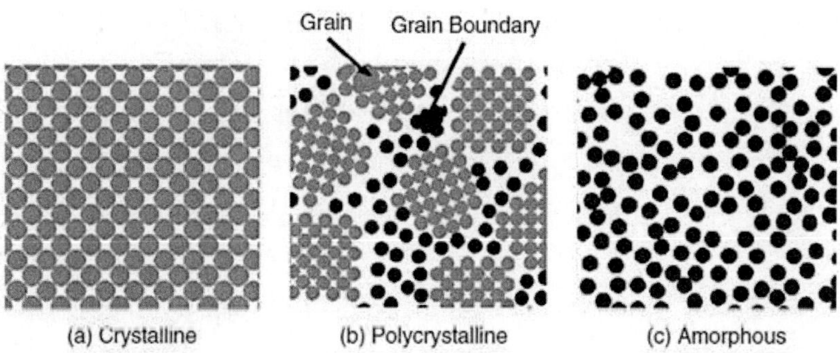

◖ 그림 5-3 ◗ 원자 배열에 따른 고체의 분류(단결정, 다결정, 비정질)

단결정의 경우 기본적인 원자 배열이 전체적으로 되풀이 되므로 기본적인 주기성을 파악하면 전체 특성을 예측할 수 있다. 이처럼 주기성을 갖는 배열을 격자(lattice) 구조라고 하고 반복되는 최소 단위의 구조를 단위 셀(unit cell), 그리고 단위 셀의 크기를 격자 상수(lattice constant, a)라고 부른다. 대표적인 반도체 재료인 Si의 격자상수는 5.43[Å]이다.

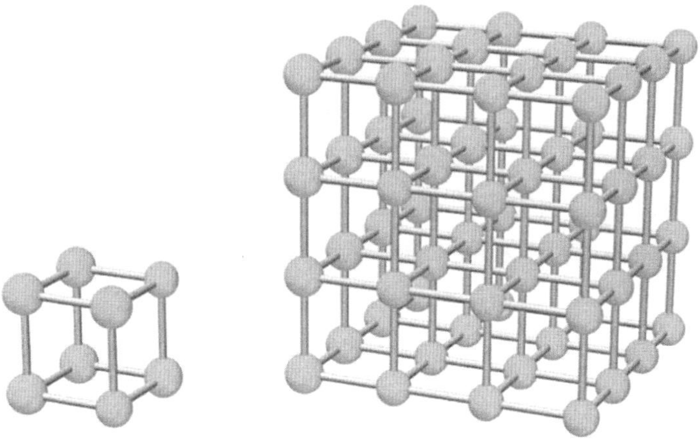

【그림 5-4】 단위 셀과 격자 구조

단위 셀을 복사하여 규칙적으로 쌓으면 원래의 격자를 만들 수 있다. 결국 결정질 구조에서 단위 셀의 구성을 파악하고 있으면, 결정체 전체를 분석하고 고찰할 수 있는 것이다. 가장 단순한 3차원 단위 셀은 입방 결정(cubic crystal)으로 원자의 배치 형태에 따라 몇 가지 형태로 변형된다. 단순 입방(Simple Cubic, SC)체는 6면체의 꼭짓점에 원자가 하나씩 배치된 형태로 구조적으로 불안정하기 때문에 Po(Polonium)을 제외하고는 자연 상태에서 존재하지 않는 결정 구조이다. 체심 입방(Body Centered Cubic, BCC)체는 단순 입방체에서 6면체의 중앙에 원자가 하나 더 배치된 상태로 Na(sodium), W(tungsten), Mo(Molybdenum) 등이 여기에 해당된다. 면심 입방(Face Centered Cubic, FCC)체는 단순 입방체에서 여섯 면의 중앙에 원자들이 하나씩 더 놓인 구조로 Au, Ag, Al, Cu … 등 대부분의 금속이 여기에 해당한다.

격자 내 원자를 구 형태로 상상해보면 이 세 가지 격자 구조 중에서 면심 입방체가 구조적으로 가장 안정하다는 것을 알 수 있다. 이렇게 구로 근사시키면 격자 체적 내에 원자의 개수와 원자가 점유하는 체적 비율 그리고 가장 인접한 원자 간의 거리 등을 계산할 수 있다.

단위 셀 내에 위치한 순수한 원자의 개수를 구하기 위해선 입방체 내부에 있는 원자를 제외하면 모두 인접한 셀과 공유하고 있음을 유의해야 한다. 즉 모서리에 있는 원자는 인

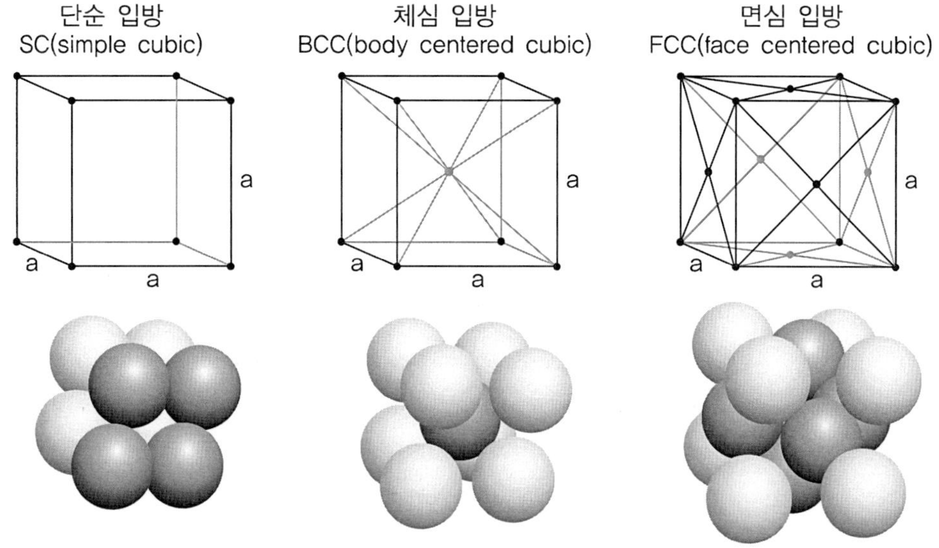

◖ **그림 5-5** ◗ 입방격자의 변형(단순 입방, 체심 입방, 면심 입방)

접 셀 8개와 공유하고 있으며 면에 위치한 원자는 인접 셀 2개가 공유한 상태이다. 따라서 단순 입방체는 원자 1개, 체심 입방체는 원자 2개 그리고 면심 입방체는 원자 4개를 점유하고 있는 구조이다.

$$SC: 8\times\frac{1}{8}=1[\text{atoms/cell}]$$

$$BCC: 8\times\frac{1}{8}+1=2[\text{atoms/cell}]$$

$$FCC: 8\times\frac{1}{8}+6\times\frac{1}{2}=4[\text{atoms/cell}]$$

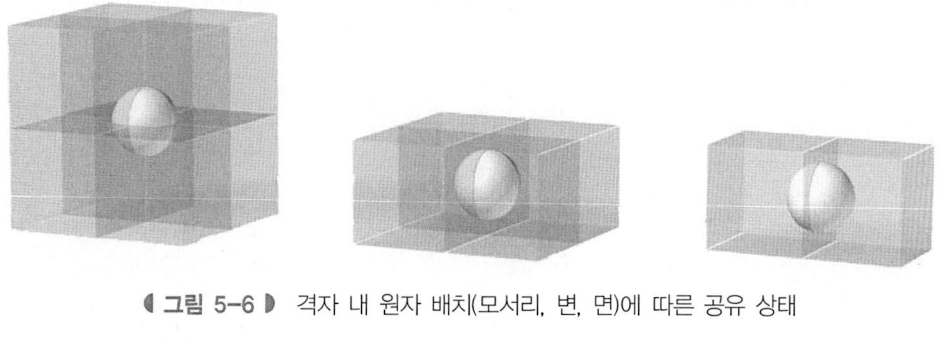

◖ **그림 5-6** ◗ 격자 내 원자 배치(모서리, 변, 면)에 따른 공유 상태

섬아연광(zinc-blend) 격자 구조는 GaAs, CdTe와 같은 화합물 반도체의 단위 셀 구조로 면심 입방체 하나가 다른 면심 입방체의 대각 방향으로 대각선 길이의 1/4만큼 이동해서 겹친 모양이다. 이 구조에서 각 원자는 가장 인접한 원자 4개와 결합하고 있고 이 결합 자체로는 정사면체를 형성한 것이 특징이다. 단위 셀 내부의 원자는 8개로 결합 구조에 의해 구조적으로 매우 안정한 상태이다. 한편 Si, Ge, C과 같은 Ⅳ족의 반도체도 같은 물질끼리 결합하고 있다는 점만 다르고 같은 모양인데 이를 다이아몬드(diamond) 격자 구조라고 한다. 참고로 Si의 격자 상수는 5.43[Å]이고 GaAs의 격자상수는 5.65[Å]이다.

$$Diamond: 8\times\frac{1}{8}+6\times\frac{1}{2}+4=8[atoms/cell]$$

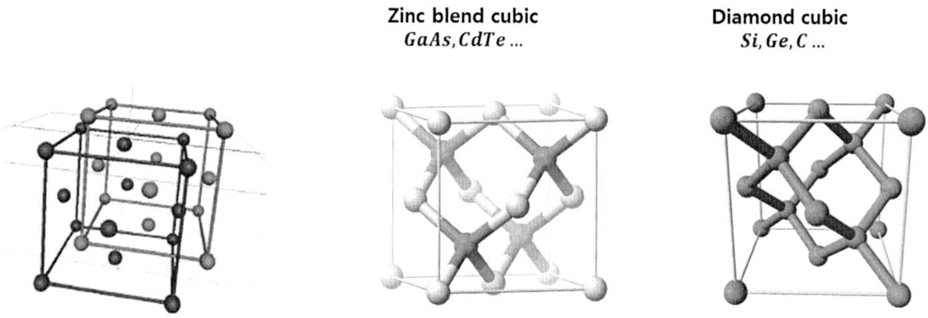

《 그림 5-7 》 섬아연광과 다이아몬드 격자 구조

다이아몬드 격자 구조의 중요한 특성은 하나의 원자와 가장 인접한 원자 4개가 같은 거리만큼 떨어져서 배치되어 있다는 것이다. 원자간 거리가 멀수록 상호 작용하는 인력이 줄어들기 때문에 결국 Si 결정 내 하나의 원자는 인접한 4개의 원자와 공유 결합을 취한 상태로 이루어져 있음을 알 수 있다. 원자량이 28.1인 Si의 격자 상수가 5.43[Å]이므로 가장 인접한 원자간의 거리와 밀도는 아래와 같이 구할 수 있다.

$$\sqrt{\left(\frac{a}{4}\right)^2+\left(\frac{a}{4}\right)^2+\left(\frac{a}{4}\right)^2}=\frac{a\sqrt{3}}{4}=2.35[\text{Å}]$$

$$8\times\frac{1}{8}+6\times\frac{1}{2}+4=8[\text{atoms/cell}]$$

$$\frac{8}{a^3}=5\times10^{22}[\text{atoms/cm}^3]$$

$$\frac{28.1[\text{g/mole}]}{6.02\times10^{23}[\text{atoms/mole}]}\times5\times10^{22}[\text{atoms/cm}^3]=2.33[\text{g/cm}^3]$$

다이아몬드 결정 구조를 공간상에 규칙적으로 쌓아 올리면 특정 방향에 따라 원자의 밀집도가 크게 달라진다. 즉 단결정 Si 벌크(bulk)를 특정 방향으로 잘라냈을 때 자른 방향에 따라 단면의 모양이 다르게 나타나므로 기계적 특성뿐 아니라 전기적 성질도 달라진다. 이는 결국 Si의 물성과 관련되므로 특정한 결정 방향과 결정면을 정의하는 것이 필요한데, 이를 밀러지수(Miller indices)를 이용하여 표기한다.

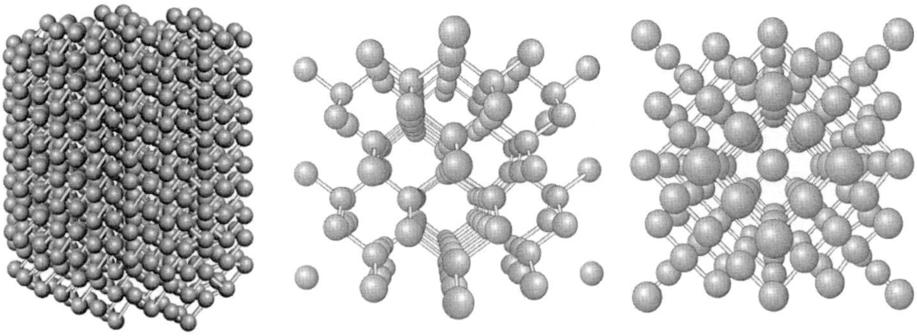

그림 5-8 방향에 따라 달라지는 단결정 Si의 격자 구조

밀러지수는 결정에서 평면의 위치나 방향을 3개의 정수로 표시하는 체계인데, 결정면의 표기 방법은 아래와 같다.

- 단위 셀의 한 격자점을 원점으로 x y z 좌표계를 구성한다.
- 특정 면과 좌표축과의 교점을 구하고 이를 기본 벡터의 정수배로 표시한다.
- 앞에서 구한 정수의 역수를 취하고 최소 공배수로 정수화한다.
- 이를 면(h k l)로 표기한다.

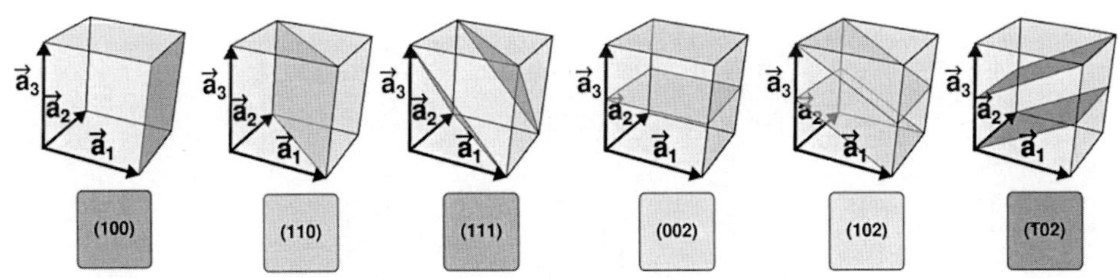

그림 5-9 결정면 표기 방식

결정 방향은 결정면에 수직한 벡터의 방향으로 정의하는 데 결정면과 동일한 밀러지수를 사용하지만 대괄호[ ]로 묶는다는 점이 다르다. 특히 입방격자의 경우 밀러지수로 표기

한 평면과 이 평면에 수직한 벡터는 괄호 형태만 다르고 같은 지수로 표시된다. 예를 들어 [100] 방향 벡터는 (100) 평면에 직교한다. 결정 방향의 표기 방법은 다음과 같다.

- 특정 방향의 벡터를 임의의 길이로 세 좌표축 값으로 표현한다.
- 여기에 같은 값을 곱하여 최소 정수로 표기한다.
- 이를 방향 [h k l]로 표기한다.

한편 결정면과 결정방향은 동일한 특성을 갖는 다수의 면이나 방향이 존재하는 경우 이를 그룹으로 표시하는데, 결정면 그룹은 중괄호{ }로 결정방향 그룹은 각괄호⟨ ⟩로 구분한다. Si의 경우 (100), (010), (001)면은 기계적으로나 전기적으로 모두 동일한 특성을 갖기 때문에 이들 면을 통칭해서 {100} 면 그룹이라고 부른다. {110} 면 그룹도 마찬가지로 (110), (101), (011) 면을 포함한다. 특정한 결정면을 밀러지수로 표기하면 마이너스 값이 나올 수가 있는데 이때는 숫자 위에 바를 붙여서 표기한다. {111} 면그룹도 Si 결정을 자르는 방향에 따라 밀러지수의 값이 마이너스가 되는 여러 면을 만들 수 있는 데 모두 동일한 특성을 가진다. 이처럼 밀러지수를 이용하면 어떤 결정면도 정의할 수 있는데, 일반적인 Si 웨이퍼의 결정면은 크게 (100), (110), (111) 세 가지를 주로 사용한다.

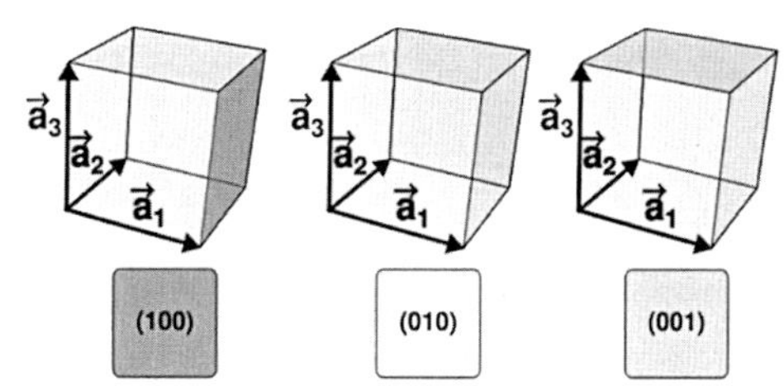

《 그림 5-10 》 {100} 면 그룹

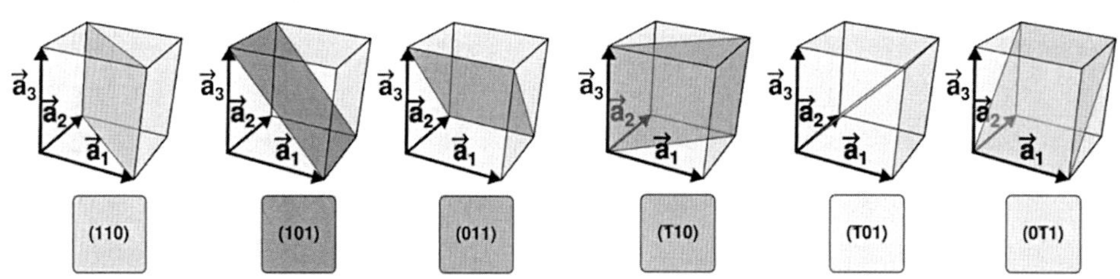

《 그림 5-11 》 {110} 면 그룹

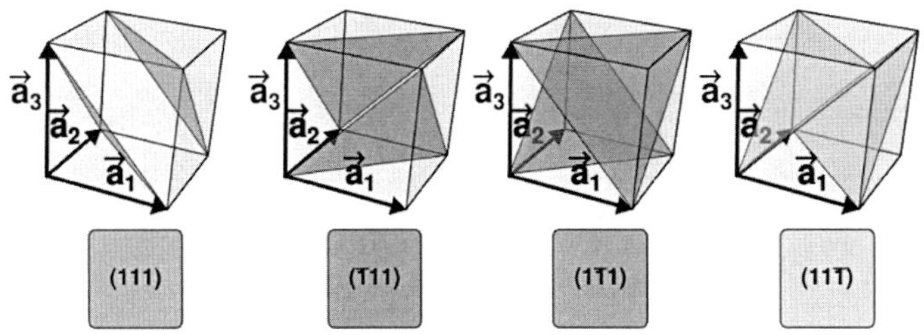

◀ 그림 5-12 ▶ {111} 면 그룹

Si 웨이퍼 중에서 (110) 결정면의 경우 원자 배치가 다공성이기 때문에 일반적인 IC 제조 기술을 이용하는 반도체 공정에는 적용하기 어렵다. 따라서 특수한 공정을 이용하는 반도체 센서 제작에 주로 사용하며 일반적인 반도체 공정에는 (100)과 (111) 결정면의 Si을 주로 사용한다. 여기서 (100) 결정면에 비해 (111) 결정면이 단위 면적당 원자의 수가 15% 이상 많기 때문에 Si 원자의 직접적인 화학반응을 이용하는 산화(oxidataion) 공정의 경우 결정면에 따라 산화 속도가 달라진다. 또한 웨이퍼의 표면 원자들은 인접한 Si 원자 4개와의 결합 중 일부가 끊어진 상태로 존재하기 때문에 습식 식각(wet etching) 공정에서 결정면에 따른 식각 속도의 차이도 발생한다.

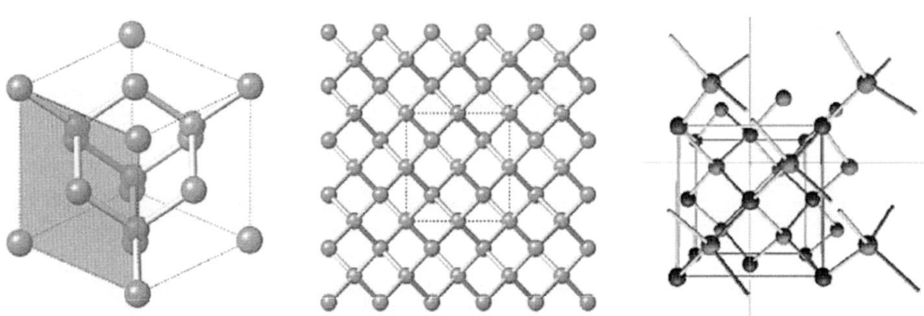

◀ 그림 5-13 ▶ (100) 결정 표면의 상태

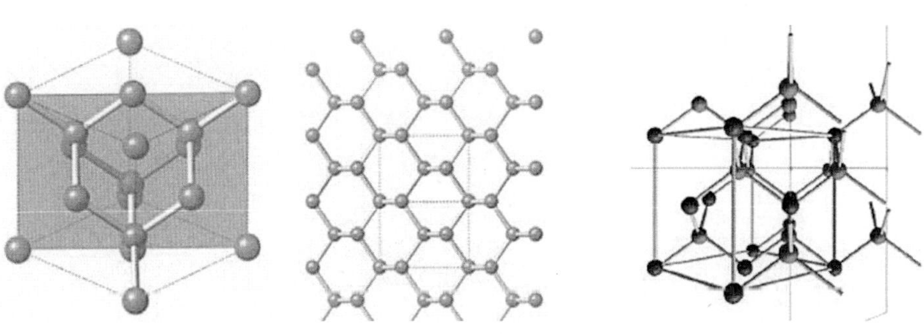

◀ 그림 5-14 ▶ (110) 결정 표면의 상태

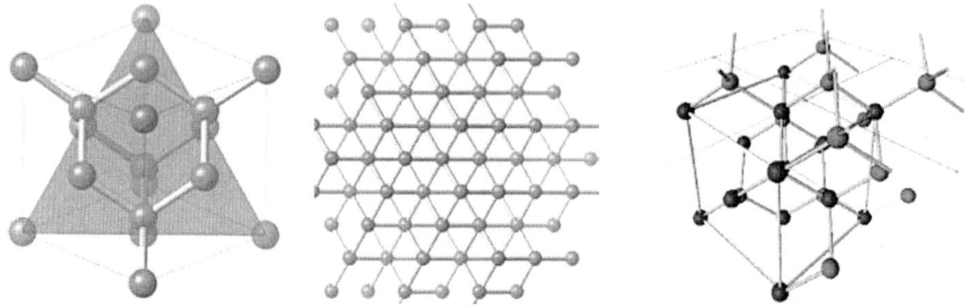

◀ 그림 5-15 ▶ (111) 결정 표면의 상태

각 결정면에 따른 표면 원자의 면밀도는 아래와 같이 구할 수 있다.

$$\{100\}\begin{cases} 1+4\times\dfrac{1}{4}=2[\text{atoms/unit cell}] \\ S_{100}=a^2[\text{m}^2] \\ U_{100}=2/a^2=6.78\times10^{14}[\text{atoms/cm}^2] \end{cases}$$

$$\{110\}\begin{cases} 2+4\times\dfrac{1}{4}+2\times\dfrac{1}{2}=4[\text{atoms/unit cell}] \\ S_{110}=a\times\sqrt{2}\,a=\sqrt{2}\,a^2[\text{m}^2] \\ U_{110}=2/(\sqrt{2}\,a^2)=9.59\times10^{14}[\text{atoms/cm}^2] \end{cases}$$

$$\{110\}\begin{cases} 3\times\dfrac{1}{6}+3\times\dfrac{1}{2}=2[\text{atoms/unit cell}] \\ S_{111}=\dfrac{1}{2}\times\sqrt{2}\,a\times\sqrt{\dfrac{3}{2}}\,a=\dfrac{\sqrt{3}}{2}a^2[\text{m}^2] \\ U_{111}=4/(\sqrt{3}\,a^2)=7.83\times10^{14}[\text{atoms/cm}^2] \end{cases}$$

CHAPTER 06

캐리어 모델

순수한 반도체는 전기적으로 부도체에 가깝지만 소량의 불순물을 주입하면 비저항이 급속히 낮아져서 도체와 유사한 특성을 나타낸다. 이처럼 인위적으로 전기적 성질을 변화시킬 수 있는 메커니즘은 캐리어 모델(carrier model)과 에너지 밴드(energy band) 구조로 설명할 수 있다.

6.1 에너지 밴드 구조

6.1.1 실리콘 결합 모델

5장에서 살펴본 바와 같이 원자번호 14번인 Si 원자는 총 14개의 전자가 원자핵 주위 궤도를 돌고 있다. 각각의 전자는 고유한 에너지 준위를 가지며 이에 해당하는 특정한 궤도를 점유하고 있다. 각각의 궤도에 위치 할 수 있는 최대 전자수는 주양자수에 의해 결정되며 Si의 경우 가장 안쪽과 다음 궤도에 각각 2개와 8개가 위치하며 나머지 4개는 최외곽 궤도에 위치한다. Si의 최외곽 궤도에 있는 4개의 전자를 가전자라고 하며 이들을 통해 다른 원자와 결합을 이루게 된다. 결정을 이루고 있는 물질은 원자간 결합에 의해 고체 구조를 유지하는 데, 다이아몬드 입방격자인 Si은 인접한 4개의 원자와 결합하기 때문에 원자간 결합 자체는 정사면체를 형성하고 있다.

결정질 Si 구조에서 각각의 Si 원자는 인접한 4개의 원자와 가전자를 공유하면서 결합하고 있다. 이를 2차원 평면상에 표시해 보면 실효적으로 8개의 가전자가 배치되므로 전기적으로 안정한 상태를 유지한다. Si 결정의 결합 구조는 가전자만 참여하므로 2차원 모식도를 그림 6-1과 같이 간략히 표현할 수도 있다.

반도체의 전자간 결합은 반도체의 특성을 결정하는 중요한 요소이다. 한 가지 중요한 사실은 각각의 전자가 점유할 수 있는 에너지 준위는 제한되어 있어서 격자 내 전자의 이동이 제한된다는 것이다. 절대 온도 0[K]에서 Si의 모든 가전자는 원자핵에 구속되어 있으므로 일정한 궤도를 벗어나지 못하는 상태이다. 따라서 이 상태에서 전자의 이동이 없으므로 전류는 흐르지 않는다. 그러나 온도가 올라가면 일부 전자는 에너지를 받아서 전자간의 공유 결합을 끊고 자유 전자가 된다. 이렇게 생성된 자유 전자는 이부에서 전압을 가할 경우 정전력에 의해 이동하므로 전류를 형성할 수 있다. 한편 자유 전자가 발생하면서 생

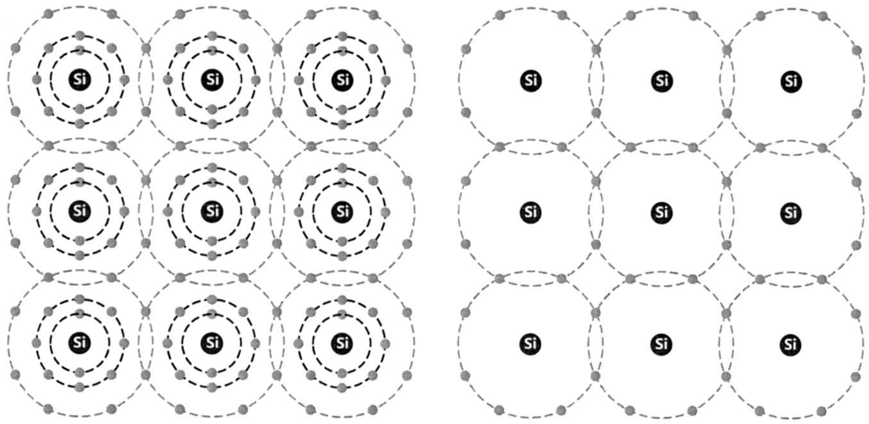

《 그림 6-1 》 Si 결정 구조의 2차원 모식도

긴 공간은 다른 가전자가 이동해서 채워 넣을 수 있는데 이는 마치 전자의 이동과 반대 방향으로 빈 공간이 이동하는 것으로 볼 수 있다. 이 현상을 이동하는 전자와 유사하게 전기적으로는 양전하를 띠고 있는 입자가 이동하는 것으로 이해할 수 있으며 이를 정공(hole)이라고 부른다. 정공이 이동한다는 개념은 액체 내에서 기포의 이동과 유사한데, 수조에서 액체는 중력에 의해 아래로 이동하지만 기포가 반대 방향인 위로 이동한다고 묘사하는 것이 더 직관적인 것처럼 전자와 정공의 개념을 이해할 수 있다.

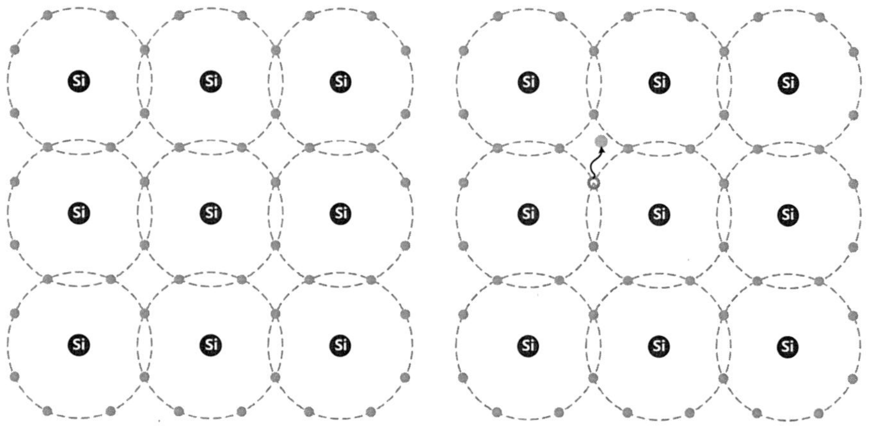

《 그림 6-2 》 전자와 정공의 발생 개념도

전류는 단위 시간당 전하의 흐름으로 정의하므로 전자와 정공의 이동은 모두 전류 형성에 기여할 수 있다. 자유 전자와 정공이 있는 반도체 시료의 양단에 전위차를 가하면 전하의 극성에 의해 서로 반대 방향을 이동하는데, 전자와 정공의 전하량은 크기가 같고 부호가 반대이므로 모두 같은 방향의 전류를 만들어낸다. 이처럼 전자와 정공은 모두 전기 흐름에 참여하고 있으며 이를 통틀어 캐리어(carrier)라고 부른다.

$$I[\mathrm{A}] = \frac{dQ}{dt}[\mathrm{C/s}]$$

$1e = -1.6 \times 10^{-19}[\mathrm{C}]$

$1h = +1.6 \times 10^{-19}[\mathrm{C}]$

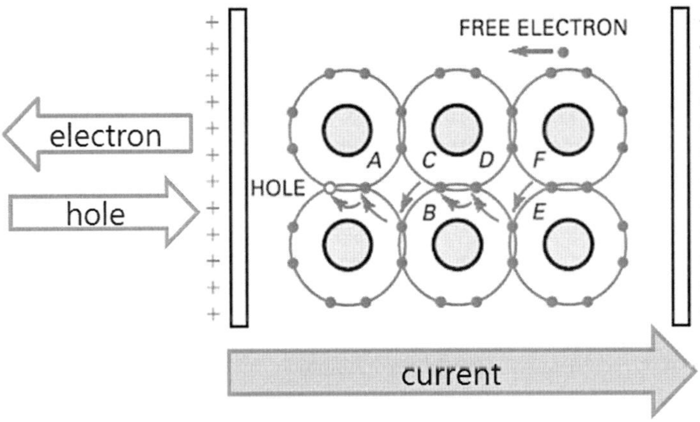

❰ 그림 6-3 ❱ 전자와 정공에 의한 전도 전류

6.1.2 전자의 에너지 준위

Si 원자에 속한 14개의 전자는 2번째 궤도까지 2개와 8개의 전자가 위치하며, 나머지 4개의 가전자는 3번째 궤도 중에서 s 궤도에 2개, p 궤도에 2개가 배치된다. 하나의 전자가 가질 수 있는 에너지 준위는 양자화되어 있어서 임의의 크기로 존재하지 않고 불연속적인 값만 갖도록 허용된다.

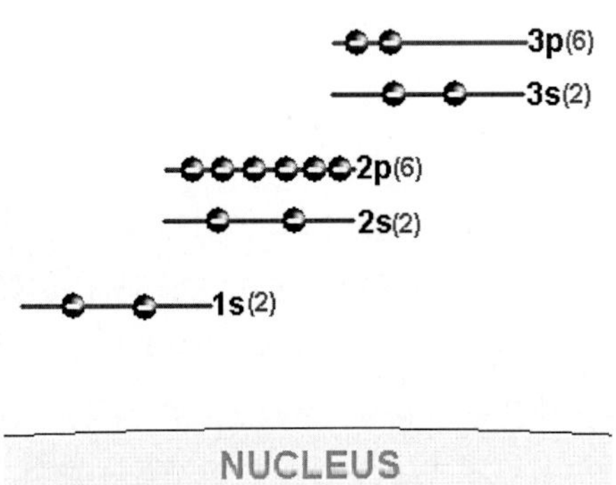

❰ 그림 6-4 ❱ 단일 Si 원자의 에너지 준위

고립된 원자에 속한 전자의 에너지는 불연속적인 값이므로 선으로 나타낼 수 있는데, 고체 속에서는 원자가 좁은 간격으로 일정하게 늘어서 있으므로 전자의 에너지 준위는 다시 작은 단계로 나누어진 선모양이 되고, 전자는 그 중에서 특정한 에너지 준위에 들어가게 된다. 원자의 간격이 줄어들면 전자의 에너지 준위간 상호작용이 발생하여 결국 띠 모양의 연속적인 에너지 영역을 형성하는데 이것을 에너지 밴드(energy band)라고 한다.

결국 가전자의 에너지 준위는 전도 대역(conduction band)과 가전자 대역(valence band)이라는 2개의 에너지 대역으로 분리되고, 이 둘 사이 중간 영역은 전자가 존재할 수 없는 에너지 영역이므로 금지 대역(forbidden band)이라고 부른다. 전도 대역의 가장 낮은 에너지 준위(E_C)와 가전자 대역에서 가장 높은 에너지 준위(E_V)의 차이를 금지 대역의 폭으로 정의하며 이를 밴드 갭(band gap, E_G)이라고 한다.

$$E_G[\mathrm{eV}] = E_C - E_V$$

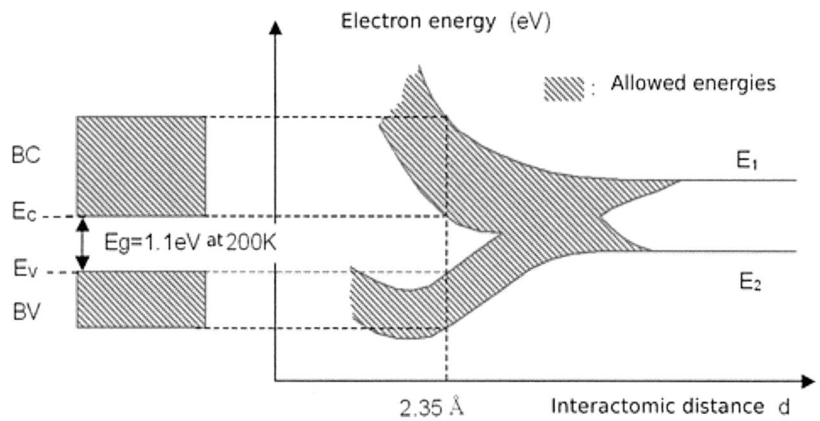

【 그림 6-5 】 원자간 거리에 따른 에너지 준위의 변화

전자의 결합이라는 측면에서 보면 2가지 에너지 준위로 설명할 수 있는데 자유 전자의 발생과 소멸을 쉽게 설명하기 위해 전자의 에너지 준위를 세로축에 표시한 것이 2차원 에너지 밴드 다이아그램(energy band diagram)이다. 가전자대의 전자는 공유 결합에 의해 구속된 상태로 이해할 수 있다. 절대온도 0[K]에서 모든 전자는 가전자대에 속해 있지만, 충분한 외부 에너지를 받으면 전도대로 넘어가게 되어 자유로이 이동할 수 있는 자유 전자가 된다. 전도대로 옮겨진 자유 전자가 위치하던 원래 가전자의 위치는 정공이 되어 이 자리를 인접한 다른 가전자가 채울 수 있으므로 정공도 전하를 운반하는 캐리어 역할을 한다. 이렇게 생성된 전자와 정공은 쌍으로 존재하므로 전자-정공쌍(Electron Hole Pair, EHP)을 형성한다.

에너지 밴드 구조에서 금지 대역의 폭인 밴드 갭은 가전자가 구속된 상태에서 전자가 자유롭게 이동할 수 있는 상태로 변하기 위한 최소 에너지 크기에 해당한다. 밴드 갭이 크면 가전자 대역에서 전도 대역으로 이동하기 위해 큰 에너지가 필요하므로 캐리어인 자유 전자와 정공을 만들기 어렵다. 따라서 밴드 갭의 크기에 따라 물질의 전기적 특성이 달라지는데, 반도체인 Si의 에너지 갭은 1.12[eV]인 반면, 부도체인 SiO_2는 에너지 갭이 8[eV]에 달한다. 반면 도체의 경우 에너지 갭이 극히 작기 때문에 대부분의 가전자는 전도대로 쉽게 자리를 옮겨서 자유 전자로 작용한다.

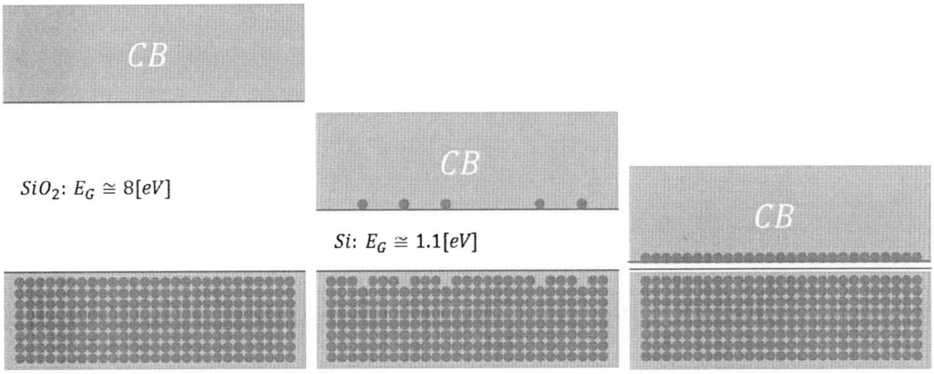

《 그림 6-6 》 부도체, 반도체, 도체의 전형적인 에너지 밴드 구조

6.2 불순물 주입 특성

상온에서 가전자 대역에 있던 전자는 열에너지에 의해 전도 대역으로 이동하므로써 자유 전자와 정공이라는 2개의 캐리어를 발생시킨다. 반도체의 전기 전도도는 캐리어의 수에 비례하는데 이를 단위 면적당 전자의 밀도 $n[\mathrm{cm}^{-3}]$과 정공의 밀도 $p[\mathrm{cm}^{-3}]$로 표시한다. 반도체 물질에서 캐리어 농도를 조절하기 위해 불순물을 첨가하기도 하는데 불순물이 첨가되지 않은 순수한 형태의 반도체를 진성 반도체(intrinsic semiconductor)라고 부른다. 열적 평형(thermal equilibrium) 상태에서 진성 반도체의 캐리어 농도는 열적으로 여기된 EHP의 농도로 결정되므로 항상 같은 값을 갖게 되며 이를 진성 캐리어 농도(Intrinsic carrier concentration, n_i)라고 표기한다.

$$n = p = n_i$$

어떤 물질의 캐리어 수는 그 물질의 밴드 갭과 온도에 의해 결정되는데 밴드 갭이 클 경우 가전자 대역에 있던 전자가 열에너지에 의해 여기되어 전도 대역으로 이동하기 어렵

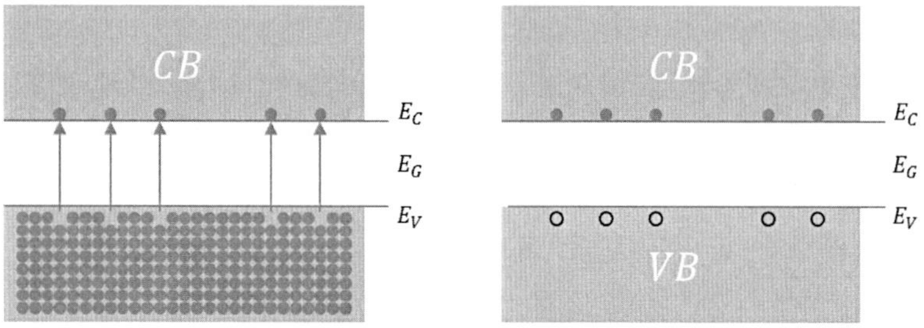

◀ 그림 6-7 ▶ 진성 캐리어 발생 개념도

고 따라서 진성 캐리어의 농도(n_i)가 낮다. 한편 온도를 높일 경우 전도 대역으로의 이동이 쉬워지므로 진성 캐리어 농도를 증가시킬 수 있다. 이처럼 반도체에서 진성 캐리어의 농도는 온도의 함수인데 절대온도 275[K]에서 375[K]까지 Si의 진성 캐리어 농도를 실험적으로 측정한 결과는 다음과 같다.

$$n_i = 9.38 \times 10^{19} \times \left(\frac{T}{300}\right)^2 \exp\left(\frac{-6884}{T}\right)$$

상온에서 열적 평형 상태에 있는 Si의 EHP의 밀도는 1[cm^3]당 100억 개 수준으로 실리콘 원자 5조 중에서 1개 꼴로 매우 작게 발생한다. 이는 전기 전도에 기여하는 캐리어의 농도가 극히 낮다는 의미이며 실제 진성 Si은 전기적으로 거의 부도체에 가깝다.

$$Si\ \text{atom density} : 5 \times 10^{22}[\text{atoms/cm}^3]$$

$$EHP\ \text{density} : n = p = n_i = 1.01 \times 10^{10}[EHPs/\text{cm}^3]@RT$$

이처럼 진성 반도체에서 열적으로 생성된 전자와 정공의 농도는 동일하지만, Si 격자 구조에 다른 종류의 불순물을 소량 주입하면 캐리어의 농도를 크게 달리할 수 있다. 이때 불순물을 주입하는 작업을 도핑(doping) 공정이라 하고 주입하는 불순물을 도판트(dopant)라고 한다. 도핑은 반도체의 전기 전도도를 바꿀 수 있는 가장 일반적인 기법이다.

먼저 진성 Si에 가전자가 5개인 P(Phosphorus), As(Arsenic), Sb(Antimony) 등의 V족의 불순물을 소량 주입하면 불순물 원자가 가진 5개 가전자 중에서 Si 가전자와의 결합에 참여하지 못하는 잉여 전자가 생기게 된다. 따라서 이들은 쉽게 자유 전자가 될 수 있고 결국 다수의 자유 전자가 생성된다. 또한 Si에서 열적으로 소량의 EHP가 발생하므로 소수의 정공도 존재한다. 따라서 전자의 농도가 높고 정공의 농도는 낮아지는 데, 이때 상대적으로 농도가 높은 캐리어를 다수 캐리어(majority carrier), 낮은 것을 소수 캐리어(minority carrier)라고 부른다. 반도체를 다수 캐리어의 전하 극성에 따라 분류하여 n형 혹은 p형이라 구분하는데, 5족 불순물을 주입하면 다수 캐리어가 음(negative) 전하를 띤 전자가 되므로 n형 반도체라고 부른다.

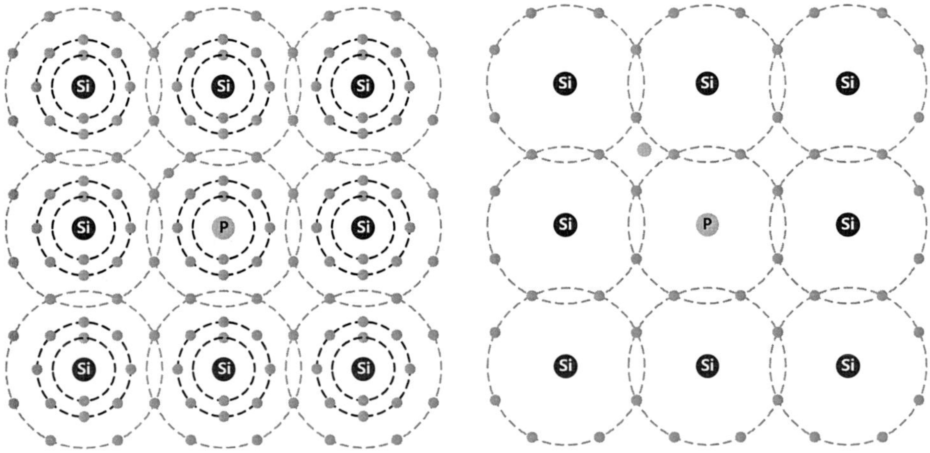

【 그림 6-8 】 V족 불순물을 첨가한 Si 결정 구조

반면 진성 Si에 가전자가 3개인 B(Boron), Ga(Gallium), Al(Aluminium) 등 III족 불순물을 소량 주입하면 Si 가전자와의 결합에 필요한 전자가 부족하므로 정공이 형성된다. 따라서 정공이 다수를 차지하는 반도체가 만들어지므로 이를 p형 반도체라고 부른다. 한편 p형 반도체에도 Si에서 열적으로 소량의 EHP가 생성되므로 소수의 전자는 존재한다.

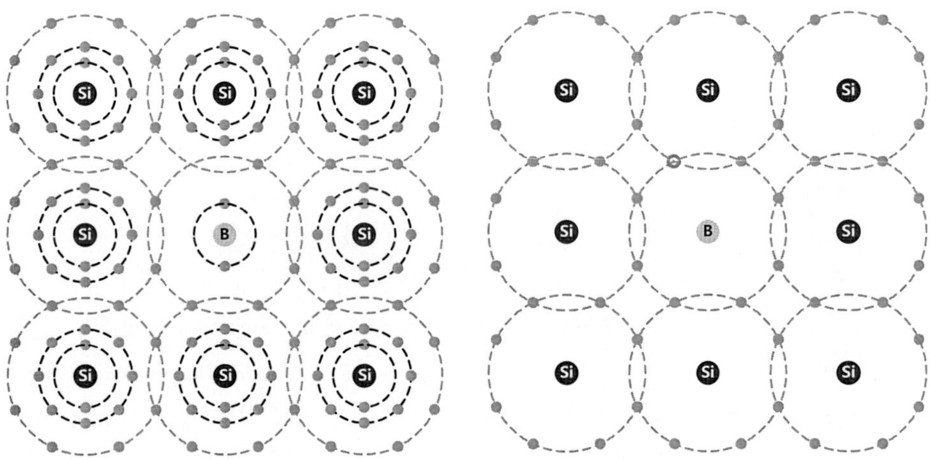

【 그림 6-9 】 III족 불순물을 첨가한 Si 결정 구조

도핑에 의한 캐리어 생성을 앞에서 설명한 에너지 대역 모형을 통해 생각하면 결합이

없는 결정 구조에 불순물을 첨가하는 것은 부가적인 에너지 준위가 만들어지는 것으로 생각할 수 있다. 예를 들어 V족 불순물에 의한 에너지 준위는 전도 대역 부근인데, 이는 절대 온도 0[K]에서 전자로 가득 차 있으며 극히 적은 열에너지로도 전도 대역으로 쉽게 이동할 수 있다. 따라서 상온에서 불순물 준위에 있던 모든 전자가 전도 대역으로 제공(donate)되는 것이므로 n형 반도체를 만들기 위한 V족 불순물을 도너(donor)라고 한다. 마찬가지로 III족 불순물의 경우 가전자 대역 부근에 전자가 없는 상태의 에너지 준위를 형성하기 때문에 상온에서 Si의 가전자가 쉽게 이동하여 정공을 형성한다. 이는 가전자대의 전자를 받는(accept)것이므로 p형 반도체를 만들기 위해 주입하는 III족 불순물은 억셉터(acceptor)라고 부른다. Si에서 도너와 억셉터의 에너지 준위는 금지 대역의 양측 끝에서 약간 떨어진 곳에 위치하고 있다.

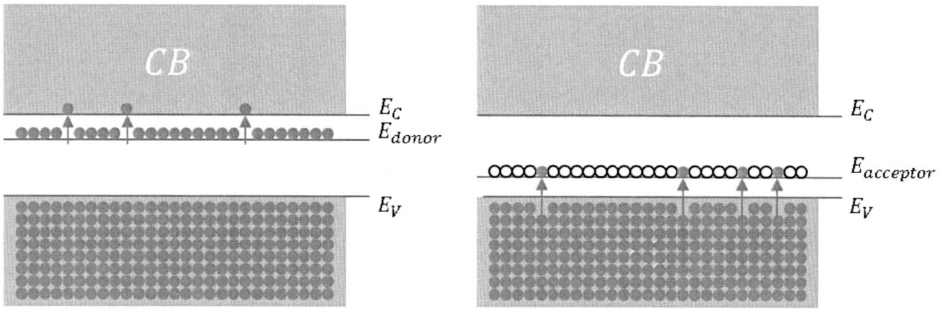

◖ 그림 6-10 ◗ 도판트의 에너지 준위

표 6-1 도판트의 에너지 준위

$E_C - E_{donor}$[eV]			$E_{acceptor} - E_V$[eV]		
P	As	Bi	B	Al	Ga
0.045	0.054	0.069	0.045	0.069	0.072

외부에서 전계(electric field)를 가하지 않은 상태에서 전도대와 가전자대에 있는 캐리어의 농도를 평형 상태 캐리어 농도(equilibrium carrier concentration)라고 한다. 불순물 주입이 없는 진성 반도체에서 전자와 정공은 항상 쌍으로 발생하므로 농도가 동일한 반면, 불순물을 넣으면 다수 캐리어가 급속히 늘어나는데, 이를 외인성 반도체(extrinsic semiconductor)라고 한다. 외인성 반도체의 캐리어 농도는 진성 캐리어 농도에 불순물 주입에 의한 성분을 더한 것과 같다. 대부분의 경우 불순물 주입 농도는 진성 캐리어 농도에 비해 월등히 크기 때문에 다수 캐리어 농도와 불순물 주입 농도는 근사적으로 같다고 볼 수 있다.

$$\text{majority carrier concentration}\begin{cases} n\ \ type : n_o = N_D + n_i \cong N_D \\ p\ \ type : p_o = N_A + p_i \cong N_A \end{cases}$$

한편 전도대의 전자가 가전자대의 정공으로 전이하면 EHP가 소멸한다. 이를 캐리어 재결합(carrier recombination)이라 하고 캐리어 재결합률(Recombination rate, r_i)은 평형 상태에서의 캐리어 농도에 비례해서 증가한다. 또한 임의의 온도에서 평형 상태의 캐리어 농도는 일정하게 유지되어야 하므로 재결합에 의해 소멸하는 것과 같은 비율로 전자 정공 쌍이 생성되어야 한다. 따라서 평형 상태에서 EHP의 생성률(generation rate, g_i)과 재결합률(recombination rate, r_i) 사이에는 다음 관계가 성립한다.

$$r_i = g_i$$

외인성 반도체의 경우 다수 캐리어가 소수 캐리어와 재결합해서 EHP가 소멸할 확률이 진성 반도체보다 늘어나므로 소수 캐리어의 농도는 진성 캐리어 농도(n_i)보다 낮아진다. 여기에 불순물을 더 넣으면 다수 캐리어가 늘어나는 만큼 소수 캐리어와의 재결합 확률이 증가하므로 소수 캐리어 농도는 더욱 낮아진다. 결국 반도체에서 불순물 주입 농도를 달리하면 다수 캐리어와 소수 캐리어의 농도는 동시에 변하며, 이 둘의 곱은 항상 일정하다. 따라서 도핑 농도가 증가할수록 다수 캐리어 농도는 늘어나는 반면 소수 캐리어 농도는 이에 반비례해서 감소한다. 진성 캐리어의 농도를 n_i라 하고, 평형 상태에서 전자와 정공의 농도를 각각 n_o와 p_o라 한다면 다음과 같은 질량작용의 법칙(mass action law)이 성립한다.

$$n_o \times p_o = n_i \times p_i = n_i^2$$

또한 재결합률과 생성률도 전자와 정공 농도의 곱에 비례한다.

$$r_i = g_i = \alpha_T n_i^2$$

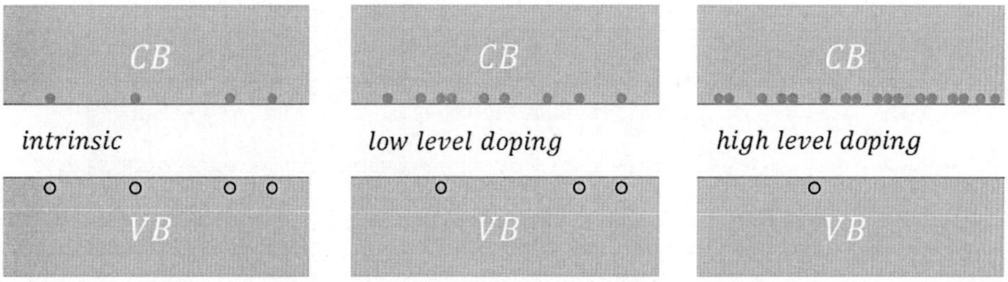

그림 6-11 불순물 수입에 따른 캐리어 농노 변화

평형 상태에서는 질량작용의 법칙에 의해 전자와 정공의 농도 곱은 항상 일정하다. 이는 진성 반도체나 외인성 반도체 모두에 작용하는 법칙이므로 이를 이용하여 도핑 수준에 따른 평형 상태 캐리어 농도를 계산할 수 있다.

$$n\ type \begin{cases} n_o = N_D + n_i \cong N_D \\ p_o = \dfrac{n_i^2}{n_o} \cong \dfrac{n_i^2}{N_D} \end{cases}$$

$$p\ type \begin{cases} n_o = \dfrac{n_i^2}{p_o} \cong \dfrac{n_i^2}{N_A} \\ p_o = N_A + p_i \cong N_A \end{cases}$$

한편 진성 Si에 불순물을 주입하면 캐리어 농도가 크게 증가하기 때문에 비저항도 급격히 감소한다. 다음 도표에서 도핑 농도 10^{16}과 10^{19}의 결과를 비교하면 Si의 비저항이 거의 백분의 1로 감소하는 것을 볼 수 있다. 10^{19} 도핑은 Si 원자 5천 개당 1개의 비율로 불순물을 주입한 것으로 이는 도핑을 하지 않은 진성 Si에 비해 비저항이 100만 배 이상 줄어든 결과이다. 따라서 반도체의 전기적 성질을 도핑이라는 인위적인 공정으로 쉽게 제어할 수 있음을 알 수 있다.

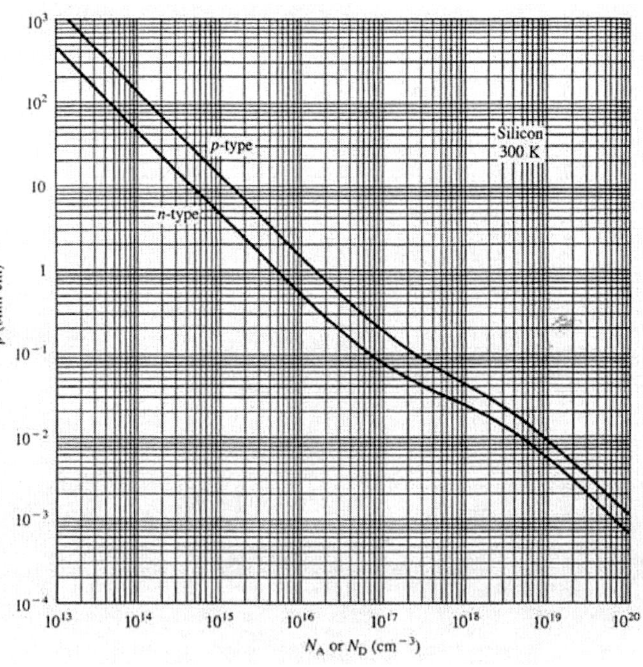

그림 6-12 도핑 농도에 따른 비저항의 변화

6.3 캐리어 농도

반도체의 전기적 성질을 계산하고 동작을 분석하기 위해선 캐리어 농도를 알 필요가 있는데 캐리어 농도를 계산하기 위해선 특정한 에너지 준위에서의 캐리어 분포를 알아야 한다. 고체 내에서의 캐리어 분포는 페르미 디랙(Fermi-Dirac) 통계 분포를 따르는데 이는 열적 평형 상태에서 전자가 특정한 에너지 준위에 위치할 확률을 나타내며 온도에 따라 달라지는 함수이다. 복잡한 계산 과정을 생략하고 페르미 디랙 분포함수(Fermi-Dirac distribution function)의 결과만 기술하면 아래와 같다. 여기서 κ는 볼쯔만(Boltzmann) 상수이다.

$$f(E)=\frac{1}{1+\exp\left[\frac{E-E_f}{\kappa T}\right]}$$

$\kappa=8.62\times10^{-5}$[eV/K]$=1.38\times10^{-23}$[J/K] : Boltzmann's constant

위의 수식에서 온도에 무관하게 전자의 존재 확률이 50%인 에너지 준위를 페르미 준위(Fermi level, E_f)라고 하며 반도체의 거동을 이해하는 데 있어서 중요한 기준이 된다. 온도 0[K]에서 $f(E)$의 분포를 살펴보면 단순한 직사각형 모양이다. 즉 0[K]에서 페르미 준위보다 낮은 에너지 상태에 전자가 다 몰려있고 반대로 페르미 준위보다 높은 상태에는 전자가 비어 있다는 의미이다.

$$f(E_f)=\frac{1}{1+\exp\left[\frac{E_f-E_f}{\kappa T}\right]}=\frac{1}{1+\exp\left[\frac{E_f-E_f}{\kappa T}\right]}=\frac{1}{1+e^0}=\frac{1}{2}$$

$$f(E)@0[K]=\begin{cases}\frac{1}{1+e^{\infty}}=1, & E>E_f\\ \frac{1}{1+e^{\infty}}=0, & E<E_f\end{cases}$$

한편 온도가 상승하면 페르미 준위보다 높은 에너지 상태($E>E_f$)에 대해 전자가 점유할 확률이 존재한다. 마찬가지로 페르미 준위보다 낮은 에너지 상태($E<E_f$)에서 전자가 비어있을 확률 즉 정공이 점유할 확률도 존재한다. 이처럼 페르미 디랙 분포($f(E)$)는 전자가 특정한 에너지 준위를 점유할 확률을 나타내는 것이므로 이를 좌우 반전시킨($1-f(E)$)는 정공이 존재할 확률을 나타내는 곡선이다. 다음 그림에서 알 수 있듯이 페르미-디랙 분포함수는 모든 온도에서 페르미 준위에 대해 대칭적이기 때문에 전자와 정공의 농도 계산에 있어서 기준점이 된다.

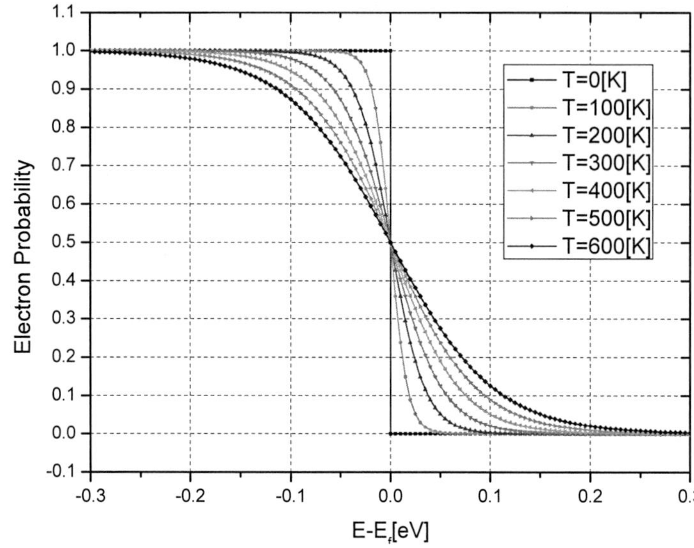

【 그림 6-13 】 전자의 점유 확률 분포

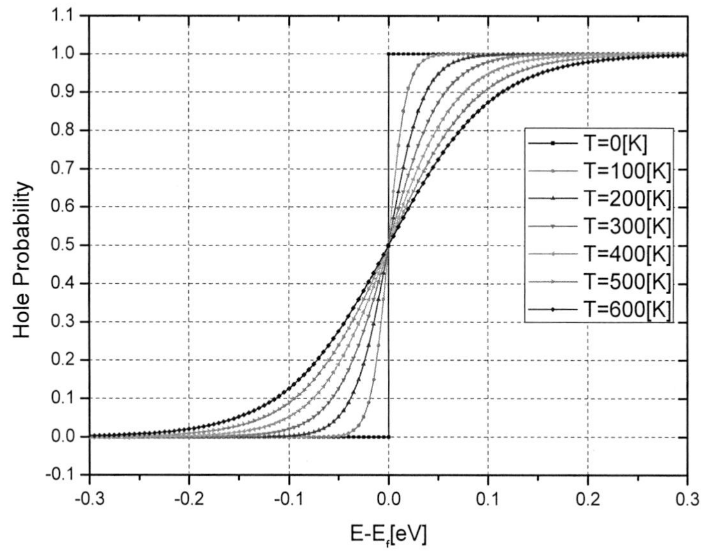

【 그림 6-14 】 정공의 점유 확률 분포

페르미 디랙 통계 분포를 90° 회전시키면 에너지 밴드와의 관계를 쉽게 확인할 수 있다. 페르미 준위가 금지 대역 내에 위치하므로 분포함수는 금지 대역 내에서도 0이 아닌 값을 갖지만 실제로 이 대역에서 캐리어는 존재할 수 없으므로 분포함수의 꼬리 부분이 캐리어의 존재 확률을 결정한다.

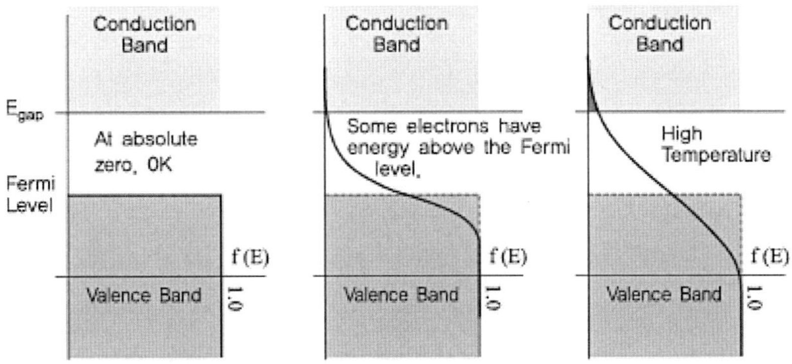

【 그림 6-15 】 페르미 디랙 분포와 캐리어 농도의 관계

한편 진성 반도체에서는 캐리어가 EHP로만 존재하므로 전자와 정공의 농도는 같다. 따라서 진성 반도체의 페르미 준위는 에너지 갭의 중앙에 위치하는데 이를 진성 페르미 준위(Intrinsic Fermi level, E_i)라고 한다.

$$n_i = p_i \rightarrow E_f = E_i \cong \frac{E_C + E_V}{2}$$

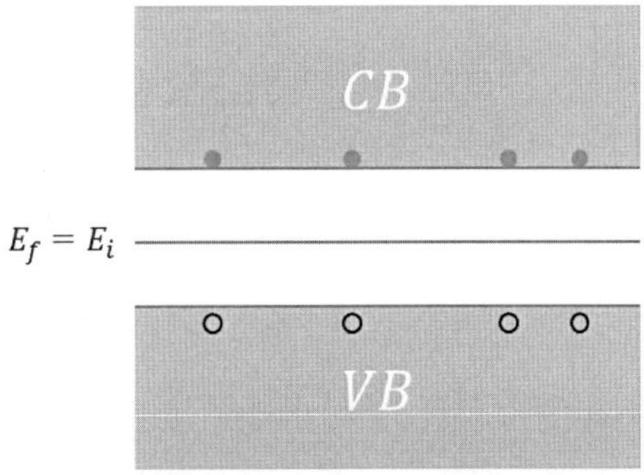

【 그림 6-16 】 진성 반도체의 페르미 준위

외인성 반도체의 캐리어 상태도 페르미 준위로 표시할 수 있다. 먼저 n형 반도체는 전자의 농도가 정공의 농도에 비해 월등히 높다. 따라서 페르미 디랙 분포함수는 진성 반도체에 비해 위로 이동해야 하므로 n형 반도체의 페르미 준위는 진성 페르미 준위보다 높다. 반대로 p형 반도체는 전자의 농도에 비해 정공의 농도가 높으므로 페르미 준위는 진성 페르미 준위보다 낮게 위치한다.

$$\begin{cases} n\ type: n_o \gg p_o \rightarrow E_f > E_i \\ p\ type: n_o \ll p_o \rightarrow E_f < E_i \end{cases}$$

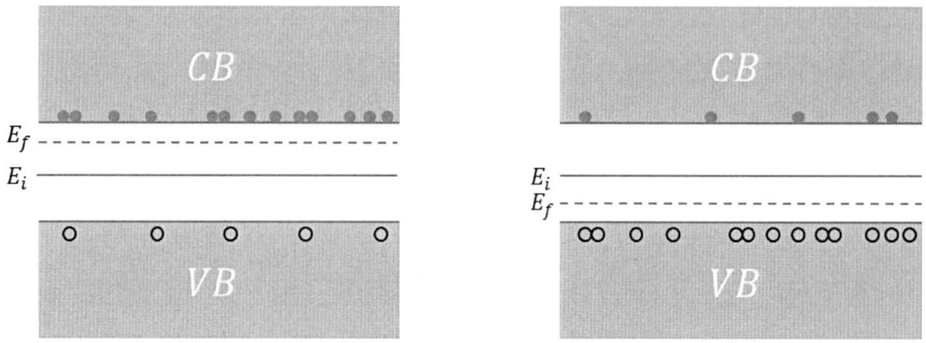

◀ 그림 6-17 ▶ 외인성 반도체의 페르미 준위

여러 에너지 준위에 분포되어 있는 전자의 상태를 특정 에너지 준위에서의 등가적인 에너지 상태 수로 나타낸 것을 유효 상태 밀도(Effective Density of Status, N_C)라고 한다. 따라서 전도 대역에 위치한 자유 전자의 농도는 전도대의 유효 상태 밀도(N_C)에 전자의 분포 확률($f(E_C)$)을 곱한 값과 같고, 정공의 농도는 가전자대의 유효 상태 밀도(N_V)에 전자가 비어 있을 확률($1-f(E_V)$)을 곱하면 된다.

$$n_o = N_C \cdot f(E_C)$$

$$p_o = N_V \cdot [1-f(E_V)]$$

한편 상온에서 열전압은 약 26[mV] 정도이므로 페르미 디랙 분포는 다음과 같이 근사화 시킬 수 있다.

$$\frac{\kappa T}{q} = 26[\mathrm{mV}]@RT$$

$$\frac{E_C - E_f}{\kappa T} \gg 1$$

$$f(E_c) = \frac{1}{1+\exp\left(\frac{E_C - E_f}{\kappa T}\right)} \cong \frac{1}{\exp\left(\frac{E_C - E_f}{\kappa T}\right)} = \exp\left(\frac{E_f - E_C}{\kappa T}\right)$$

$$\therefore n_o = N_C \cdot f(E_C) = N_c \cdot \exp\left(\frac{E_f - E_C}{\kappa T}\right)$$

가전자대의 정공 농도도 같은 방법으로 구할 수 있다.

$$\frac{E_V - E_f}{\kappa T} \ll -1$$

$$1 - f(E_V) = 1 - \frac{1}{1 + \exp\left(\frac{E_V - E_f}{\kappa T}\right)} \cong 1 - \left[1 - \exp\left(\frac{E_V - E_f}{\kappa T}\right)\right] = \exp\left(\frac{E_V - E_f}{\kappa T}\right)$$

$$\therefore p_o = N_V \cdot [1 - f(E_V)] = N_V \cdot \exp\left(\frac{E_V - E_f}{\kappa T}\right)$$

따라서 페르미 준위가 높을수록 전자의 농도가 증가하고 반대로 페르미 준위가 낮아지면 정공의 농도가 상승함을 알 수 있다. 이렇게 구한 캐리어 농도는 진성 반도체나 외인성 반도체 여부에 무관하게 열적 평형만 유지되면 성립한다.

진성 캐리어 농도는 진성 페르미 준위(E_i)에 의해 결정되는데, 이때 전자와 정공의 농도가 동일하므로 에너지 밴드에서의 금지 대역의 폭 즉 밴드 갭(E_G)에 따라 달라진다.

$$n_i = N_C \cdot \exp\left(\frac{E_f - E_C}{\kappa T}\right) = N_c \cdot \exp\left(\frac{E_i - E_C}{\kappa T}\right) = N_c \cdot \exp\left(-\frac{E_G}{2\kappa T}\right)$$

$$p_i = N_V \cdot \exp\left(\frac{E_V - E_f}{\kappa T}\right) = N_V \cdot \exp\left(\frac{E_V - E_i}{\kappa T}\right) = N_V \cdot \exp\left(-\frac{E_G}{2\kappa T}\right)$$

$$n_i \cdot p_i = N_c \cdot \exp\left(-\frac{E_G}{2\kappa T}\right) \cdot N_V \cdot \exp\left(-\frac{E_G}{2\kappa T}\right) = N_c \cdot N_V \cdot \exp\left(-\frac{E_G}{\kappa T}\right) = n_i^2$$

$$n_i = p_i = \sqrt{n_i p_i} = \sqrt{N_c N_v} \cdot \exp\left(-\frac{E_G}{2\kappa T}\right)$$

이와 같이 진성 캐리어 농도(n_i)를 진성 페르미 준위(E_i)로 나타낼 수 있으므로 외인성 반도체의 캐리어 농도(n_o, p_o)는 진성 캐리어 농도(n_i)와 페르미 준위(E_f)의 함수로 표현할 수 있다. 온도에 따른 진성 캐리어 농도의 변화는 잘 알려졌기 때문에 페르미 준위에 따라 달라지는 캐리어 농도를 계산할 수 있다.

$$n_o = N_C \cdot \exp\left(\frac{E_f - E_C}{\kappa T}\right) = N_c \cdot \exp\left(\frac{E_i - E_C}{\kappa T}\right) \cdot \exp\left(\frac{E_f - E_i}{\kappa T}\right) = n_i \cdot \exp\left(\frac{E_f - E_i}{\kappa T}\right)$$

$$p_o = N_V \cdot \exp\left(\frac{E_V - E_f}{\kappa T}\right) = N_V \cdot \exp\left(\frac{E_V - E_i}{\kappa T}\right) \cdot \exp\left(\frac{E_i - E_f}{\kappa T}\right) = n_i \cdot \exp\left(\frac{E_i - E_f}{\kappa T}\right)$$

$$\therefore n_o p_o = n_i \cdot \exp\left(\frac{E_f - E_i}{\kappa T}\right) \cdot n_i \cdot \exp\left(\frac{E_i - E_f}{\kappa T}\right) = n_i^2$$

결국 외인성 반도체의 페르미 준위(E_f)가 진성 페르미 준위(E_i)보다 위에 있으면 전자의 농도(n_o)가 증가하고 반대로 낮게 위치하면 정공 농도(p_o)가 커진다. 또한 이 결과를 정리하면 진성 반도체나 외인성 반도체의 전자와 정공 농도의 곱은 도핑 정도가 달라지더라도 항상 일정하다는 것을 알 수 있다.

한편 페르미 준위가 다른 물질은 캐리어 농도도 다른데 열적 평형 상태에서는 이 둘을 붙여 놓더라도 실질적인 캐리어 이동은 발생하지 않아야 한다. 즉 열적 평형 상태에서 전류가 흐르지 않으므로 이 두 물질 간 캐리어의 이동은 서로 상쇄되어야만 실질적인 전하 이동이 발생하지 않는다. 이를 에너지 상태 밀도와 캐리어의 점유 확률로 정리할 수 있는데, 예를 들어 어느 한 물질에서 인접한 물질로의 이동은 해당 물질의 특정 에너지 준위에 대해 채워진 상태의 수와 이동할 물질에서 특정 에너지 준위에 비어있는 상태의 수를 곱한 값에 비례한다.

$$\text{물질 1} \rightarrow \text{물질 2} : \propto N_1(E)f_1(E) \times N_2(E)[1-f_2(E)]$$

$$\text{물질 2} \rightarrow \text{물질 1} : \propto N_2(E)f_2(E) \times N_1(E)[1-f_1(E)]$$

열적 평형 상태에서 이 둘의 값은 동일해야 실효적인 캐리어 이동이 상쇄되므로 이 관계를 정리하면 농도가 다른 두 물질의 페르미 준위는 같은 수준으로 정렬됨을 알 수 있다. 따라서 열적 평형 상태에서 페르미 준위는 단절되거나 경사가 존재할 수 없으므로 페르미 준위가 같은 크기로 정렬된다는 결론을 내릴 수 있다.

$$N_1(E)f_1(E) \times N_2(E)[1-f_2(E)] = N_2(E)f_2(E) \times N_1(E)[1-f_1(E)]$$

$$\rightarrow f_1(E)[1-f_2(E)] = f_2(E)[1-f_1(E)]$$

$$\rightarrow f_1(E) = f_2(E)$$

$$\rightarrow \frac{1}{1+\exp\left(\frac{E-E_{f_1}}{\kappa T}\right)} = \frac{1}{1+\exp\left(\frac{E-E_{f_2}}{\kappa T}\right)}$$

$$\rightarrow E_{f_1} = E_{f_2}$$

$$\therefore \frac{dE_f}{dx} = 0$$

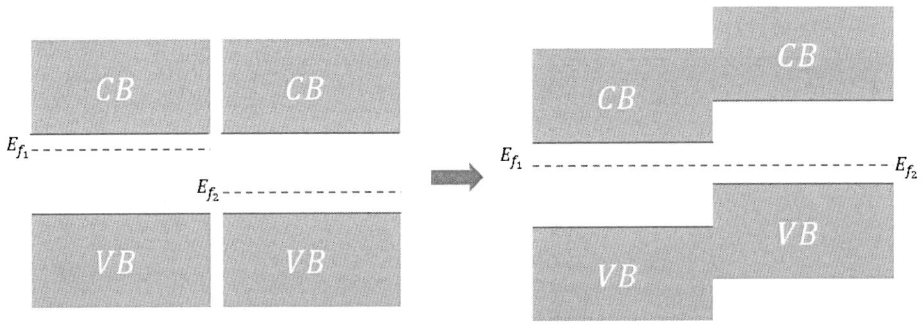

그림 6-18 평형 상태 페르미 준위의 일정성

CHAPTER 07

캐리어 거동

전하를 띄고 있는 캐리어가 이동해야 전류가 흐르게 되는데, 이는 크게 표동(drift)에 의한 전류와 확산(diffusion)에 의한 전류로 구분할 수 있다. 표동은 외부에서 인가한 전압에 의해 전계가 작용할 때 발생하며, 확산은 위치에 따른 캐리어 농도차가 있으면 발생한다. 따라서 표동 전류는 전계의 크기와 캐리어의 농도 그리고 캐리어의 이동도(mobility)로 나타낼 수 있으며, 확산 전류는 확산계수, 캐리어 농도의 경사도(gradient)로 구할 수 있다.

7.1 캐리어 이동

7.1.1 표동(drift) 전류

전도대의 자유 전자와 가전자대의 정공은 반도체 격자 내에서 임의로 움직일 수 있는 캐리어이다. 열적 평형 상태에서 캐리어의 이동 속도는 온도에 의해 결정되는 특정한 값이며 임의의 방향으로 움직인다. 캐리어가 움직이다가 원자와 충돌하면 다른 방향으로 이동하는데 이러한 캐리어의 충돌과 산란은 격자의 온도에 의해 결정된다. 따라서 열적 평형 상태에서 캐리어의 평균 이동량은 없으며 결국 전류도 흐르지 않는다.

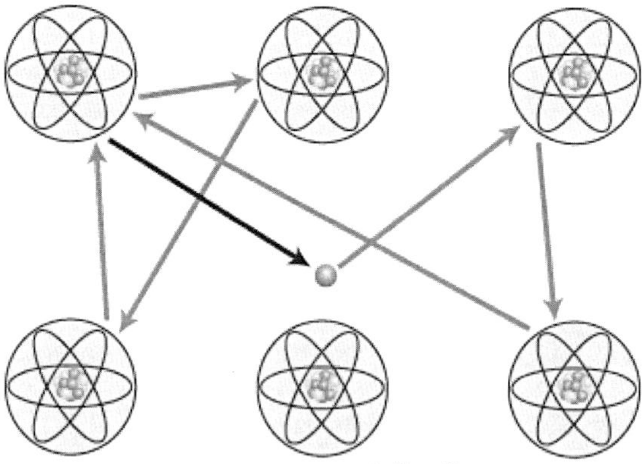

【그림 7-1】 산란에 의한 캐리어의 열적 임의 거동

반면 외부 전계가 가해지면 캐리어는 열적 임의 거동에 정전력에 의한 가속이 동시에 작용한다. 이 가속 성분에 의해 캐리어의 순 이동 방향은 전계와 임의 거동의 벡터(vector) 합이 된다. 따라서 전계가 가해진 상태에서 캐리어는 전체적으로 한 방향으로 이동하며 이에 의한 전류가 흐르게 된다. 반도체의 경우 전자와 정공이라는 캐리어가 있으므로 외부 전계가 없을 때는 두 종류 모두 임의 거동을 하지만 외부 전계가 작용하면 이와 동일한 방향으로 정공이 이동하고 전자는 반대 방향으로 이동한다.

반도체 내에서 표동에 의한 1차원적인 캐리어의 이동을 살펴보자. 먼저 x 방향으로 전계를 가하면 전자는 정전력에 의해 가속이 되지만 실제로는 충돌에 의한 감속이 동시에 발생하므로 실질적인 운동량의 변화는 없다. 따라서 외부 전계에 의해 전류가 흐를 때 순 가속 성분은 캐리어 충돌에 의한 감속과 균형을 이루므로 전류의 크기는 일정하다.

$$\text{Electric field} \Rightarrow \frac{dp_x}{dt} = -qE_x$$

p[(kg·cm)/s]: momentum

한편 특정한 시간에 충돌하지 않고 남은 캐리어의 수를 $N(t)$라도 한다면 이 $N(t)$가 감소하는 비율은 그 순간에 충돌하지 않고 남은 캐리어 수에 비례할 것이므로, 특정 순간의 캐리어 수는 평균 자유 시간(mean free time, $\bar{t}$)과 이에 대한 지수함수로 표현할 수 있다.

$$-\frac{dN(t)}{dt} = \frac{N(t)}{\bar{t}} \rightarrow N(t) = N_o e^{t/\bar{t}}$$

$N(t)$: 시간 t에서 충돌하지 않고 남은 캐리어 수

$\bar{t}$: 평균 자유 시간(mean free time)

또한 충돌에 의한 운동량 감소와 가속에 의한 증가분이 동일해야 하므로 이 관계식을 정리하면 전자의 평균 속도는 전계에 비례함을 알 수 있다.

$$\text{Collision} \Rightarrow \frac{dp_x}{dt} = -\frac{p_x}{\bar{t}}$$

$$-\frac{p_x}{\bar{t}} - nqE_x = 0$$

$$\rightarrow \bar{p}_x = \frac{p_x}{n} = -q\bar{t}E_x$$

$$\rightarrow \bar{v}_x = \frac{\bar{p}_x}{m_n^*} = -\frac{q\bar{t}}{m_n^*}E_x$$

전류 밀도는 단위시간당 단위 면적을 지나는 전자의 개수에 전하량을 곱한 값이므로 결국 전계에 비례하게 되고, 이때 전자의 속도를 결정하는 이동도를 구할 수 있다.

$$J_x = -qn\bar{v}_x = \frac{nq^2\bar{t}}{m_n^*}E_x = nq\mu_n E_x$$

$$\rightarrow \mu_n = \frac{q\bar{t}}{m_n^*} = -\frac{\bar{v}_x}{E_x}$$

q=1.6×10^{-19}[C]: charge of electron
μ[cm^2/V·s]: carrier mobility
E[V/cm]: electric field intensity

한편 반도체에서는 전자 외에 정공도 캐리어로 작용하므로 이 효과를 포함하면 1차원 표동 방정식을 완성할 수 있다. 이때 전류 밀도는 전계에 비례하는데, 이 식에서의 비례상수가 바로 전기 전도도(σ)이다.

$$J_x = q(n\mu_n + p\mu_p)E_x = \sigma \cdot \epsilon_x = \frac{1}{\rho} \cdot E_x$$

σ[1/Ω·cm]: conductivity
ρ[Ω·cm]: resistivity

7.1.2 확산(diffusion) 전류

물이 담긴 컵에 잉크를 한 방울 떨어뜨리면 초기에는 위치에 따라 색상의 차이가 있지만 일정 시간이 지나면 전체적으로 균일한 색상이 된다. 이는 잉크 입자가 열적 임의 거동에 의해 움직이는 과정에서 발생하는 현상으로 확률적으로 높은 농도에서 낮은 농도로 이동하는 입자가 많기 때문이다. 결국 위치에 따라 농도가 다른 부분이 있으면 균일한 농도를 만들기 위한 입자의 움직임이 발생하는 데 이를 확산 현상이라고 부른다.

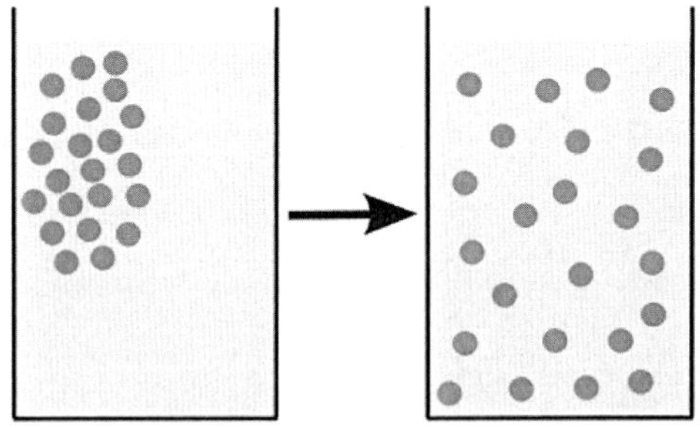

《 그림 7-2 》 확산 현상

반도체 내에서도 위치에 따라 캐리어의 농도가 다르면 고농도 영역에서 저농도 영역으로 캐리어의 확산이 발생한다. 다만 전자와 정공의 전하량이 크기는 갖고 부호가 반대이므로 전자의 경우 저농도 영역에서 고농도 영역으로 확산전류가 형성된다.

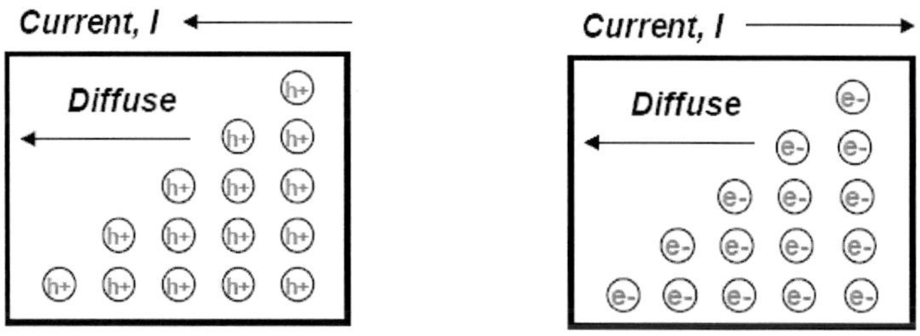

❰ 그림 7-3 ❱ 전자와 정공의 확산에 의한 전류

확산이 발생하는 속도는 캐리어의 이동 속도와 캐리어의 산란 발생 거리에 의해 결정된다. 이를 확산계수(diffusitivity, D)라 하고 단위는 [cm^2s^{-1}]이다. 온도가 상승하면 캐리어의 열적 속도가 증가하므로 확산도 더 빨라진다. 확산의 중요한 효과는 어떤 시료에 외력을 가하지 않는 한 생성과 재결합에 의한 현상처럼 캐리어 농도를 결국 균일하게 만든다는 것이다.

반도체 내에서 1차원적인 캐리어의 확산 현상을 살펴보자. 먼저 임의의 시간에서 위치 x에서의 전자 농도를 $n(x)$라고 하고 평균 이동거리(mean free path, l) 만큼으로 구분해서 생각해 보자. 평균 이동거리가 충분히 짧으면 이 구간 내에서 캐리어의 농도는 일정하다고 볼 수 있다.

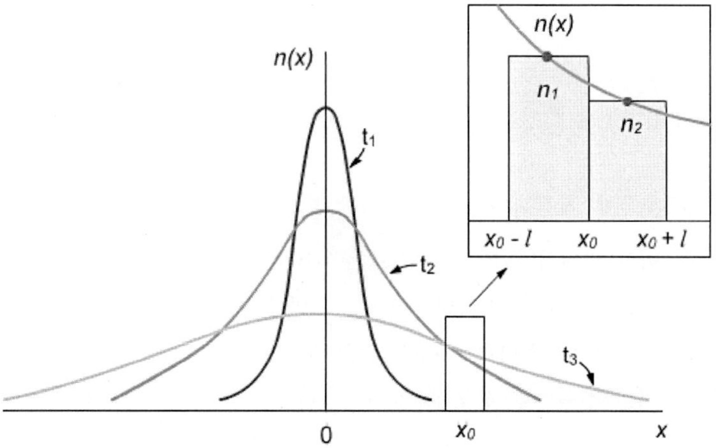

❰ 그림 7-4 ❱ 확산에 의한 전자 농도의 변화

전술한 바와 같이 반도체 내에서 캐리어의 확산은 캐리어 농도차에 의해 전하가 이동하는 현상이다. 이를 분자 물리학 관점에서 보면 확산 입자속(particle flux)이 농도 기울기에 비례한다고 이해할 수 있다. 여기서 특정 위치 x_o에서 단위 시간에 단위 면적을 통과하는 캐리어의 수를 전자 입자속 밀도라고 하면, 이는 좌측에서 우측으로 넘어오는 전자와 반대로 우측에서 좌측으로 넘어오는 전자의 수로 나타낼 수 있다.

$$\Phi_n(x_o) = \frac{\bar{l}}{2\bar{t}}(n_1 - n_2)$$

$\bar{t}$: 평균 자유 시간(mean free time)
$\bar{l}$: 평균 자유 경로(mean free path)

$$n_1 = n\left(x_o - \frac{\bar{l}}{2}\right) = n(x_o) - \frac{\bar{l}}{2} \cdot \frac{\Delta n}{\Delta x}$$

$$n_2 = n\left(x_o + \frac{\bar{l}}{2}\right) = n(x_o) + \frac{\bar{l}}{2} \cdot \frac{\Delta n}{\Delta x}$$

$$n_1 - n_2 = \frac{n(x) - n(x+\Delta x)}{\Delta x} \cdot \bar{l} = -\frac{\Delta n}{\Delta x} \cdot \bar{l}$$

따라서 전자 농도 차이의 극한을 취해서 입자속 밀도를 정리하면 농도의 기울기에 비례하는 결과가 얻어지는데, 이때 비례상수 D가 바로 확산계수이다.

$$\Phi_n(x_o) = \frac{\bar{l}}{2\bar{t}} \lim_{\Delta x \to 0} \frac{n(x) - n(x+\Delta x)}{\Delta x} = -\frac{\bar{l}^2}{2\bar{t}} \lim_{\Delta x \to 0} \frac{\Delta n}{\Delta x} = -\frac{\bar{l}^2}{2\bar{t}} \cdot \frac{dn(x)}{dx}$$
$$= -D_n \cdot \frac{dn(x)}{dx}$$

$$\therefore \Phi(x) \begin{cases} \Phi_n(x) = -D_n \cdot \dfrac{dn(x)}{dx} \\ \Phi_p(x) = -D_p \cdot \dfrac{dp(x)}{dx} \end{cases}$$

D[cm^2/s]: 확산계수(diffusion coefficient)

입자속 밀도 식에서 부호가 음이 되는 이유는 농도 기울기 벡터의 방향은 농도가 증가하는 방향으로 표기되지만 입자의 확산은 그 반대 방향이기 때문이다. 한편 확산 전류는 캐리어 입자속 밀도에 전하량을 곱한 것과 동일하므로 다음과 같이 정리할 수 있다. 결국 농도차에 의한 전자와 정공의 확산 전류 방향은 서로 반대 방향이다.

$$J_{n_{diff}} = -q \cdot \Phi_n(x) = -(-q)D_n \cdot \frac{dn(x)}{dx} = qD_n \frac{dn(x)}{dx}$$

$$J_{p_{diff}} = q \cdot \Phi_p(x) = -(q)D_p \cdot \frac{dp(x)}{dx} = -qD_p \frac{dp(x)}{dx}$$

7.1.3 전체 캐리어 이동

반도체에 전계가 작용할 때의 캐리어 거동을 이해하기 위해 에너지 밴드 모델에 전계의 영향을 나타낼 수 있다. 즉 전계가 가해지면 전압에 의해 전자의 위치 에너지가 변하므로 에너지 밴드를 경사지게 표현해야 한다. 따라서 외부 전계의 크기에 따라 진성 페르미 준위의 경사도 달라진다.

$$E(x) = -\frac{dV(x)}{dx} = -\frac{d}{dx}\left(\frac{E_i}{-q}\right) = \frac{1}{q}\frac{dE_i}{dx}$$

이 상태에서 에너지 밴드는 기본적으로 전자의 위치 에너지를 나타내는 것이므로 전도대역의 전자는 우에서 좌로 표동하게 될 것이다. 반대로 에너지 밴드 다이아그램에서 정공의 에너지는 아래로 갈수록 높으므로 정공은 좌에서 우로 표동한다.

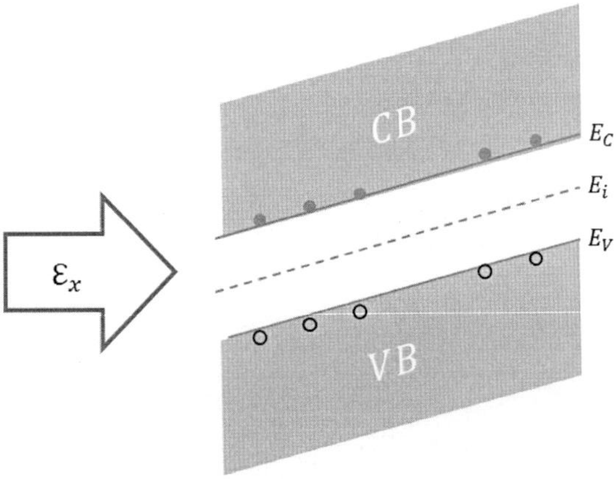

그림 7-5 전계와 에너지 밴드

반도체에서 전계와 캐리어 농도 변화가 동시에 작용하는 경우 전체 전류는 전자와 정공에 의한 표동 전류와 확산 전류를 모두 고려해야 한다. 여기서 표동 전류는 캐리어의 농도에 직접 비례하므로 소수 캐리어의 표동은 무시할 수 있지만, 확산 전류는 농도의 기울기에 비례하므로 소수 캐리어에 의한 확산 전류가 다수 캐리어에 의한 전류 성분보다 클 수도 있다.

$$J_n = J_{n_{drift}} + J_{n_{diffusion}} = q\mu_n n(x) E_x + qD_n \frac{dn(x)}{dx}$$

$$J_p = J_{p_{drift}} + J_{p_{diffusion}} = q\mu_p p(x) E_x - qD_p \frac{dp(x)}{dx}$$

$$J_x = J_n + J_p = q\mu_n n(x) E_x + qD_n \frac{dn(x)}{dx} + q\mu_p p(x) E_x - qD_p \frac{dp(x)}{dx}$$

$$\therefore J_x = q\left\{ \left[\mu_n n(x) + \mu_p p(x) \right] E_x + \left[D_n \frac{dn(x)}{dx} - D_p \frac{dp(x)}{dx} \right] \right\}$$

한편 전계를 인가하지 않은 평형 상태에서는 반도체 내에 전류가 흐르지 않아야 한다. 만약 캐리어 농도의 경사가 있다면 확산 전류가 존재하므로 이를 상쇄하는 표동 전류가 흘러야 한다. 표동 전류가 흐르기 위해선 전계가 형성되어야 하는데 이를 내부 전계(built-in electric field)라고 한다.

$$J_n = J_{n_{drift}} + J_{n_{diffusion}} = q\mu_n n(x) E_x + qD_n \frac{dn(x)}{dx} = 0$$

$$\begin{aligned} \rightarrow E_x &= -\frac{D_n}{\mu_n} \frac{1}{n(x)} \frac{dn(x)}{dx} = -\frac{D_n}{\mu_n} \frac{1}{n(x)} \frac{d}{dx} \left[n_i \exp\left(\frac{E_f - E_i}{\kappa T} \right) \right] \\ &= -\frac{D_n}{\mu_n} \frac{1}{\kappa T} \left(\frac{dE_f}{dx} - \frac{dE_i}{dx} \right) \end{aligned}$$

$$J_p = J_{p_{drift}} + J_{p_{diffusion}} = q\mu_p p(x) E_x - qD_p \frac{dp(x)}{dx} = 0$$

$$\begin{aligned} \rightarrow E_x &= -\frac{D_p}{\mu_p} \frac{1}{p(x)} \frac{dp(x)}{dx} = -\frac{D_p}{\mu_p} \frac{1}{p(x)} \frac{d}{dx} \left[n_i \exp\left(\frac{E_f - E_i}{\kappa T} \right) \right] \\ &= -\frac{D_p}{\mu_p} \frac{1}{\kappa T} \left(\frac{dE_f}{dx} - \frac{dE_i}{dx} \right) \end{aligned}$$

한편 평형 상태에서 페르미 준위는 일정해야 하므로 이를 이용하여 내부 전계에 관한 평형 상태식을 정리하면 평형 상태에서 확산계수와 이동도 사이의 관계를 알 수 있다.

$$\frac{dE_f}{dx} = 0$$

$$\rightarrow E_x = -\frac{D_n}{\mu_n} \frac{1}{\kappa T} \left(\frac{dE_f}{dx} - \frac{dE_i}{dx} \right) = \frac{D_n}{\mu_n} \frac{1}{\kappa T} \frac{dE_i}{dx} = \frac{1}{q} \frac{dE_i}{dx}$$

$$\rightarrow E_x = \frac{D_p}{\mu_p}\frac{1}{\kappa T}\left(\frac{dE_i}{dx} - \frac{dE_f}{dx}\right) = \frac{D_p}{\mu_p}\frac{1}{\kappa T}\frac{dE_i}{dx} = \frac{1}{q}\frac{dE_i}{dx}$$

$$\rightarrow \frac{D_n}{\mu_n}\frac{1}{\kappa T}\frac{dE_i}{dx} = \frac{D_p}{\mu_p}\frac{1}{\kappa T}\frac{dE_i}{dx} = \frac{1}{q}\frac{dE_i}{dx}$$

$$\therefore \frac{D_n}{\mu_n}\frac{1}{\kappa T} = \frac{D_p}{\mu_p}\frac{1}{\kappa T} = \frac{1}{q}$$

위 수식의 의미는 농도 경사가 존재하는 반도체는 평형 상태에서 캐리어 표동과 확산간 균형을 위해 내부 전계가 형성되고 이에 의해 진성 페르미 준위(E_i)에 경사가 형성된다는 것이다.

$$\therefore \frac{\kappa T}{q} = V_T = \frac{D_p}{\mu_p} = \frac{D_n}{\mu_n} = \frac{D}{\mu} \cong 26[\mathrm{mV}]@RT$$

7.2 캐리어 생성과 소멸

반도체가 절대 온도 0[K]에서는 캐리어가 없지만 온도가 상승하면 EHP가 생기는 것과 마찬가지로 빛 에너지가 가해지면 광에 의한 캐리어가 생성된다. 이러한 광기전 현상이 솔라셀의 중요한 원리가 되는데, 광 생성 캐리어는 확산이나 표동에 의해 이동하면서 또 재결합에 의해 소멸되기도 한다. 기본적으로는 재결합에 의한 소멸이 적을수록 솔라셀의 효율이 높다고 할 수 있는데 이러한 광 생성 캐리어의 생성과 소멸 과정에 대해 살펴본다.

7.2.1 캐리어 생성

반도체 표면에 입사한 빛 중에서 표면에서 반사되지 않는 일부는 흡수되며 나머지는 투과한다. 반사 또는 투과되는 빛은 광자의 에너지(E_{ph})가 반도체에 전달되지 않으므로 광기전력을 생성하지 못한다. 만일 광자가 흡수된다면 가전자 대역에 있던 전자를 전도대로 옮기는 것이므로 EHP를 생성하게 되는데 이는 광자 에너지와 반도체 에너지 갭에 의해 결정된다. 즉 광자 에너지가 낮을 때는 반도체에 아무 영향을 주지 못하고 투과되는 반면 에너지 갭과 동일한 크기의 광자 에너지는 EHP를 형성한다. 광자 에너지가 크면 광자의 에너지를 받아서 밴드 갭을 넘어설 수 있는 가전자의 수가 더 많기 때문에 더 많은 EHP를 형성할 것이다. 그러나 솔라셀의 경우 광에 의해 여기된 전자는 결국 주변의 다른 전자들과 열적 평형을 이루기 위해 격자에 에너지를 소비하면서 E_C 근처로 이동하게 된다. 따라서 밴드 갭보다 큰 광자 에너지가 EHP를 생성할 때 효율 저하가 발생한다.

- $E_{ph} < E_G$: 광자의 에너지가 낮아 반도체에 영향을 주지 못하고 투과
- $E_{ph} = E_G$: 반도체에 흡수되어 EHP를 생성
- $E_{ph} > E_G$: 광자의 에너지가 충분히 커서 반도체에 쉽게 흡수

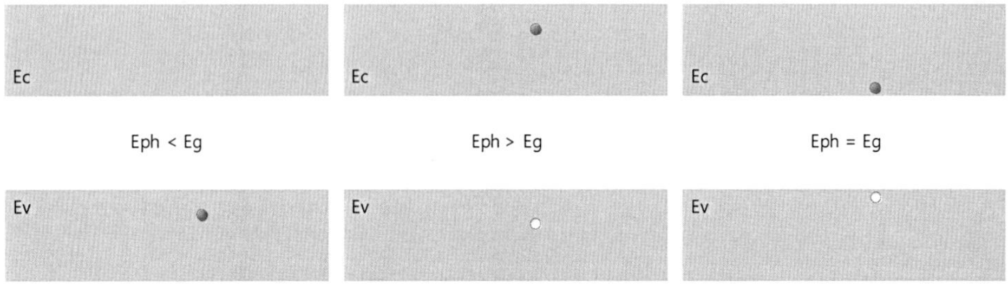

그림 7-6 입사광 에너지에 따른 EHP 생성

이처럼 광자가 반도체에 흡수하면 광에 의한 EHP가 생기는데 이것은 불순물 주입에 의해 이미 존재하고 있던 다수 캐리어에 더해진다. 그런데 빛에 의해 생성된 캐리어는 도핑에 의해 형성된 다수 캐리어에 비하면 무시해도 좋을 만큼 적은 수준이다. 따라서 다수 캐리어의 변화는 크지 않다. 그러나 빛에 의해 생긴 소수 캐리어는 도핑에 의한 소수 캐리어에 비해선 월등히 크기 때문에 광생성 캐리어 발생량은 소수 캐리어에 큰 영향을 미친다.

- 다수 캐리어: 도핑 성분 $\gg$ 광 생성 성분 $\rightarrow$ 다수 캐리어 $\approx$ 도핑 성분
- 소수 캐리어: 도핑 성분 $\ll$ 광 생성 성분 $\rightarrow$ 소수 캐리어 $\approx$ 광 생성 성분

한편 반도체의 에너지 갭보다 큰 광자 에너지를 갖는 빛이 반도체에 작용하면 물질의 성질에 따라 특정 양의 광자가 흡수된다. 즉 파장대에 따라 광자 에너지 크기가 다르므로 특정 파장에 대해 흡수되지 않고 침투할 수 있는 깊이 차이가 발생하는데 이를 광흡수 계수(light absorption coefficient, $\alpha[\mathrm{cm}^{-1}]$)로 나타낸다. 광 흡수는 광자 에너지가 클수록 증가하는데 밴드 갭과 같은 크기의 에너지를 갖는 광자는 가전자대의 최상위 준위에 있는 가전자에만 영향을 주므로 광 흡수율이 낮은 반면, 광자 에너지가 크면 광 흡수율이 높아진다. 이로부터 광 흡수 깊이(light absorption depth)도 정의할 수 있는데 반도체 내에서 흡수되지 않고 남은 광의 세기가 입사광의 36%(e^{-1}) 수준으로 감소하는 위치로 정의한다. 따라서 단파장 광은 높은 에너지의 의해 투과 깊이가 짧고, 장파장 광은 낮은 에너지로 인해 투과 깊이가 길어진다. Si 솔라셀의 경우 단파장 광은 표면에서 수 [μm] 이내에서 대부분 흡수되지만 적색광의 경우 광 흡수가 약하기 때문에 수백[μm]를 지나도 모두 흡수되지는 않는다. 반면 GaAs는 밴드 갭 바로 위 파장에 대한 광 흡수 비율이 Si에 비해 두

자리수나 높아서 고효율 솔라셀이 가능함을 짐작할 수 있다. 참고로 CdTe는 광 흡수 계수가 GaAs에 비해 3배 정도 높다.

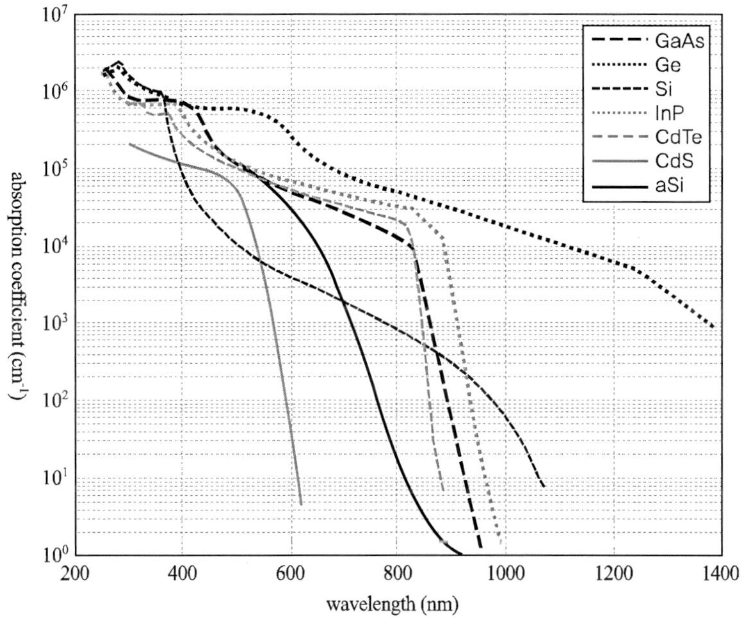

《 그림 7-7 》 상온에서 광 파장에 따른 물질별 광 흡수율

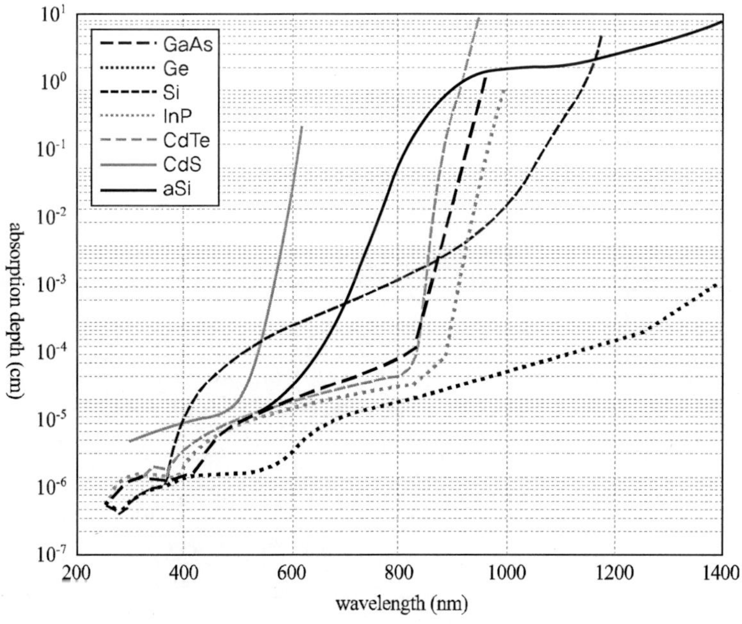

《 그림 7-8 》 상온에서 광 파장에 따른 물질별 광 흡수 깊이

캐리어 생성률(generation rate, G)은 소자의 특정한 위치(x)에서 광자를 흡수해서 만들어 내는 EHP의 발생 정도를 나타낸다. 반사를 무시한다면 빛이 반도체 내부를 진행하면서 흡수되므로 반도체 표면에 가해진 광의 세기(I_o)에 비해 깊이 방향으로 갈수록 광의 세기는 지수 함수적으로 감소한다. 흡수되는 빛의 양은 물질의 광 흡수율(α)과 두께 방향 깊이(x)에 따라 달라지므로 소자 내부 임의의 깊이에서 빛의 세기는 다음과 같다.

$$I(x) = I_o \cdot e^{-\alpha x}$$

반도체의 가해진 광은 특정한 깊이에서 흡수되어 EHP를 생성하므로 결국 반도체 표면에서부터 깊이에 따라 캐리어 생성률이 달라진다. 빛의 감소분은 결국 반도체 내부에서 빛의 흡수와 관련되어 있어서 특정한 깊이에서의 EHP의 생성률도 지수 함수적으로 감소한다. 따라서 위치에 따른 캐리어 생성률(G)은 두께에 따라 빛의 세기가 감소하는 정도를 확인하면 된다. 즉 빛의 세기를 깊이에 따라 미분하면 아래와 같이 캐리어 생성률(G)을 구할 수 있다. 여기서 N_o는 표면에서의 광자속(photon flux)이다.

$$G = \alpha N_o \cdot e^{-\alpha x}$$

이 수식으로부터 광에 의한 대부분의 캐리어는 반도체 표면에서 주로 생성됨을 알 수 있다. 앞에서 본 바와 같이 광 흡수율이 입사광의 파장대에 따라 달라지는데 솔라셀에 인가되는 태양광 파장 중에서 단파장 광일수록 표면에서 대부분 생성된다. Si의 경우 각 파장대별 캐리어 생성률은 다음과 같다.

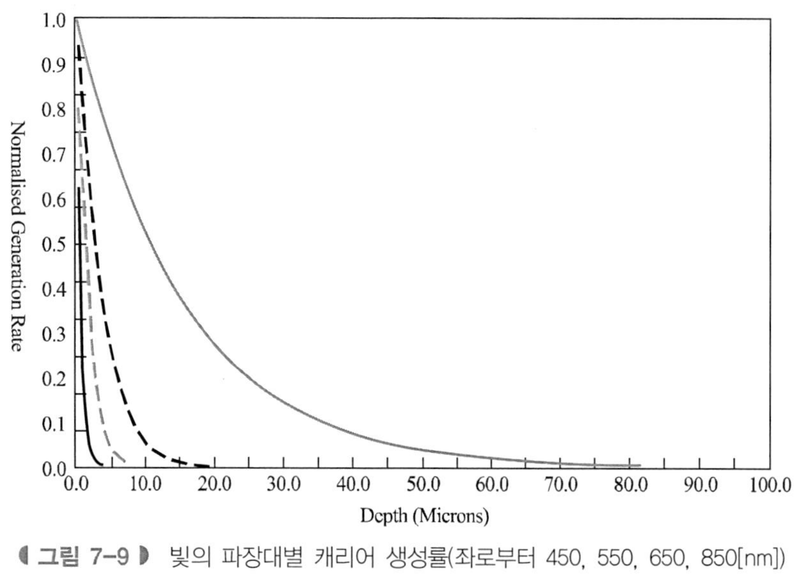

《 그림 7-9 》 빛의 파장대별 캐리어 생성률(좌로부터 450, 550, 650, 850[nm])

파장대별 광 캐리어 생성률을 모두 합하면 전체 캐리어 생성률이 된다. 표준 태양광 스펙트럼 조건인 $AM\ 1.5G$에서 Si의 깊이 방향에 대한 캐리어 생성률을 살펴보면 표면 부근에서 압도적으로 크고, 깊이 방향으로 갈수록 생성률의 변화는 거의 없다.

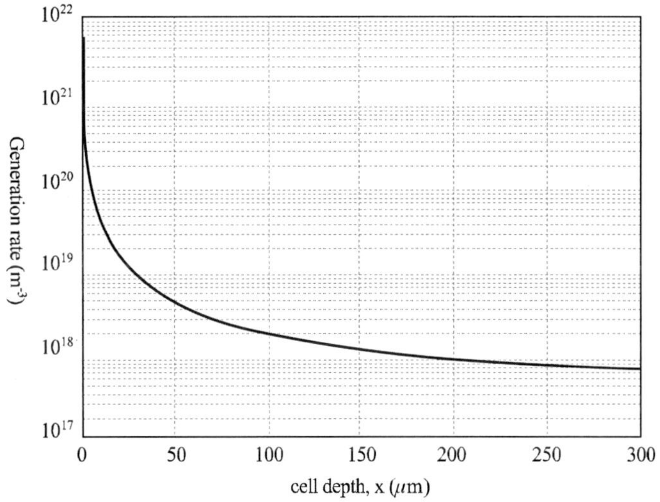

【 그림 7-10 】 태양광에 의한 Si 깊이 방향 캐리어 생성률 변화

7.2.2 캐리어 소멸

반도체에서 빛에 의한 캐리어 생성뿐 아니라 소멸하는 현상도 발생하는데, 소멸은 전도 대역의 전자가 낮은 에너지 준위로 떨어지면서 가전자 대역의 정공과 재결합하는 현상이다. 재결합 현상은 크게 직접 재결합, 간접 재결합, 오제(Auger) 재결합으로 구분된다.

• 전자와 정공의 직접 재결합

방사(radiative) 재결합 또는 밴드 간 재결합이라고도 하며 직접 천이형 밴드 갭을 갖는 반도체에서 일어나는 재결합 메커니즘으로 발광 다이오드(LED)가 빛을 내는 현상이 대표적이다. 즉 전도 대역의 전자가 가전자 대역의 정공과 직접 결합해서 광자를 생성하고, 이때 생성된 광자의 에너지는 밴드 갭과 유사하기 때문에 반도체에 잘 흡수되지 않고 투과한다는 점이다. 집광형이나 우주용으로 사용하는 솔라셀의 경우 GaAs 등과 같이 주로 직접 천이형 밴드 갭을 갖는 물질을 사용하는데 이때 직접 재결합이 주로 발생한다. 그러나 대부분의 지상형 솔라셀의 경우 Si과 같이 간접 천이형 밴드 갭을 갖는 반도체로 만들기 때문에 이 현상은 거의 무시할 수 있다.

• 포획에 의한 간접 재결합

쇼클리 리드 홀(SRH, Shockley-Read-Hall) 재결합이라 하고 결함 준위를 통한 재결합을 일컫는 것으로, 결함이 전혀 없는 물질에서는 발생하지 않는다. 반도체 내에 존재하는 불순물이나 격자 결함이 어느 한 종류의 캐리어를 받아들이고, 이어서 반대 극성의 캐리어를 포획하여 EHP를 소실시키는 재결합 중심으로 작용할 수 있다. Si의 경우 표면은 원자간 결합 구조가 완벽하지 않아서 격자 구조의 주기성이 떨어지므로 이를 줄이기 위해 표면 보호 공정이 필요하다.

SRH 재결합은 2단계로 이루어지는데, 먼저 결정 내 결함에 의해 전자(혹은 정공)이 금지 대역 내에 포획되고 난 뒤, 정공(혹은 전자)의 에너지 준위가 금지 대역 내에 포획된 캐리어 준위로 이동해서 재결합한다. 캐리어가 금지 대역 내의 에너지 준위로 이동하는 비율은 E_C나 E_V에 인가되는 에너지에 의해 결정된다. 따라서 밴드 갭의 중간 정도의 에너지 준위에서 효과적인 재결합이 발생한다.

- 오제(Auger) 재결합

3개의 캐리어에서 발생하는 현상으로 전자와 정공이 재결합할 때 열이나 빛의 형태로 에너지를 배출하는 대신 나머지 캐리어(전도 대역에 있는 전자)에 에너지가 전달된다. 이 에너지를 받은 전자는 과잉 에너지를 열로 방출하면서 다시 전도 대역의 가장 낮은 에너지 준위(E_C)로 이동한다. 오제 재결합은 고농도로 불순물이 주입된 반도체나 에너지 여기가 크게 된 물질에서 주로 발생하는 물리 현상이다.

광 생성에 의한 소수 캐리어는 일정 시간 일정 거리를 이동 후 재결합을 통해 소멸한다. 광 캐리어가 생성된 후 재결합할 때까지의 평균 소요 시간을 캐리어 수명(carrier life-time, τ)으로 정의하는데 이는 소수 캐리어가 재결합하지 않고 얼마나 오랫동안 존재할 수 있는가를 나타내는 지표이다. 이는 물질의 안정성과는 별개로 Si 웨이퍼 내에서 빛이나 다른 수단으로 생성된 소수 캐리어가 재결합하지 않고 얼마나 오랫동안 존속할 수 있느냐의 의미이다. 구조에 따라 다르지만, 통상적으로 소수 캐리어 수명이 긴 웨이퍼로 만든 솔라셀의 효율이 더 높다. 불순물 주입 농도가 낮은 물질에서 캐리어의 수명은 다음과 같이 캐리어 재결합률(recombination rate, R)과 관련이 있다.

$$\frac{1}{\tau} = \frac{1}{\tau_{band}} + \frac{1}{\tau_{Auger}} + \frac{1}{\tau_{SRH}}$$

$$\tau = \frac{\Delta n}{R}$$

Δn : 과잉 소수 캐리어 농도

Si의 경우 캐리어 수명은 최대 1[ms] 수준으로 이 시간 동안 평균적으로 이동하는 거리를 확산거리로 정의한다. 단결정 Si의 경우 소수 캐리어 확산거리는 100~300[μm] 수준으로 확산계수와 평균 수명으로 결정된다.

$$L = \sqrt{D \cdot \tau}$$

$D[\mathrm{m}^2/\mathrm{S}]$: diffusivity

한편 반도체 내에서 광에 의한 소수 캐리어의 생성과 이들이 확산하는 과정에서 재결합에 의한 소멸을 연속 방정식으로 표현할 수 있다. 그림에서처럼 단면이 A인 반도체 시료에서 미소 거리 Δx 내에서의 캐리어 농도 변화는 단면을 통과하는 전류 밀도로 나타낼 수 있다. 캐리어 농도차에 의한 확산 전류가 거리에 대한 농도의 변화율로 결정되므로 전자와 정공에 대한 연속 방정식을 정리할 수 있는데 이를 이용하면 시간에 대해 과도적인 농도 변화를 구할 수 있다.

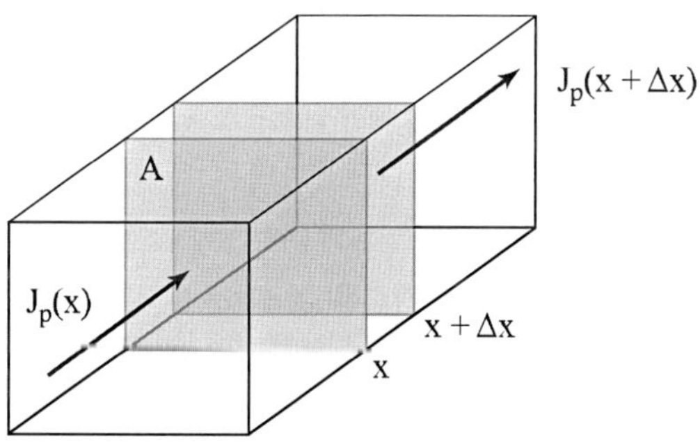

《 그림 7-11 》 미소체적에 유출 유입되는 전류

$$\frac{\partial p(x,t)}{\partial t} = \frac{1}{q}\frac{J_p(x) - J_p(x+\Delta x)}{\Delta x} - (R-G) = -\frac{1}{q}\frac{\partial J_p}{\partial x} - (R-G)$$

$$J_{p_{diffusion}} = -qD_p\frac{\partial p}{\partial x}$$

$$\therefore \frac{\partial p(x,t)}{\partial t} = D_p\frac{\partial^2 p}{\partial x^2} - (R-G)$$

$$\frac{\partial n(x,t)}{\partial t} = -\frac{1}{q} \cdot \frac{J_n(x) - J_n(x+\Delta x)}{\Delta x} - (R-G) = \frac{1}{q}\frac{\partial J_n}{\partial x} - (R-G)$$

$$J_{n_{diffusion}} = qD_n\frac{\partial n}{\partial x}$$

$$\therefore \frac{\partial n(x,t)}{\partial t} - D_n\frac{\partial^2 n}{\partial x^2} \quad (R \quad G)$$

pn 접합

CHAPTER 08

pn 접합 다이오드는 가장 기본적인 반도체 소자로 정류기(rectifier)나 LED, 트랜지스터(transistor)와 같은 전자 소자외에 레이저 다이오드(LD, Laser Diode)나 솔라셀 등도 모두 pn 접합 다이오드의 구성을 취하고 있다. 따라서 반도체 소자의 특성을 이해하기 위해선 pn 접합의 물리적 특성을 잘 파악하는 것이 기본인데, pn 접합 다이오드는 외부 바이어스(bias) 조건에 따라 비선형적인 전류 특성을 나타낸다. 즉 pn 접합 구조에서 n형 반도체에 비해 p형 반도체에 높은 전위를 가하면 전체적으로 전류가 급속히 증가하는 반면, 그 반대의 경우는 거의 전류가 흐르지 않는다. 이 특성을 이해하기 위해선 외인성 반도체의 캐리어 생성과 이동 그리고 재결합을 통해 전자 정공 쌍이 소멸되는 과정을 알고 있어야 하며, 에너지 밴드와 페르미 준위의 관계로 설명할 수 있다.

8.2 pn 접합 다이오드

p형 반도체와 n형 반도체가 접합을 이루고 있는 상태에서 p형 반도체에서 다수 캐리어인 정공은 농도가 낮은 n형 영역으로 확산하고, 반대로 n형 반도체에서 다수 캐리어인 전자는 농도가 낮은 p형 영역으로 확산한다. 이때 다수 캐리어가 확산에 의해 반대편 영역으로 이동하면 접합면 부근에 남은 불순물 원자는 캐리어가 없는 상태가 되는데 이를 공핍층(depletion layer)이라고 부른다. 공핍층에는 다수 캐리어가 없어진 상태의 불순물 원자만 남게 되므로 전하를 띈 이온(ion)이 되고, 결국 공핍층에는 극성이 다른 두 개의 이온층이 형성되어 이에 의한 내부 전계가 만들어진다. 따라서 공핍층에 의한 내부 전계로 결국 접합면 부근에 내부 전위차(built-in potential, V_{bi})를 형성한다.

한편 내부 전계가 작용하기 때문에 확산에 의한 다수 캐리어 이동은 정전력에 의해 대부분 제한된다. 그러나 극히 일부의 캐리어는 확산을 통해 반대편 영역으로 이동하며 이에 의한 확산 전류가 미량 존재한다. 한편 공핍층 부근에서 생성되는 소수 캐리어는 반대로 내부 전계에 의해 이동할 수 있으므로 이에 의한 표동 전류도 존재한다. 결국 평형 상태에서 확산과 표동에 의한 전류 성분은 크기는 동일하고 방향이 서로 반대이므로 전체적으로 전류는 흐르지 않는다.

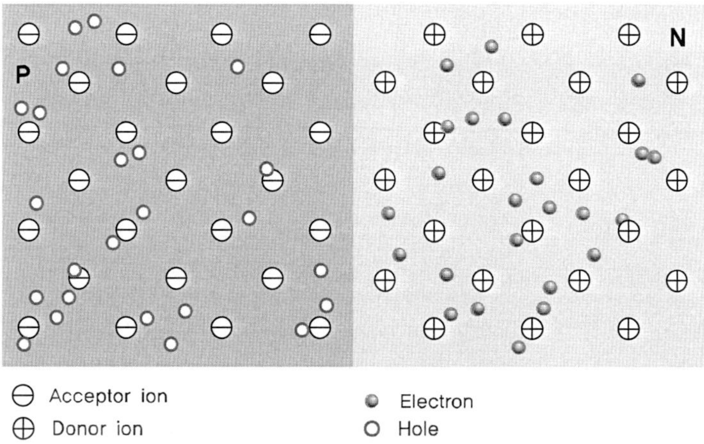

《 그림 8-1 》 pn 접합 구조

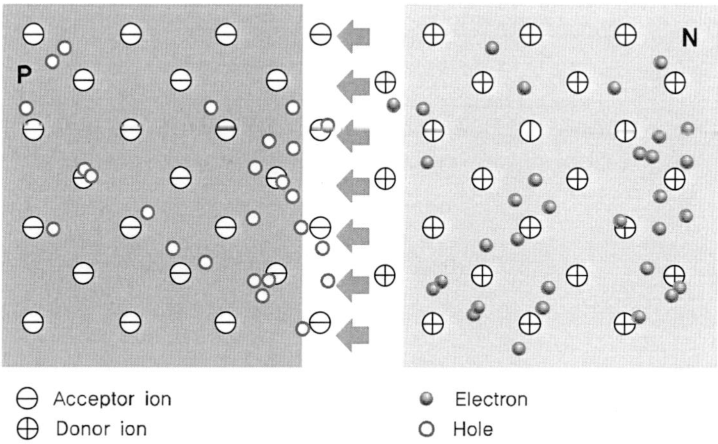

《 그림 8-2 》 pn 접합 공핍층에 의한 내부 전계

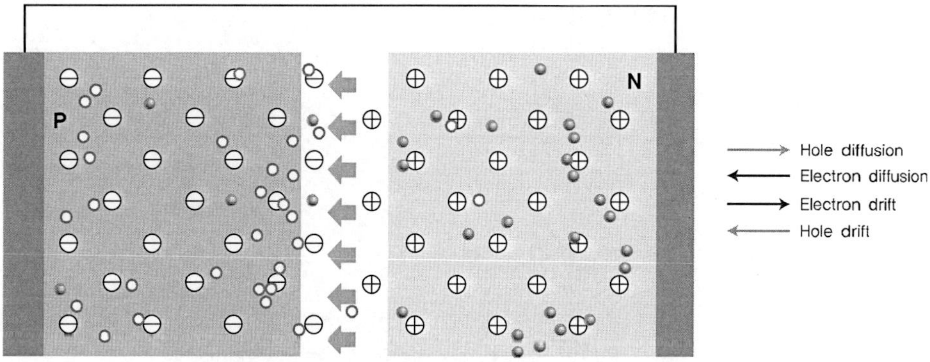

《 그림 8-3 》 평형 상태 pn 접합에 형성되는 전류 성분

평형 상태의 pn 접합은 공핍 영역 내에 전계가 존재하더라도 캐리어의 생성, 재결합, 확산, 표동 등이 모두 평형을 이루고 있는 상태이다. 따라서 내부 전계가 있는 상태에서 확산은 대부분 제한되어 미세한 양의 확산 전류만 흐르지만, 반대로 공핍층 내의 소수 캐리어는 내부 전계에 의한 표동 전류를 형성하므로 전체적으로는 전류가 흐르지 않는 상태가 된다. 이 상황을 에너지 밴드로 표현하면 평형 상태에서 경사가 없는 페르미 준위에 의해 p형과 n형 반도체의 에너지 밴드는 서로 어긋나게 된다. 따라서 공핍층 부근에서 전도대와 가전자대의 캐리어 에너지에 경사가 존재하게 되며, 이는 다수 캐리어의 확산을 제한하는 에너지 장벽(energy barrier) 역할을 하면서 동시에 소수 캐리어의 이동을 가능하게 하는 위치 에너지 차이를 제공한다.

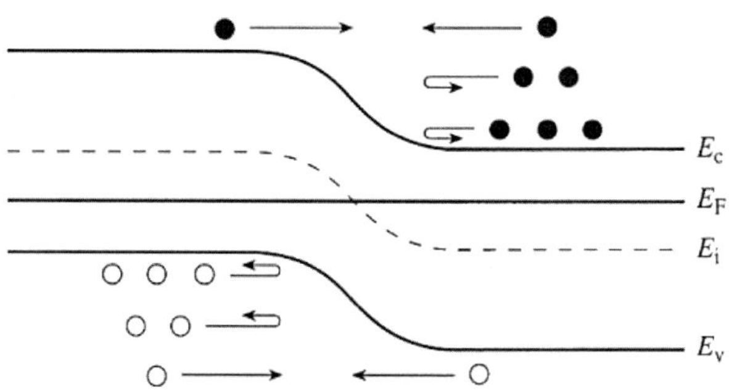

《 그림 8-4 》 평형 상태 pn 접합의 에너지 밴드

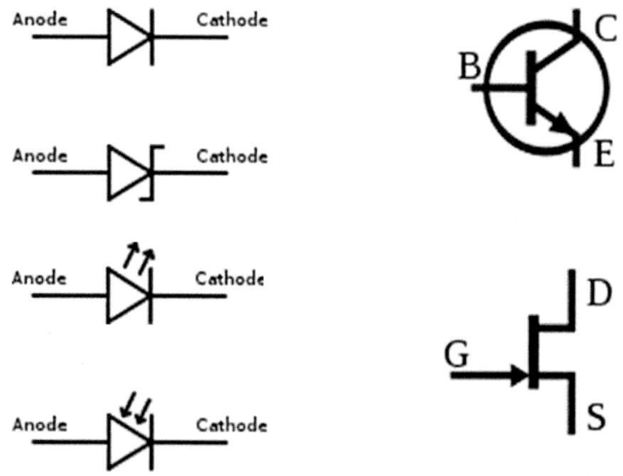

《 그림 8-5 》 pn 접합을 이용하는 전자 소자

pn 접합은 솔라셀뿐 아니라 대부분의 반도체 소자의 동작 원리가 되는 가장 기본적인 구성이다. 대표적인 응용으로 pn 접합 다이오드를 들 수 있는데 흔히 사용하는 정류기용 다이오드 외에 제너(zener) 다이오드, LED, PD 등이 pn 접합으로 형성되어 있다. 트랜지스터(transistor)는 전기적으로 저항을 변화시킬 수 있는 소자로 크게 전류로 제어하는 BJT(Bipolar Junction Transistor)와 전계로 제어하는 JFET(Junction Field Effect Transistor)로 구분되는 데 이것 역시 pn 접합 구조를 취하고 있다.

8.2 다이오드 특성

다이오드는 외부에서 가하는 전계에 따라 동작 특성이 달라진다. 먼저 평형 상태는 빛이나 전계 등 외력이 가해지지 않은 상태로 내부 전위 장벽만 존재한다. 이때는 다수 캐리어의 확산과 소수 캐리어의 표동에 의한 전류가 크기는 같고 방향이 반대기 때문에 전체적으로 전류는 흐르지 않는다.

순방향 바이어스는 전위 장벽이 감소하는 효과가 생기도록 다이오드의 음극(Cathode, K)에 비해 양극(Anode, A)에 높은 전압을 가하는 경우이다. 에너지 밴드는 전자의 에너지 준위를 표시한 것이므로 p형의 밴드가 평형 상태일 때 보다 아래로 내려간다. 따라서 전위 장벽이 감소하므로 다수 캐리어의 확산 전류가 크게 증가하는 반면, 표동 전류는 소수 캐리어의 농도에 비례하므로 거의 변화가 없다. 결국 순방향 바이어스 조건에서는 양극에서 음극으로 확산에 의한 큰 전류가 흐른다.

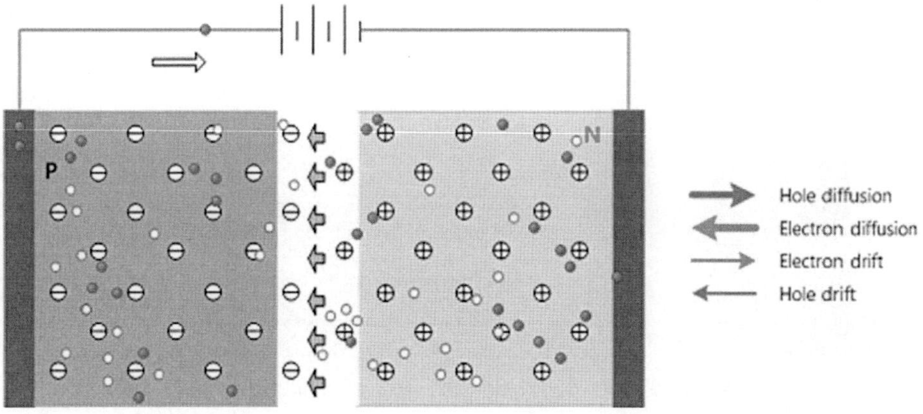

《 그림 8-6 》 순방향 바이어스 상태 pn 접합에서 형성되는 전류 성분

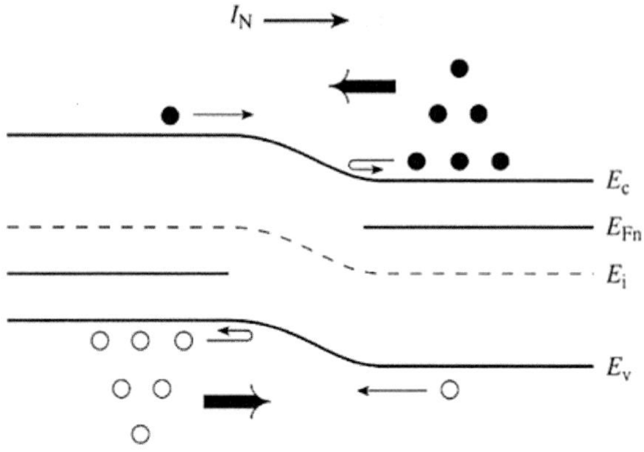

◀ 그림 8-7 ▶ 순방향 바이어스 pn 접합의 에너지 밴드

반대로 역방향 바이어스는 평형 상태에 비해 전위 장벽이 더 높아지도록 다이오드의 양극에 비해 음극에 높은 전압을 가하는 경우이다. 이때 높아진 전위 장벽에 의해 다수 캐리어에 의한 확산 전류는 거의 흐르지 않으며, 소수 캐리어만 전계에 의해 이동하면서 표동 전류를 형성한다. 그런데 소수 캐리어 농도가 낮기 때문에 극히 작은 전류만 흐르며 이 양은 열적 평형 상태일 때에 비해 거의 변화 없이 아주 미소하게 증가하는 수준이다. 결국 역방향 바이어스에서는 음극에서 양극으로 표동 전류가 주성분이지만 그 크기는 매우 작기 때문에 전류를 거의 흘리지 못하는 상태가 된다.

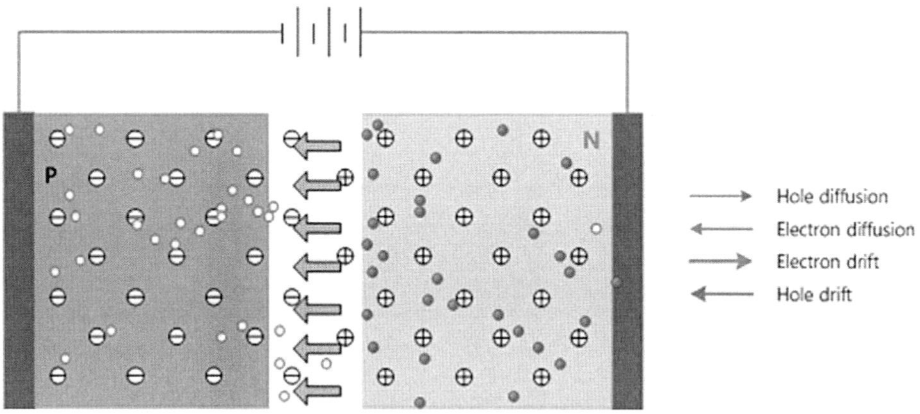

◀ 그림 8-8 ▶ 역방향 바이어스 상태 pn 접합에서 형성되는 전류 성분

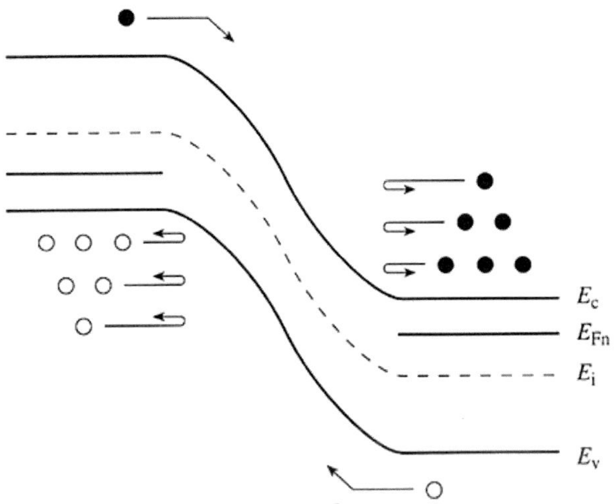

《 그림 8-9 》 역방향 바이어스 상태 pn 접합에서의 에너지 밴드

다이오드 전류 성분은 양극에서 음극으로의 확산 전류가 바이어스 인가 전압에 따라 크게 달라지는 반면, 역방향으로 흐르는 표동 전류는 거의 일정하다. 이처럼 역방향 인가 전압의 크기가 달라지더라도 전류 변화가 거의 없는 포화 특성을 갖는데 이를 다이오드의 암 포화 전류(dark saturation current, I_s)라고 부른다. 암 포화 전류는 표동 전류 성분으로 EHP 생성률에 의해 결정되므로 빛의 세기나 온도에 따라 달라질 수 있다.

다이오드의 인가 전압에 대한 전류 특성은 암 포화 전류의 지수함수로 표현할 수 있으며 이를 다이오드 방정식(diode equation)이라고 부른다. 다이오드의 전류 특성을 보면 순방향으로는 확산에 의한 전류 흐름이 자유로운 반면, 역방향으로는 거의 전류가 흐르지 않는 특성을 보이는데 이를 이용한 것이 교류를 직류로 변환할 때 사용하는 정류기이다.

$$i_D = I_s\left[\exp\left(\frac{qv_D}{\kappa T}\right) - 1\right] = I_s\left[\exp\left(\frac{v_D}{V_T}\right) - 1\right]$$

I_s : dark saturation current

V_T : thermal voltage$\cong$25[mV]@RT

$$i_D = \begin{cases} v_D = 0 \rightarrow i_D|_{equilibrium} = I_s[e^0 - 1] = 0 \\ v_D \gg V_T \rightarrow i_D|_{forward} \cong I_s\left[\exp\left(\frac{v_D}{V_T}\right)\right] \\ v_D \ll V_T \rightarrow i_D|_{reverse} \cong I_s[0-1] = -I_s \end{cases}$$

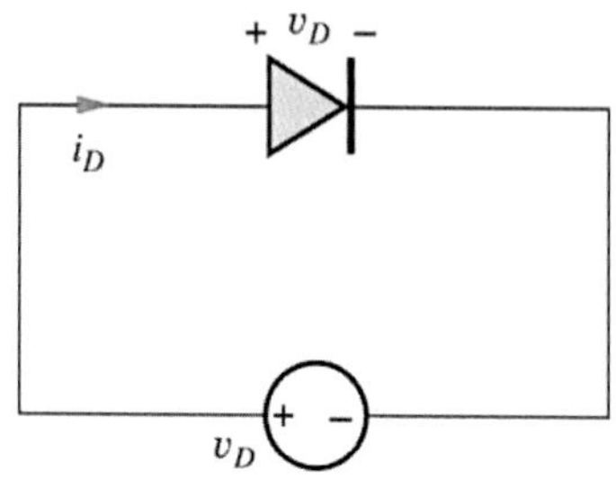

❰ 그림 8-10 ❱ 다이오드 바이어스와 전류

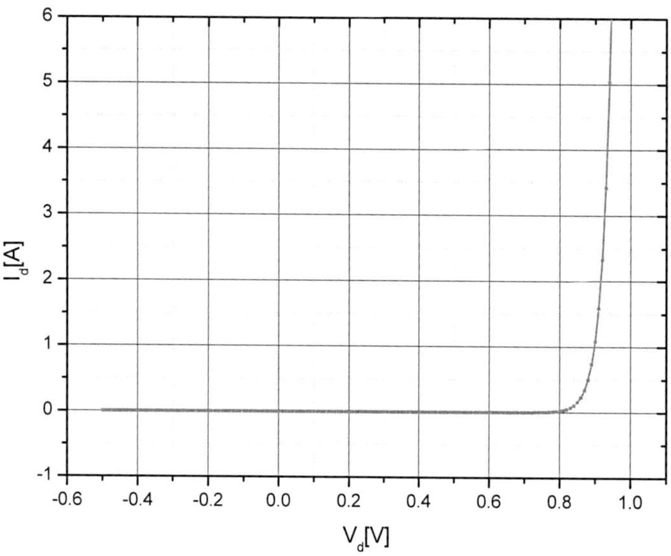

❰ 그림 8-11 ❱ 다이오드 출력 특성

한편 다이오드의 암 포화 전류는 역방향 표동 전류 성분으로 EHP 생성률이 높아질수록 증가하므로 온도가 상승하면 같이 늘어난다. 암 포화 전류가 증가하면 동일 전압일 때 전류가 더 크게 흐르므로 다이오드 전압 전류 곡선이 전체적으로 좌측으로 이동함을 알 수 있다. 이는 평형 상태일 때 표동 전류 증가분을 상쇄하기 위한 확산 전류가 늘어난 것으로 해석할 수 있으며 결국 확산 전류를 억제하는 전위 장벽이 낮아진 것과 같은 현상이다.

온도에 따른 전위 장벽의 변화는 대략 1[℃] 상승에 내부 전위 장벽이 2[mV] 정도 감소하는 수준이다. 또한 온도에 따른 암 포화 전류의 변화는 10[℃] 상승하면 대략 2배로 증가하며, 온도 1[℃] 증가에 의해 약 7% 늘어난다.

$$\frac{dV_{bi}}{dT} \cong -2\,[\mathrm{mV/℃}]$$

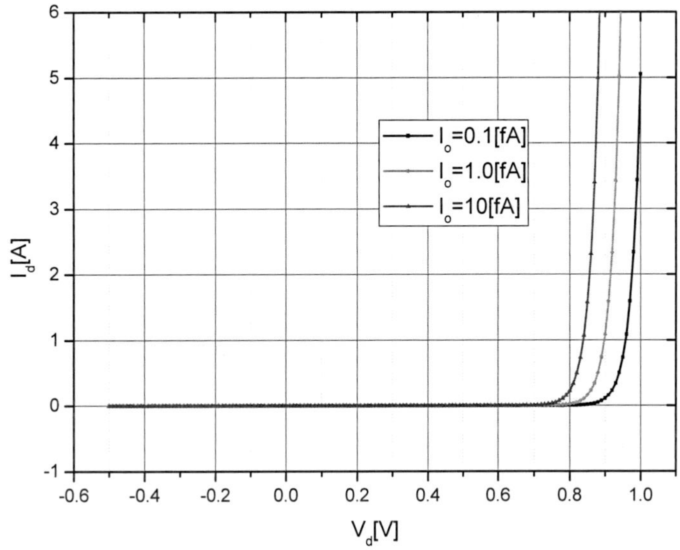

◀ 그림 8-12 ▶ 암 포화 전류 크기에 따른 다이오드 출력 특성 변화

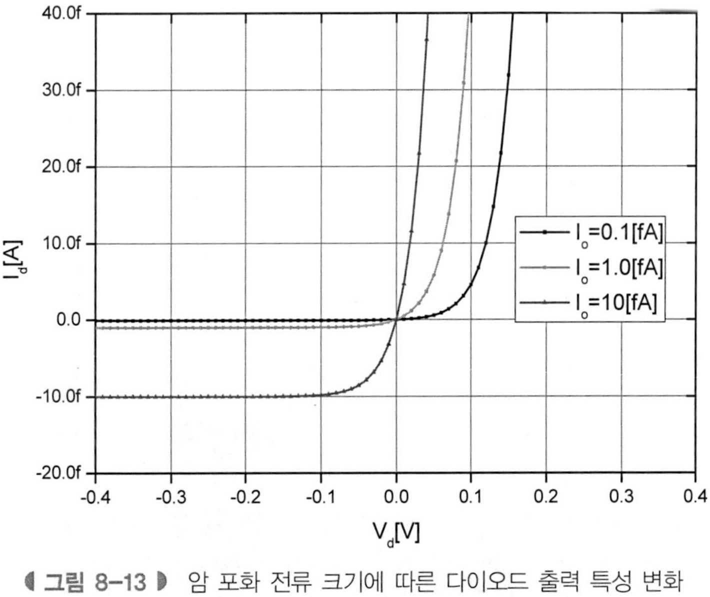

◀ 그림 8-13 ▶ 암 포화 전류 크기에 따른 다이오드 출력 특성 변화

$$\frac{\Delta I_s}{I_s} \cong 100\,[\%/(10℃)]$$

$$\frac{\Delta I_s}{I_s} \cong 7\,[\%/℃]$$

8.4 광기전 효과

솔라셀도 pn 접합 구조를 갖고 있기 때문에 다이오드 출력 특성으로부터 솔라셀 동작을 이해할 수 있다. 솔라셀에서 전력을 생산하려면 전류와 함께 전압도 형성이 되어야 하는데 이는 광기전 효과(photovoltaic effect)에 의해 발생한다. 이는 pn 접합에 빛을 조사하고 전류가 흐르지 못하도록 개방하면 양단에 전위차가 발생하는 현상이다. 이 경우 pn 접합의 n형 영역에 전자가 증가하고 마찬가지로 p형 영역에는 정공이 증가한다. 이로 인한 전하의 증가는 결국 접합에 원래 존재하던 전계와 반대 방향으로 전계를 생성하게 되어 총 전계가 감소하는 효과를 일으킨다. 원래의 내부 전계는 확산 전류의 흐름을 방해하는 기능을 하던 것이므로 결국 확산 전류를 증가시키고 이로 인해 pn 접합 양단에 전압이 형성되는 새로운 평형 상태가 유지된다. 개방회로 상태에서는 광생성 전류가 순방향 확산 전류를 상쇄하는 양이 되도록 pn 접합에 순방향 바이어스가 증가하게 되는데 이처럼 두 전류가 서로 상쇄될 수 있도록 형성되는 전압을 솔라셀의 개방전압(open-circuit voltage, V_{OC})이라고 한다.

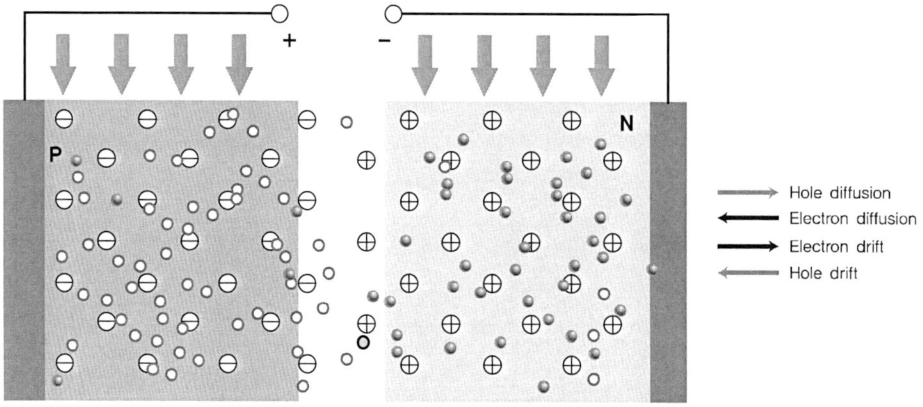

그림 8-14 pn 접합 솔라셀의 개방 상태 캐리어 흐름

한편, 이 상태에서 외부를 단락시키면 캐리어는 광 생성 전류가 되어 외부로 흐르고 전하는 쌓이지 않는다. 이때 흐르는 전류는 입사광 세기에 비례하며 솔라셀의 단락전류(short-circuit current, I_{SC})라고 한다.

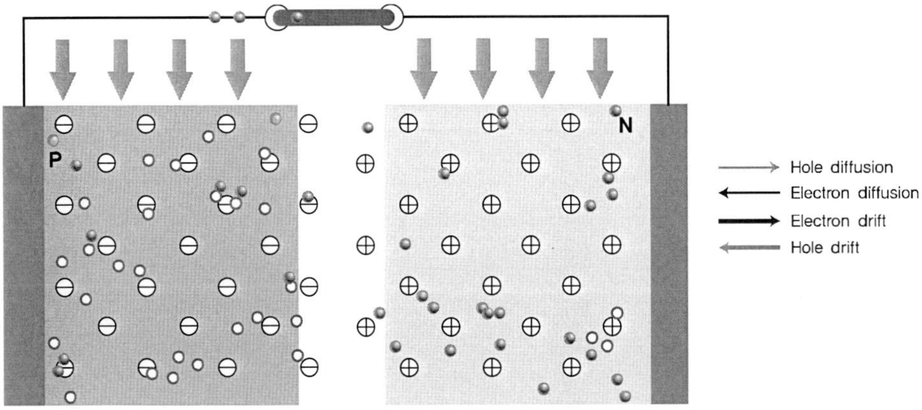

《 그림 8-15 》 pn 접합 솔라셀의 단락상태 캐리어 흐름

PART 3
반도체 공정

실리콘 웨이퍼 제조

CHAPTER 09

결정학적인 면에서 물질은 비정질(amorphous), 다결정질(polycrystalline), 단결정(single crystal) 3종류로 나눌 수 있다. 비정질은 원자가 불규칙적으로 존재하여 규칙적 배열이 없는 상태, 다결정질은 규칙적 원자 배열을 이루는 결정립(grain)들이 다수 존재하는 상태를 의미하며, 단결정은 모든 원자들이 규칙성을 가지고 일정하게 결합 배열되어 있는 상태를 나타낸다.

반도체에서 물질의 결정학적 구조는 중요하다. 반도체 재료로는 결정질을 사용하게 되는데, 이는 캐리어, 즉 전자, 정공의 이동도가 비정질이나 다결정질에 비해 크기 때문이다. 이런 물질은 결정 구조의 불규칙성 때문에 캐리어의 산란(scattering) 현상이 많고 이동도가 떨어진다.

반도체 성질을 갖는 물질에 대해 클라크 수(Clarke number)를 비교하면 상위 30위 이내에 유일하게 있는 물질이 Si이다. Si의 클라크 수는 25%로 50%를 차지하는 O_2 다음으로 흔한 물질인데 모래에 많이 함유되어 있는 규암(Quartzite)에서 추출할 수 있다. 규암으로부터 단결정 Si을 성장시키고 이로부터 Si 웨이퍼가 만들어지는 과정을 살펴본다.

9.1 단결정 실리콘 성장

자연 상태에서 Si은 단결정으로 존재하지 않고 주로 산소와 결합된 실리카(SiO_2) 형태로 존재한다. 실리카는 지각의 25%를 차지할 정도로 흔한 물질이며 비교적 순수한 모래에 많이 포함되어 있다. 이를 석탄(coal), 코크스(cokes), 숯(wood chops)과 함께 고온 전기로(furnace)에 집어넣어서 1500~2000[℃]로 가열하면 대략 90% 순도의 금속급 Si(Metallurgical Grade Silicon, MGS)을 얻을 수 있다.

$$SiO_2(\text{quartzite}) + 2C(\text{coal, coke, wood chops} \cdots) \Rightarrow Si(\text{MGS}) + 2CO$$

MGS의 순도는 98% 수준으로 높지 않으며 Al, Fe, Ca, Ti, Cr, B, P… 등의 불순물이 다량 함유되어 있기 때문에 더욱 높은 순도로 정제해야 한다. 따라서 MGS를 분말(powder)로 만들어 반응로에 넣고 300[℃]에서 염산(HCl) 가스로 처리하면 순도가 높은 삼염소산 실리콘(Trichlorosilane, TCS) 가스를 얻을 수 있다.

$$Si(MGS\ powder)+3HCl(gas) \Rightarrow SiHCl_3(tricholorosilane,\ TCS\ gas)+H_2(gas)$$

TCS 가스에는 $FeCl_3$, $AlCl_3$와 같은 할로겐 화합물이 섞여 있는데, 필터(filter), 응축기(condenser), 정화기(purifier) 등을 통과시키면 고순도로 정제된다. TCS는 상온에서 액체 상태이며 끓는점은 약 31.8[℃]로 이를 부분 증류법으로 정제하면 원치 않는 불순물을 효과적으로 제거해서 순도를 더 높일 수 있다.

이렇게 정제된 TCS의 불순물 함유량은 10억분의 1(ppba, part per billion atoms) 미만인데, 이 고순도의 TCS는 1,100[℃]의 고온 반응기에서 수소 환원 반응을 시키면 다결정질의 초고순도 실리콘(Electronic Grade Silicon, EGS)이 형성된다.

$$SiHCl_3(TCS\ gas)+H_2(gas) \Rightarrow Si(EGS\ solid)+3HCl(gas)$$

이렇게 만들어진 초고순도 다결정체의 순도는 99.999999999%인데 이를 단결정으로 성장시켜서 전자 소자를 제작하기 위한 Si 웨이퍼의 원재료로 사용한다. 단결정 Si을 성장시키는 방법에는 크게 CZ(Czochralski) 성장법과 FZ(floating zone) 성장법이 있는데, CZ 성장법이 큰 직경의 단결정 성장이 쉽고 비용도 저렴해서 반도체 산업에서 사용되는 Si 웨이퍼 제조 공정의 90% 이상이 CZ 성장법으로 만들어진다.

CZ 성장법은 결정 성장기(crystal puller)라고 부르는 장치를 사용하는데 석영 도가니(Quartz crucible)에 EGS와 도핑에 필요한 불순물(dopant)을 넣고 Si의 용융 온도까지 가

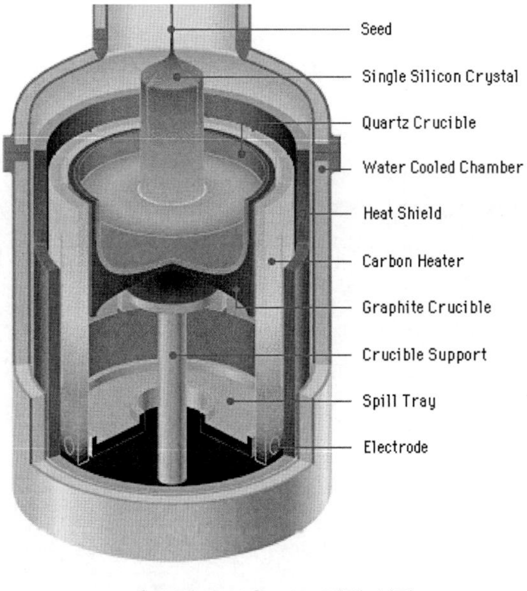

【 그림 9-1 】 CZ 결정 성장

열해서 고온으로 용융시킨다. 이 상태에서 특정한 결정 방향을 가진 Si 단결정체인 시드(seed)를 용융체와 접촉시키면 그 중 일부가 녹고 남아있는 시드 결정은 여전히 용융체의 표면에 닿아있는 상태가 된다. 이 상태에서 시드를 천천히 회전시키면서 서서히 끌어올리면 점진적으로 고상과 액상 사이의 계면에서 냉각이 일어나기 때문에 Si 원자들이 시드 결정과 같은 방향으로 배열하면서 응고되어 특정 직경을 가진 Si 단결정체 즉 잉곳(ingot)이 만들어진다. 잉곳의 직경은 끌어올리는 속도와 회전 속도 그리고 온도에 따라 결정된다.

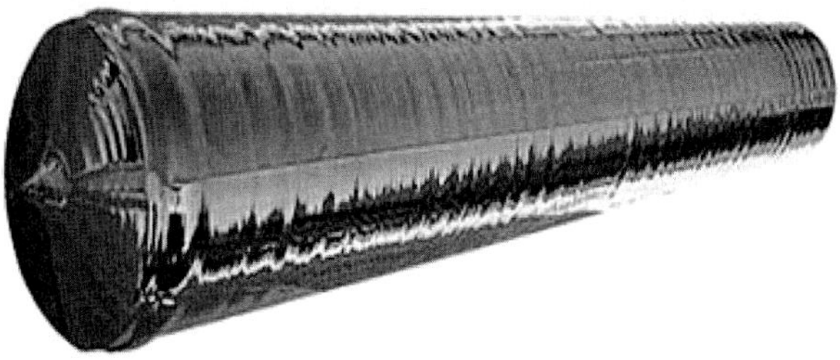

그림 9-2 Si 잉곳

CZ 성장법의 단점은 용융된 Si이 석영(SiO_2)이나 그라파이트(graphite) 도가니에 접하고 있기 때문에 O나 C가 Si 결정에 함유될 수 있다는 점이다. 통상 CZ 성장법에 의한 불순물 농도는 $5 \sim 10 \times 10^{17}[cm^{-3}]$ 정도이다. 한편 FZ 성장법은 이에 비해 순도가 더 높은 결정을 제작하고자 할 때 사용하는 방법이다. 불활성 분위기가 유지되는 석영 틀 속에 다결정 EGS 봉과 단결정 시드를 수직 배치한 상태에서 RF 가열기를 이용하여 좁은 영역을 용융시킨다. 이때 단결정 시드와 다결정 EGS 봉의 계면에서부터 한쪽 방향으로 국부적인 용융을 반복 진행하면 불순물은 용융 영역에 포획되므로 EGS 봉의 한쪽으로 불순물을 모을 수 있다. 따라서 FZ 성장법으로 만든 Si 잉곳의 순도가 더 높으며 불순물의 농도는 대략 $5 \times 10^{15}[cm^{-3}]$ 미만을 유지할 수 있다. 이것을 이용한 솔라셀이 가장 높은 효율을 얻을 수 있다고 보고되고 있다. 그러나 대구경 잉곳 제작이 어렵고 비용이 높아서 주로 연구용으로만 사용한다.

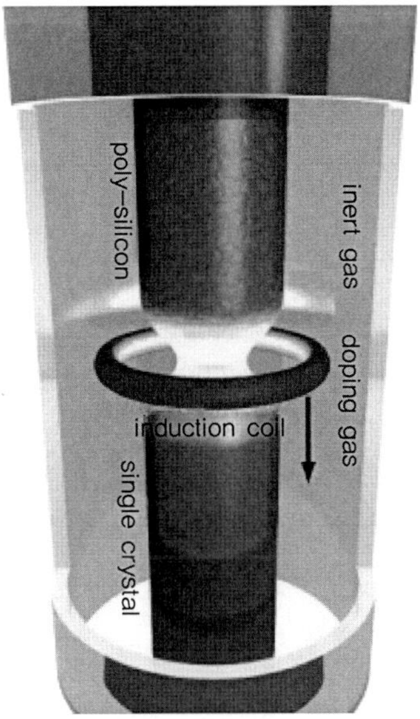

《 그림 9-3 》 FZ 결정 성장

9.2 실리콘 웨이퍼 가공

규암에서 단결정으로 성장시킨 Si 잉곳을 웨이퍼로 만들기 위해선 다음과 같은 여러 단계의 가공 과정을 거쳐야 한다.

- Cropping
  웨이퍼 직경이 되지 않는 잉곳의 위(shoulder)와 아래(tail)를 잘라낸다.
- Grinding
  원하는 직경이 될 수 있도록 잉곳을 연마 가공한다.

《 그림 9-4 》 잉곳 cropping과 grinding 직후

- Flatting

웨이퍼의 결정면을 표시하기 위해 잉곳의 한쪽 부분에 플랫(flat)이나 노치(notch)를 형성해준다. 웨이퍼 결정면과 종류에 따라 주 플랫(primary flat)과 부 플랫(secondary flat)의 방향이 달라지는데 일반적으로 주 플랫은 [110] 방향이 되도록 가공한다.

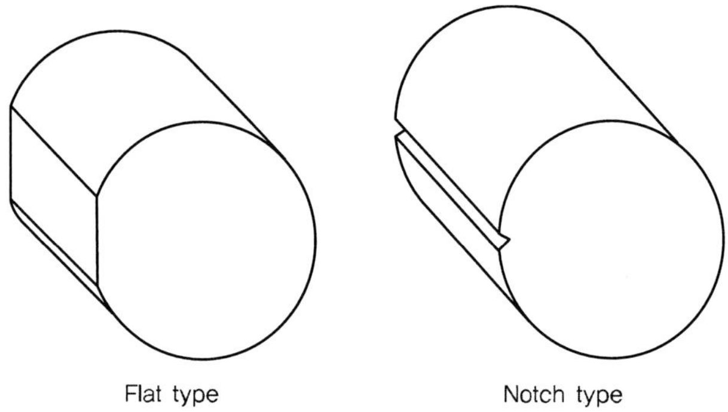

【그림 9-5】 플랫/노치 가공된 잉곳

- Slicing

잉곳을 적당한 두께로 잘라(singulation) 웨이퍼 형태로 만든다. 주로 와이어 소(wire saw)를 사용하는데 두께는 제조 공정에서 물리적 지지가 가능할 정도로 해야 한다. 웨이퍼 직경이 커질수록 두께도 증가해야 하는데 추후에 연마과정을 고려해서 목표 두께보다 두꺼워야 한다. 예를 들어 직경 200[mm] 웨이퍼의 적정 두께는 725[μm]인데 이 단계에서 약 900[μm] 두께로 형성하며 표면 거칠기(flatness)는 75[μm] 수준이 된다.

- Edge profiling/edge rounding

Slicing한 상태는 가공 단면이 거칠기 때문에 파손 방지를 위해 웨이퍼 가장자리를 둥글게 가공한다.

- Lapping

웨이퍼 양면을 원하는 두께가 되도록 기계적으로 연마하여 이전 단계에서 생긴 결함을 제거하고, 평탄도를 향상시킨다. 직경 200[mm] 웨이퍼라면 이 단계에서 약 800[μm] 두께로 연마하고 이 과정에서 표면 거칠기는 10[μm] 수준이 된다.

- Etching

기계적 연마 과정에서 생긴 미세한 결함은 습식 공정으로 식각 처리할 수 있으며 표면 보호를 위해 열처리를 한다. 이 과정을 거치면 웨이퍼의 두께는 약 750[μm]가 되고 표면의 거칠기는 1~2[μm] 미만이 된다.

- Polishing
  기계/화학적 연마 과정을 거치면 원하는 웨이퍼 두께에 결함이 없고 평탄도가 우수한 경면이 만들어진다.
- Cleaning/packaging
  공정을 마친 웨이퍼는 세정과 패키징을 하면 제조 과정이 완료된다.

웨이퍼의 종류에서 성장 방식은 거의 CZ 성장법을 사용하고 있으며 주입하는 불순물의 종류에 따라 p형과 n형으로 구분된다. 불순물의 주입 정도는 웨이퍼의 비저항으로 표시하고 있으며 결정면은 크게 (100)면과 (111)면을 사용한다. (110) 웨이퍼는 반도체 센서와 같은 특수한 경우에 주로 사용되며 일반적인 전자 소자 제작에는 사용하지 않는다.

웨이퍼가 커지면 장당 생산되는 소자의 수가 많아지므로 생산성이 향상된다. 예를 들어 직경 200[mm]에 비해 300[mm] 웨이퍼로는 약 2.3배 많은 소자를 제작할 수 있다. 웨이퍼의 크기는 직경으로 표시하며 반도체 산업이 시작한 이래 계속 증가하여 초기 2인치에서 현재는 12인치가 생산 현장에서 사용되고 있다.

표 9-1 웨이퍼의 크기 변화

웨이퍼 직경 [mm]	웨이퍼 두께 [μm]	웨이퍼 면적 [cm^2]	웨이퍼 무게 [g]
51	279	20.26	1.32
76	381	45.61	4.05
100	525	78.65	9.67
125	625	112.72	17.87
150	675	176.72	27.82
200	725	314.16	52.98
300	775	706.21	127.62

Si 웨이퍼의 결정면은 플랫의 위치로 표시하는데 이를 위해 Si 잉곳을 웨이퍼로 잘라내기 전에 플랫팅 공정에서 주 플랫과 부 플랫을 형성한다. Si 웨이퍼는 주로 (100) 결정면과 (111) 결정면 웨이퍼를 사용하는데 둘 다 주 플랫은 항상 (110) 결정면이 드러나도록 형성한다. 따라서 (110) 웨이퍼의 경우는 이 규칙을 따를 수 없으므로 제조사마다 고유한 표시 체계를 갖고 있다.

부 플랫의 유무나 위치에 따라 p형과 n형 그리고 (100)과 (111) 결정면을 구분할 수 있다. 부 플랫의 각도가 90° 이상이면 (100) 웨이퍼인데 135°면 n형 (100), 90°면 p형 (100) 웨이퍼이다. 반대로 부 플랫이 90°보다 작으면 (111) 웨이퍼인데 45°면 n형 (111), 0°면 p형 (111) 웨이퍼를 나타낸다.

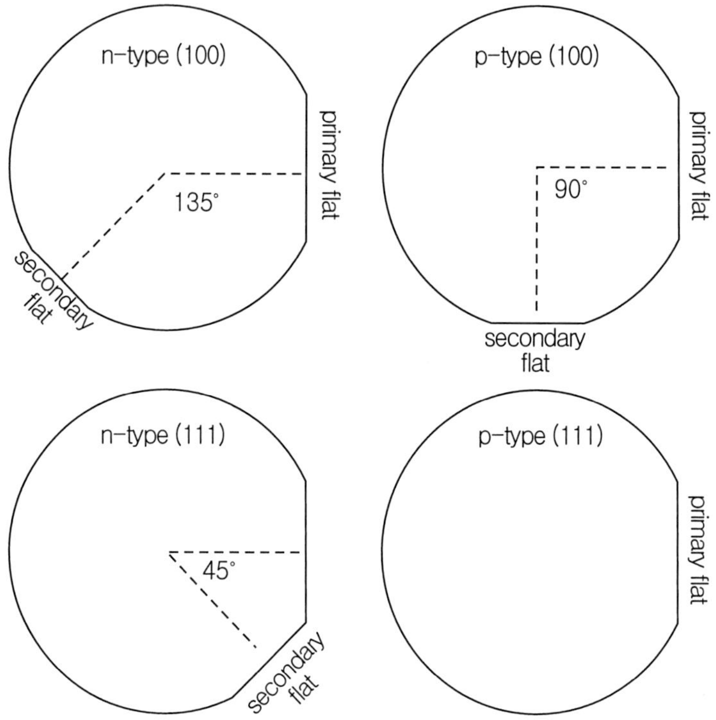

《 그림 9-6 》 웨이퍼 결정면 표시 체계

CHAPTER 10

막형성 공정

반도체 공정에 사용하는 막은 크게 절연막과 전도성막 그리고 반도체막으로 구분할 수 있다. 반도체 공정에서 가장 사용 빈도가 높은 막은 절연막 중의 하나인 산화(oxide)막으로 열산화(thermal oxidation) 공정 혹은 화학기상증착(CVD, Chemical Vapor Deposition) 공정으로 형성할 수 있다. 화학기상증착 공정은 산화막 외에도 다양한 절연막과 전도성막, 그리고 반도체막을 형성할 수 있는 중요한 공정이며 물리기상증착(PVD, Physical Vapor Deposition)은 주로 전도성 박막을 형성할 때 사용하는 공정이다.

표 10-1 반도체 공정용 박막

박막 구분		박막 종류	성막 공정
절연막	산화막	SiO_2	열산화, 화학기상증착(CVD)
		PSG, BSG, BPSG	화학기상증착
	질화막	Si_3N_4, SiN	화학기상증착
	유전막	Al_2O_3, ZrO_2	원자층 증착(ALD)
전도성막	금속막	W, Al	화학기상증착, 물리기상증착(PVD)
	복합막	WSi_2, TiN	화학기상증착, 물리기상증착
반도체막	단결정막	Si epi	화학기상증착
	다결정막	poly Si	화학기상증착

10.1 열산화 공정

열산화(thermal oxide)막은 열산화(thermal oxidation) 공정으로 성장된 SiO_2막을 말한다. 열산화막은 매우 안정된 물질이고 Si과 좋은 계면을 형성해 반도체 소자 제조에 필수적인 절연막이다. 열산화막의 존재는 Si이 반도체 재료로서 널리 사용하게 된 주요 이유이기도 하다. 열산화막이 반도체 소자 제조과정에서 사용되는 대표적인 역할은 다음과 같다.

- 반도체 웨이퍼 표면을 주위 환경으로부터 보호

- MOSFET(Metal Oxide Semiconductor Field Effect Transistor)의 gate 절연층
- 반도체 소자 사이의 절연 분리(isolation)를 위한 영역 형성
- 불순물 주입이나 식각과 같은 후속 공정에 선택성을 부여하기 위한 마스킹(masking) 역할

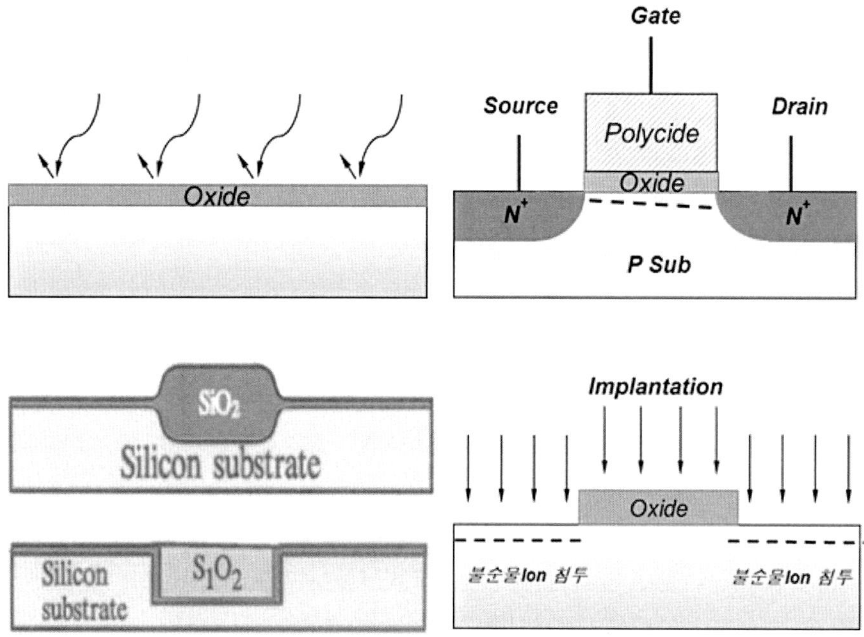

◀ 그림 10-1 ▶ 산화막의 용도

10.1.1 열산화 공정 개요

열산화막 형성 메커니즘은 Si이 산화제(oxidant)인 O_2나 H_2O와 반응하는 것으로 반응식은 아래와 같다.

$$Si(solid) + O_2(vapor) \rightarrow SiO_2(solid)$$

$$Si(solid) + 2H_2O(vapor) \rightarrow SiO_2(solid) + 2H_2(gas)$$

Si은 O_2와 잘 반응하기 때문에 Si 웨이퍼가 대기에 노출되면 공기 중의 O_2와 반응하여 두께가 10~20[Å]인 얇은 산화막이 저절로 만들어지는데 이를 자연 산화(natural oxide)막이라고 한다. 자연 산화막이 생기고 나면 대기에 노출하는 시간을 늘리더라도 산화막의 두께는 거의 증가하지 않는다. 이는 공기 중의 O_2가 Si과 추가적인 반응을 하기 위해선

자연 산화막을 통과해야 하는데 상온에서는 확산이 어렵기 때문이다. 따라서 산화막 성장을 위해선 기존에 형성되어 있는 산화막을 통해 O_2가 확산해 들어갈 수 있도록 높은 온도를 가해야 하는데 이런 과정을 통해 형성된 막을 열산화막이라고 한다.

열산화막 형성을 위해선 800~1,200[℃]의 고온 분위기에서 O_2와 Si이 반응해야 하므로 웨이퍼 표면의 Si이 소진되면서 산화막이 성장한다. 열산화막을 성장시키는 장비를 전기로(furnace)라고 하며 석영 튜브(quartz tube)와 가열장치, 튜브에 가스를 공급하는 장치, 웨이퍼 로딩(loading)장치 등으로 구성되어 있다.

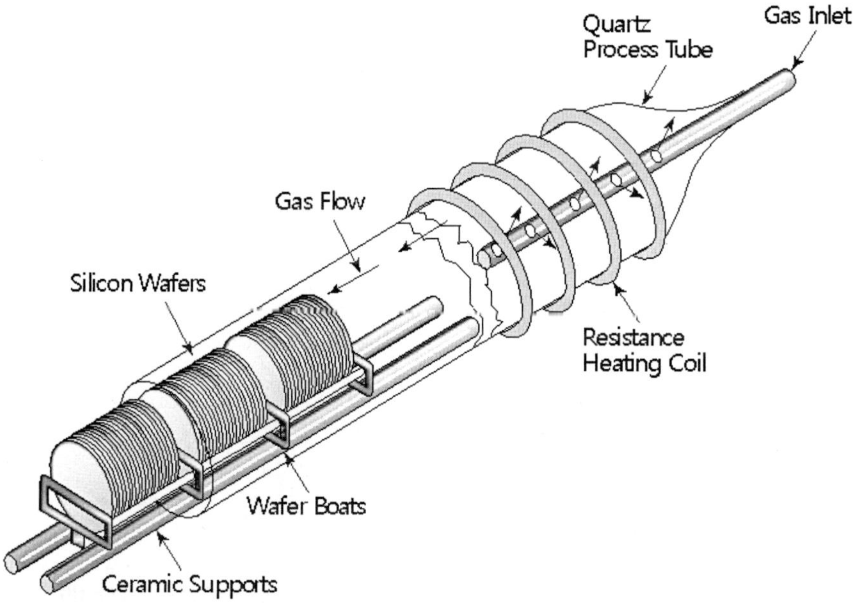

《 그림 10-2 》 열산화 공정 장비 내부 구조

앞서 설명한 바와 같이 O_2 또는 H_2O가 이미 형성된 SiO_2 내부를 확산해서 Si 웨이퍼와 SiO_2의 경계면에 도달해야만 Si과 결합해서 SiO_2막이 성장한다. 따라서 산화막이 성장했다는 것은 Si이 일정량 소진되었다는 의미이므로 Si 웨이퍼의 초기 표면이 이동하게 된다.

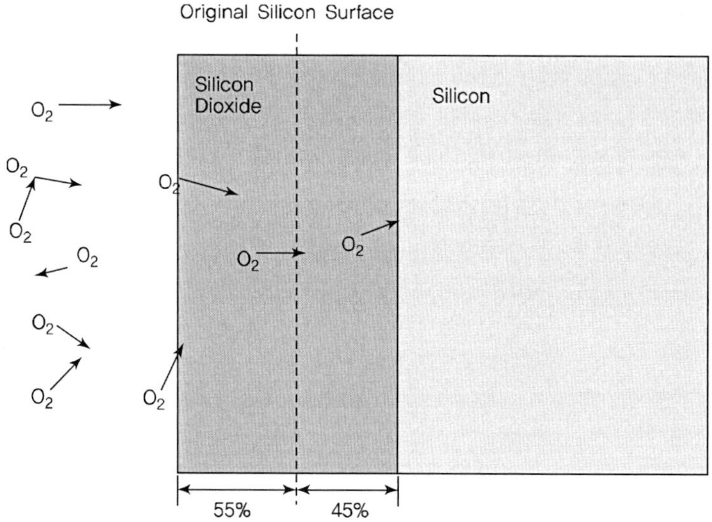

◀ 그림 10-3 ▶ 열산화 공정에 의한 산화막 형성

이를 Si과 SiO_2의 분자량과 밀도로부터 계산해 보면 산화막 성장 시 어느 정도의 Si이 소모되는지 알 수 있다.

$$\frac{molecular\ weight\ of\ Si}{density\ of\ Si} = \frac{28.09[\mathrm{g/mole}]}{2.33[\mathrm{g/cm^3}]} = 12.06[\mathrm{cm^3/mole}]$$

$$\frac{molecular\ weight\ of\ SiO_2}{density\ of SiO_2} = \frac{60.08[\mathrm{g/mole}]}{2.21[\mathrm{g/cm^3}]} = 27.18[\mathrm{cm^3/mole}]$$

$$\frac{thickness\ of\ Si}{thickness\ of\ SiO_2} = \frac{volume\ of\ 1\ mole\ of Si}{volume\ of\ 1\ mole\ of\ SiO_2} = \frac{12.06}{27.18} = 0.44$$

결국 형성된 산화막 두께의 44~45%는 원래 Si 영역에 해당한다.

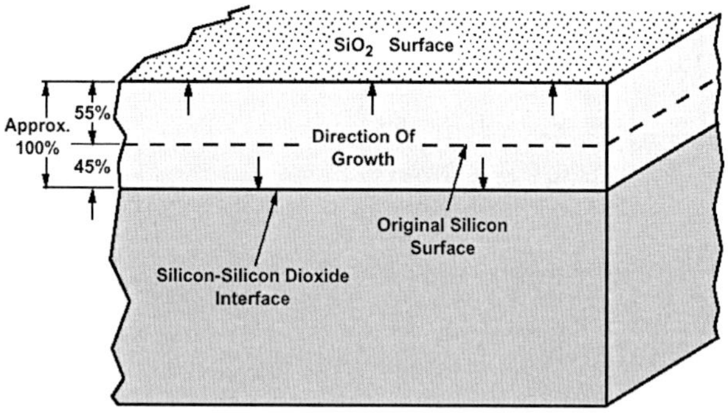

◀ 그림 10-4 ▶ 산화막 성장에 따른 Si 표면 이동

그렇다면 열산화 공정을 장시간 지속하면 Si이 모두 산화막으로 바뀔 수 있을까? 이론적으로는 가능한 얘기지만 산화막이 두꺼워질수록 산화제가 확산해 들어가기 어렵기 때문에 무한히 긴 시간이 걸려야 가능할 것이다. 즉 산화 시간이 길어질수록 산화막은 두꺼워지겠지만, 성장률은 급속히 감소한다.

$$T_{SiO_2} = \begin{cases} \propto \text{oxidation time} : \text{얇은 } SiO_2\text{막} \\ \propto \sqrt{\text{oxidation time}} : \text{두꺼운 } SiO_2\text{막} \end{cases}$$

10.1.2 열산화 공정 변수

열산화 공정은 산화제의 종류에 따라 크게 건식 산화(dry oxidation)와 습식 산화(wet oxidation)로 나눌 수 있다. O_2에 비해 H_2O의 용해도가 1,000배 이상 높기 때문에 건식에 비해 습식 산화 속도가 월등히 빠르다. 또한 불순물 농도가 높고 표면상태가 나쁠수록 산화막의 성장 속도가 커지며, 온도와 압력이 증가하는 경우에도 O_2의 확산 속도가 증가하므로 산화막 성장이 빨라진다.

산화 공정 조건에 따른 산화막의 성장 속도를 비교하면 온도가 높을수록 그리고 건식에 비해 습식 산화 공정에서의 성장률이 훨씬 높다. 특히 산화제의 영향이 크기 때문에 아래 그림에서 보인 바와 같이 1,200[℃] 건식 산화보다 1,000[℃] 습식 산화 조건에서 산화막 성장률이 더 높다.

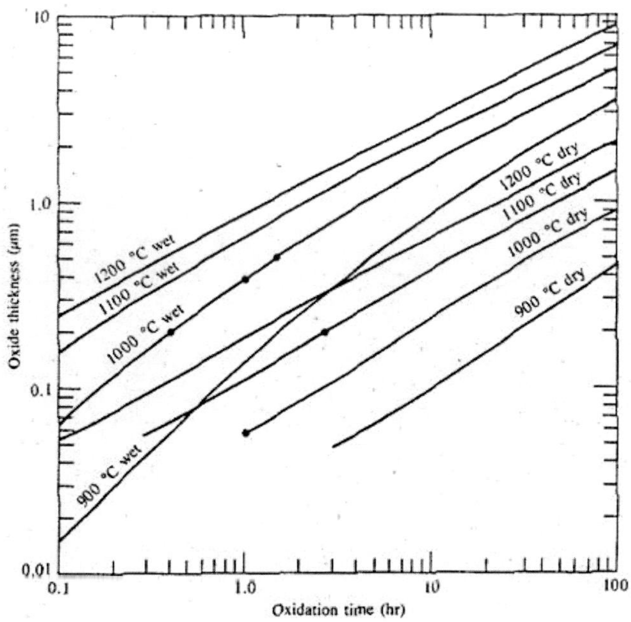

《 그림 10-5 》 산화제와 온도에 따른 산화막 성장률

또한 동일한 공정 조건에서도 웨이퍼의 결정면에 따라 산화막 성장 속도에 차이가 발생한다. 이는 앞에서 살펴본 Si의 결정 구조에 기인한 현상으로 Si 원자의 면밀도가 (100)면에 비해 (111)면이 15% 가량 많기 때문이다. 따라서 동일한 조건에서도 (100) 결정면을 갖는 Si 웨이퍼보다 (111) 결정면 Si의 산화막 성장률이 더 높다.

$$\{100\}\begin{cases} 1+4\times\dfrac{1}{4}=2[\text{atoms/unit cell}] \\ S_{100}=a^2[\text{m}^2] \\ U_{100}=2/a^2=6.78\times10^{14}[\text{atoms/cm}^2] \end{cases}$$

$$\{110\}\begin{cases} 3\times\dfrac{1}{6}+3\times\dfrac{1}{2}=2[\text{atoms/unit cell}] \\ S_{111}=\dfrac{1}{2}\times\sqrt{2}\,a\times\sqrt{\dfrac{3}{2}}\,a=\dfrac{\sqrt{3}}{2}a^2[\text{m}^2] \\ U_{111}=4/(\sqrt{3}\,a^2)=7.83\times10^{14}[\text{atoms/cm}^2] \end{cases}$$

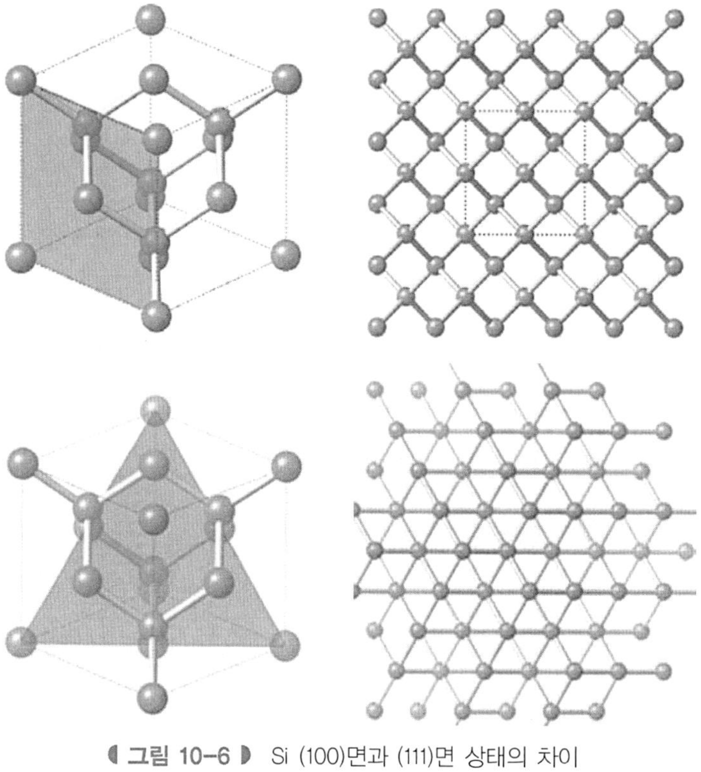

【 그림 10-6 】 Si (100)면과 (111)면 상태의 차이

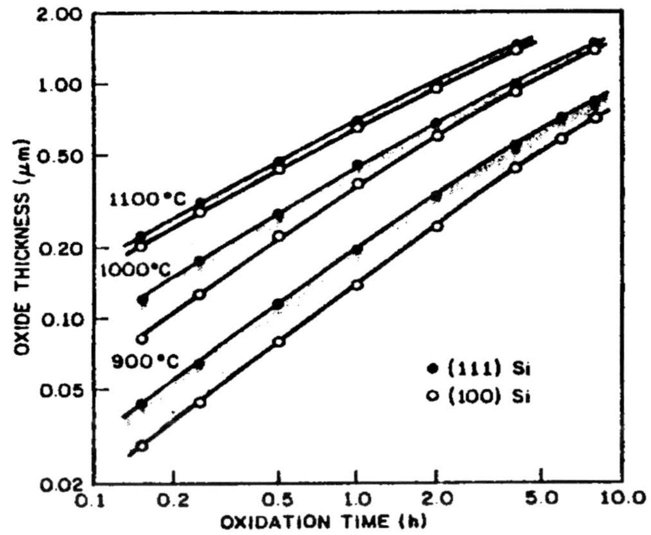

◖ 그림 10-7 ◗ Si 결정면에 따른 산화막 성장률

10.1.3 열산화 공정 장비

반도체 장비는 웨이퍼를 25장 단위로 처리할 수 있는 배치(batch)식 장비와 한 장씩 처리하는 매엽(single wafer)식 장비로 나눌 수 있다. 배치식 장비는 한꺼번에 여러 장의 공정을 진행할 수 있으므로 생산성은 우수하나 균일도 면에서 불리할 수 있으며, 매엽식은 그 반대이다. 산화 공정은 고온에서 산화제만 투입하면 되는 비교적 단순한 공정이므로 고온 반응로에 다수의 웨이퍼를 장착해서 동시에 산화시킬 수 있다.

이를 위한 장비는 반응로가 수평인 횡형(horizontal) 장비와 수직인 종형(vertical) 장비로 구분된다. 횡형 장비는 장비의 점유 면적(foot print)이 비교적 크고 웨이퍼를 튜브에 장착하거나 제거하는 과정에서 오염 입자에 영향을 받을 가능성이 많으므로 제조 현장에서는 거의 사용되지 않고 학교나 연구소에서 사용된다. 반면 종형 반응로는 횡형 반응로에 비해 상대적 장점이 많아 산업체에 널리 쓰인다.

아래는 횡형 반응로를 탑재한 산화 공정 장비의 구성을 보인 것이다. 먼저 건식 산화 공정 장치는 고온의 반응로에 불활성 기체로 O_2를 희석시켜서 직접 공급하는 방식으로 이루어진다. 건식 산화는 막 성장 속도가 느리기 때문에 주로 얇은 막을 형성할 때 사용하며, 치밀한 막질을 갖는 우수한 산화막을 형성할 수 있는 공정이다.

$$Si(Solid)+O_2(vapor) \rightarrow SiO_2(Solid)$$

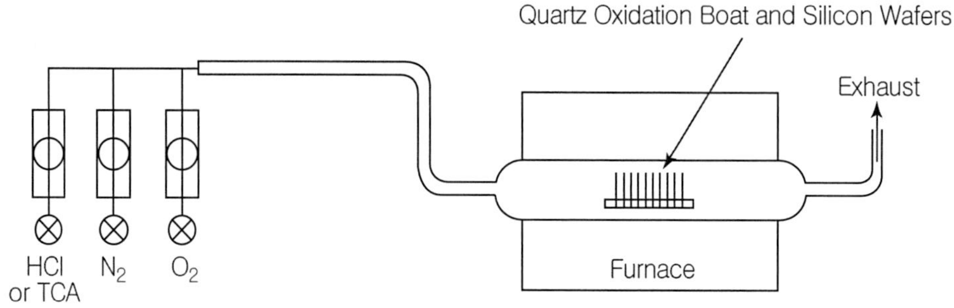

《 그림 10-8 》 건식 산화 공정 장치

습식 산화 공정은 수증기에 포함된 O_2와 Si의 반응을 이용하는 것으로 수증기의 높은 용해도에 의해 막 성장 속도가 빠르기 때문에 주로 두꺼운 산화막을 성장시킬 때 사용한다. 습식 산화를 위한 산화제 공급은 초순수(DI water)를 끓이거나 혹은 외부 장치를 통해 수소와 산소를 연소시키는 방법을 사용한다.

$$Si(Solid)+2H_2O(vapor) \rightarrow SiO_2(Solid)+2H_2$$

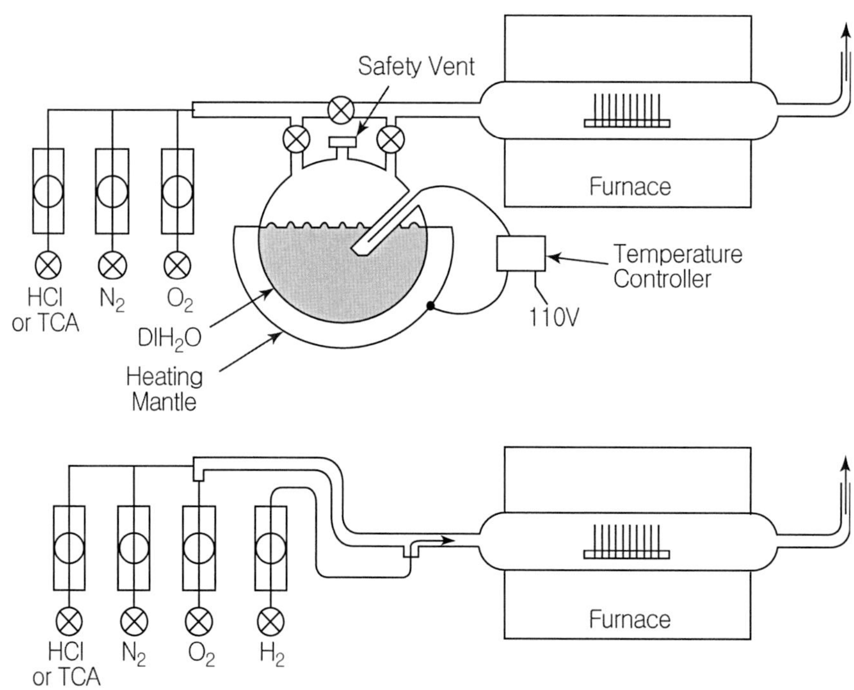

《 그림 10-9 》 습식 산화 공정 장치

한편 고온 반응로는 다수의 웨이퍼에 동시에 산화막을 성장시킬 수는 있지만 반응로의 열 용량(thermal capacity)이 커서 온도를 올리고 제어하는데 많은 시간이 걸리는 문제가 있다. 이러한 단점을 해소하기 위한 것이 RTP(Rapid Thermal Process) 장비이다. 주로 W(Tungsten) 할로겐 램프를 이용한 매엽식 장비인데 초당 75~200[℃]의 속도로 온도를 높이거나 내리는 것이 가능해서 매우 짧은 시간에 공정을 처리할 수 있다. 따라서 짧은 산화시간을 이용하는 얇은 산화막 성장에 적합하다.

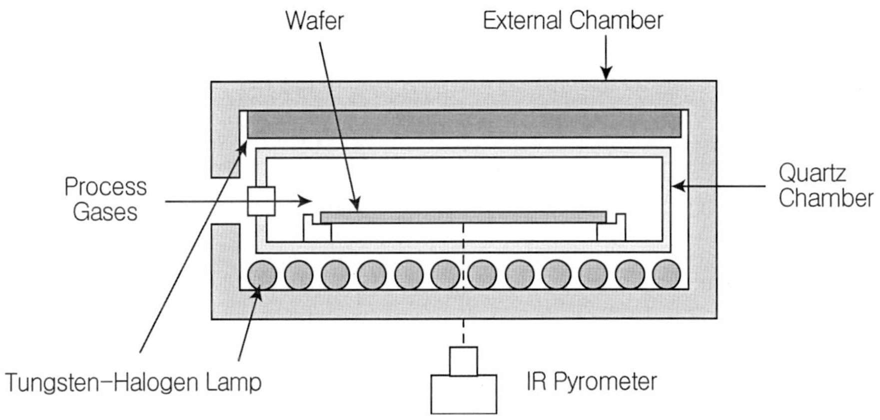

《 그림 10-10 》 매엽식 산화 공정 장치

10.2 기상증착 공정

산화막 이외 절연막이나 금속막을 형성할 때 주로 사용하는 방법이 기상증착(VD, Vapor Deposition) 공정인데, 크게 화학적 반응을 이용하는 CVD 공정과 물리적 반응을 이용하는 PVD 공정으로 구분된다.

10.2.1 화학기상증착

화학기상증착(CVD, Chemical Vapor Deposition) 공정은 반응기 내로 유입된 반응 기체가 경계면을 확산해서 웨이퍼 표면에 흡착된 뒤, 흡착된 기체 간의 화학적 반응으로 고체막이 형성되는 공정이다. 이때 반응 에너지는 외부에서 공급하는 열이나 플라즈마(plasma), 빛 … 등을 이용한다. CVD 공정 반응 초기에 국부적으로 생긴 막은 반응이 지속되면서 웨이퍼 전면을 채우게 되고 이 과정에서 발생하는 기체 부산물(by-product)은 웨이퍼 표면을 이탈해서 반응기 외부로 빠져나간다.

$$\alpha(\text{gas})+\beta(\text{gas}) \Rightarrow A(\text{solid})+\{B(\text{gas})+\cdots\}_{\text{By-product}}$$

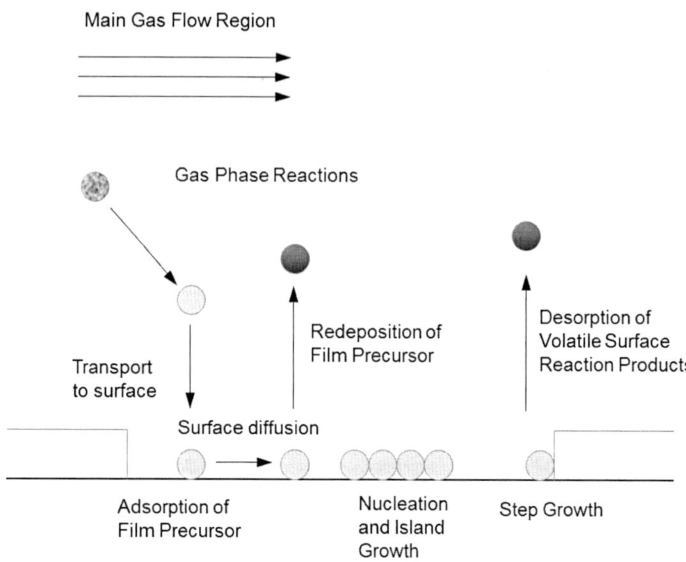

◀ 그림 10-11 ▶ CVD 반응

CVD 공정은 반응 기체를 달리함에 따라 절연막과 전도성막, 반도체막 등 다양한 박막을 형성할 수 있다. CVD 공정은 열역학적 평형 반응에 가깝기 때문에 균일한 두께로 형성할 수 있고, 두께 조절이 쉬우므로 대량 생산에 적합한 공정이다. 또한 단차 피복성(step coverage)이 좋고 적절한 단면비(aspect ratio)를 갖는 단차 구조의 경우 CVD 막으로 채워 넣는 것이 가능하다. 또 하부막과 반응하는 것이 아니라 외부에서 공급하는 반응 기체에 의해 박막 종류가 결정되므로 공정 설계가 간단해지고, 반응 에너지로 플라즈마를 도입하는 경우 공정 온도를 상대적으로 낮게 가져갈 수 있다는 장점이 존재한다.

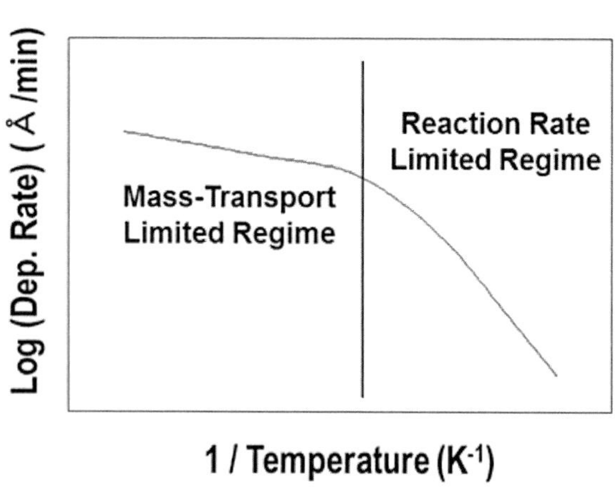

◀ 그림 10-12 ▶ CVD 공정의 온도 의존성

CVD 막 형성은 기본적으로 반응 온도가 주요 공정 변수인데 온도가 높은 경우는 웨이퍼 표면에서 화학 반응이 활발하게 생기기 때문에 반응 물질이 전달되는 속도에 의해 막 형성 속도가 제한된다. 따라서 고온 공정은 물질의 전달 과정이 전체 증착 특성을 제어하므로 반응 기체의 유입량 제어가 중요하다. 반면 온도가 낮은 경우는 반응 물질이 충분히 공급되더라도 표면에서의 화학 반응 정도에 의해 막 형성 속도가 제한되므로 반응 온도 제어가 더 중요하다.

CVD 공정에서 중요하게 고려해야 할 사항으로 열적 호환성(thermal compatibility)과 단차 피복성(topographic compatibility)을 들 수 있다. 열적 호환성은 CVD 공정을 진행하는 온도에 의해 이전에 형성된 막에 영향을 주는지 여부를 의미한다. 예를 들어 열산화막은 CVD 공정보다 훨씬 높은 온도에서 형성된 막이므로 열산화막 위에 CVD 박막을 형성하는 것은 아무런 문제가 없다. 그러나 융점이 낮은 금속이나 폴리머(polymer) 막이 있다면 CVD 공정은 불가능하다.

단차 피복성은 웨이퍼 표면에 단차가 있을 때 CVD 박막이 전면에 얼마나 균일하게 증착되는지의 정도를 나타낸다. 일반적으로 CVD 박막은 단차 피복성이 다른 박막에 비해 좋은 편이다. 아래는 단차 피복성의 개념을 표시한 것이다. 단차 피복성(step coverage)이 완벽하다면 모든 위치에서 성장하는 막의 두께가 동일하다는 것이다.

- Sidewall step coverage = b/a
- Bottom step coverage = d/a
- conformity = b/c
- overhang = $(c-b)/a$

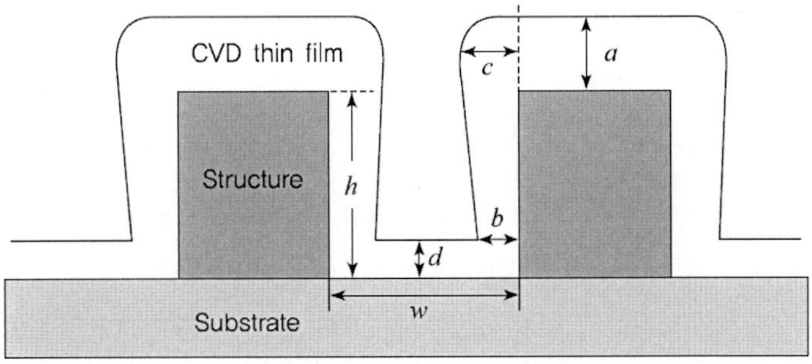

《 그림 10-13 》 단차 피복성

단차 피복성은 반응 기체가 도달하는 각도와 반응 기체의 표면 이동도(surface mobility)에 의해 결정된다. 표면 이동도는 반응 기체의 종류에 따라 다르며 이동도가 높을수록 단차 피복성은 좋아진다. 반응 기체의 도달 각도는 위치에 따라 다른데 다음 그림에서 보인 바와 같이 A 위치에서 270° 각도로 기체가 들어올 수 있는 반면, C 위치에서는 90°에 불과하다. 따라서 반응 기체들이 무질서하게 움직인다면 A 위치에서 더 많은 반응이 일어나므로 박막의 성장 속도가 빨라진다. 결국 고단면비 구조에서 두께 차이가 생길 수 있고 심하면 CVD 막이 채우지 못하는 공간(void)이 형성되기도 한다.

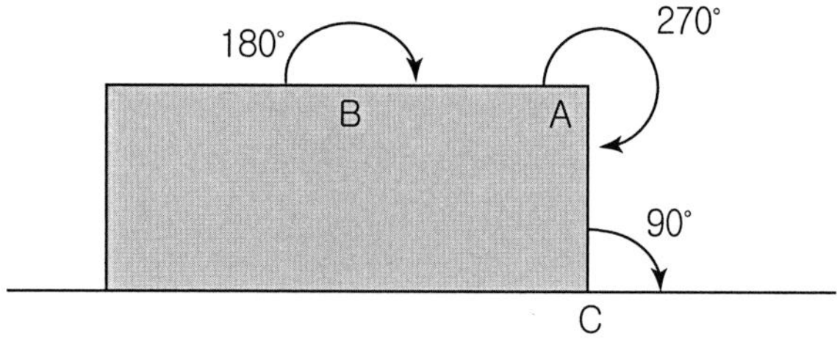

그림 10-14 반응 기체의 도달 각도

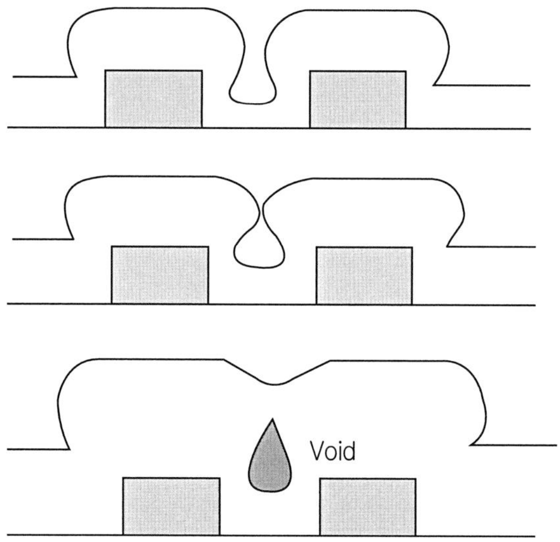

그림 10-15 CVD 공정에서의 void 형성

CVD 공정 장비는 크게 반응 에너지에 따라 열(thermal) CVD, 플라즈마(Plasma Enhanced, PE) CVD, 광 CVD로 구분한다. 또 공정 압력에 따라 상압(Atmospheric Pressure, AP) CVD와 저압(Low Pressure, LP) CVD로 나눈다.

표 10-2 CVD 분류

분류 기준	장비 종류
반응 에너지	Thermal CVD PE(Plasma Enhanced) CVD
공정 압력	AP(Atmospheric Pressure) CVD LP(Low Pressure) CVD
원료 물질	MO(Metal Organic) CVD

먼저 LPCVD는 600~900[℃] 정도의 고온 반응기 내부를 0.1~1 [Torr] 정도의 저압 분위기로 만든 상태에서 공정이 이루어진다. 따라서 열적 호환성이 나쁘고 막성장 속도가 느리지만 치밀한 막질과 균일한 두께의 박막을 얻을 수 있다. 저압 CVD는 저압 상태에서 반응 기체의 확산이 빠르게 일어나서 넓은 영역에서 반응 기체 농도를 균일하게 만들 수 있으므로 동시에 다수의 웨이퍼에 CVD 막을 성장시키는 배치식 공정 장비 구현이 가능하다. 저압 CVD로 절연막이나 다결정 Si, 금속 복합막 등 다양한 박막을 증착할 수 있다.

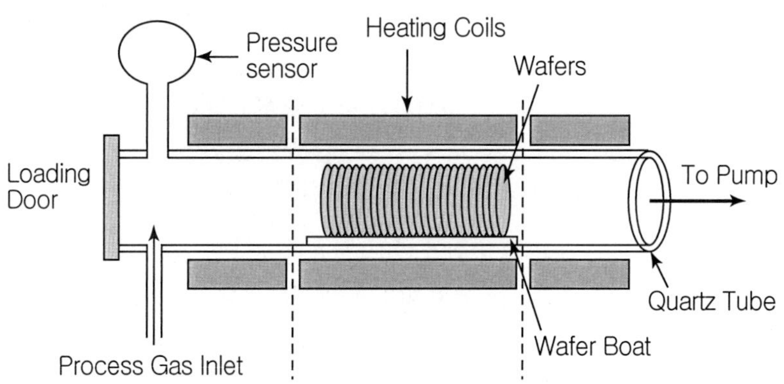

그림 10-16 LPCVD 장비 구조

PECVD는 반응 에너지로 열과 플라즈마를 함께 사용하기 때문에 LPCVD에 비해 반응 온도를 400[℃] 이하로 낮게 가져갈 수 있다. 이 경우는 플라즈마 분위기에서 불안정한 중성 입자(radicals)들이 웨이퍼에 쉽게 흡착할 수 있어서 막성장 속도가 높은 반면, 박막 두께의 균일성이나 공정의 안정성은 떨어진다. PECVD는 원리상 매엽식만 가능하며 주로 금속층 사이의 유전(Intermetal Dielectric, IMD)층 형성에 적합하다.

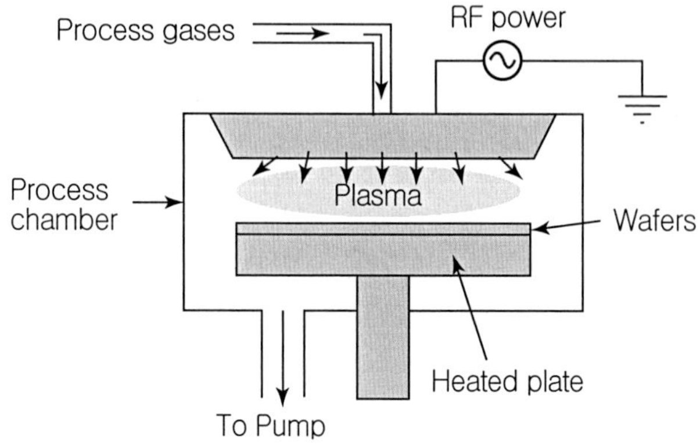

《 그림 10-17 》 PECVD 장비 구조

10.2.2 물리기상증착

물리기상증착(Physical Vapor Deposition, PVD) 공정은 주로 금속막을 형성하고자 할 때 사용하는 증착 공정이다. 우선 금속막은 기본적으로 소자 내부의 배선과 소자와 소자 사이의 배선 그리고 소자와 외부로의 전기적 연결을 위한 박막이므로 비저항이 낮아야 하고 금속막 전후 재질과의 접합성(adhersion)이 우수해야 한다. 또한 기계적인 응력이 없어야 하며 전기적으로 안정해야 할 뿐 아니라 소자와 공정 장비에 오염원으로 작용하지 않아야 한다. 생산성 측면에서 공정 난이도가 낮아야 하고, 열적 호환성 측면에서 공정 온도가 낮을수록 유리하다.

금속막을 형성하는 방법은 앞에서 논의한 CVD 방식으로도 가능하지만 비교적 박막 특성이 좋지 않기 때문에 PVD 공정을 주로 사용한다. PVD 공정은 화학적 반응을 사용하지 않고 증착하고자 하는 물질을 물리적인 방법으로 기상 상태로 만들어서 웨이퍼에 증착시키므로 박막 특성이 우수하고 Al, Ti, W … 등 다양한 종류의 도전막 형성에 사용할 수 있다.

대표적인 PVD 공정으로는 진공 상태에서 열로 금속물질을 가열할 때 증발된 기체가 웨이퍼에 흡착하는 증발(evaporation) 방식을 들 수 있다. 이 방식은 간단한 장비 구성으로 공정을 진행할 수 있는 반면 박막 증착률이 낮고, 단차 피복성이 떨어지는 단점이 있다.

세부적으로는 W 보트에 증착할 재질의 필라멘트를 전류로 가열해서 증발시키는 방식과 도가니에 증착할 물질을 담아놓은 상태에서 전자선(electron beam, e-beam)으로 국부 가열하는 방식으로 나눌 수 있다. 필라멘트 증발 방식은 W 보트를 통해 증착할 물질을 가열하므로 W의 녹는점인 1,400[℃]보다 낮은 융점을 갖는 금속만 사용할 수 있다. 반면 e-beam 방식은 증착시키고자 하는 물질만 직접적으로 가열하기 때문에 증착률이 높고, 금속뿐 아니라 상대적으로 융점이 높은 절연 물질의 증착에도 사용할 수 있다.

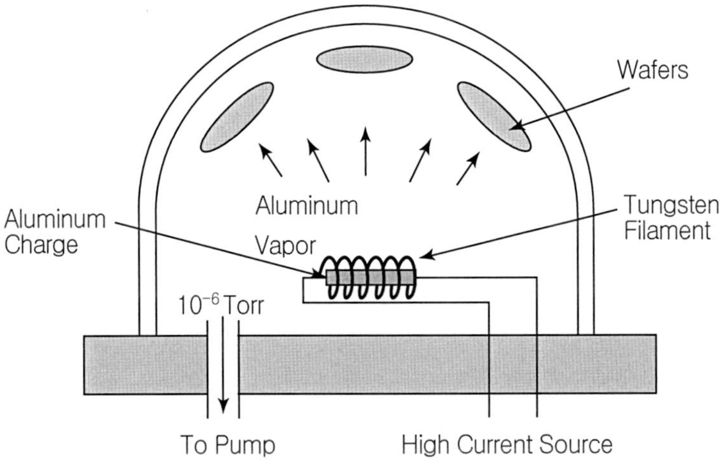

【 그림 10-18 】 증발방식 증착장비 구조

증발 방식은 대체적으로 증착률이 낮은 편이고 단차 피복성이 나쁘며 금속에 의한 오염 가능성도 있어서 생산 현장에는 잘 사용하지 않는다. 대신 생산 현장에는 주로 스퍼터링(sputtering) 방식이 사용된다. 스퍼터링 방식에서는 증착하고자 하는 웨이퍼 면에 대향해서 증착할 물질로 이루어진 타깃(target) 기판을 비치하고 이 사이에 Ar 플라즈마를 발생시킨다. 예를 들어 타깃에 음의 전압이 걸려 있으면 Ar^+ 이온이 전계에 의해 가속되어 타깃을 가격하게 되고 이 충격에 의해 떨어져 나온 원자가 웨이퍼에 쌓여 막이 증착되는 원리이다.

스퍼터링 공정은 웨이퍼와 증착하는 박막의 접합성이 우수하고 성분 조절이 쉬울 뿐 아니라 저온 공정이고 생산성이 높다는 장점이 있다. 따라서 생산 현장에서는 대부분 스퍼터링 공정을 사용하므로 PVD라고 하면 스퍼터링을 의미하는 것이라고 봐도 무방하다.

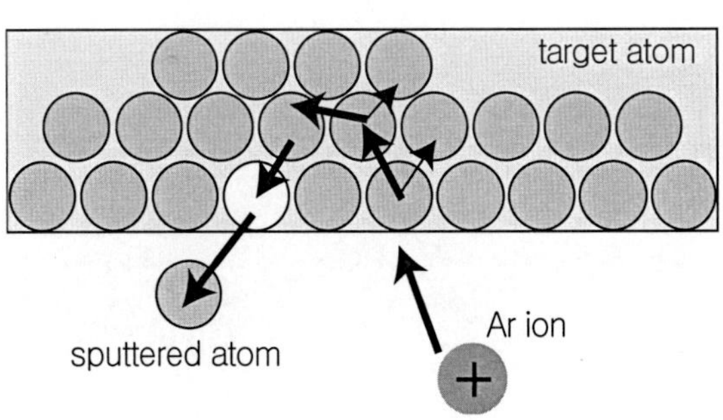

【 그림 10-19 】 스퍼터링 현상

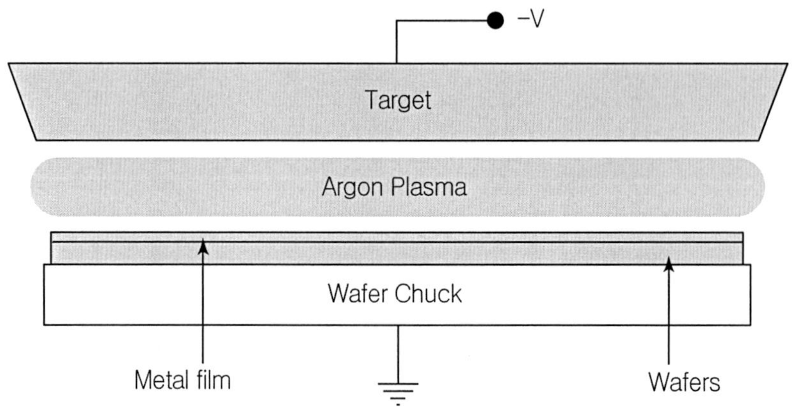

그림 10-20 스퍼터링 장비 구조

CHAPTER 11

사진/식각 공정

IC(Integrated Circuit)는 2차원으로 가공된 박막 패턴을 수직방향으로 쌓아놓은 구조이기 때문에 Si 웨이퍼로 IC를 제작하는 데는 많은 단위 공정이 필요하다. 이 과정을 대략적으로 구분하면 박막 형성 공정, 평탄화 공정, 사진 공정, 식각 공정, 불순물 주입 공정, 감광막(PR, Photoresist) 제거 공정, 그리고 열처리 공정 등으로 나눌 수 있다. 사진/식각 공정은 IC 개발자의 설계 의도대로 포토 마스크(photo mask) 상에 형성된 패턴을 웨이퍼 표면에 형성된 다양한 종류의 박막에 동일하게 전사하는 과정이다. 실제로 하나의 IC를 제작하기 위해선 여러 층의 패턴이 필요하기 때문에 사진/식각 공정이 반도체 제조 공정의 핵심이라고 볼 수 있다.

사진/식각 공정은 크게 보면 빛을 이용하여 웨이퍼 위에 감광막 패턴을 전사하는 사진 공정과 전사된 감광막 패턴으로 하부를 선택적으로 제거하는 식각 공정으로 구분된다. 사진/식각 공정의 대략적인 흐름은 먼저 적정 두께의 감광막을 형성하는 과정이 필요하며, 이후 노광(exposure)과 현상(develop)을 거쳐서 특정한 감광막 패턴을 형성한다. 이렇게 형성된 감광막 패턴을 이용하여 식각(etching)이나 불순물 주입(doping)과 같은 다양한 후속 공정을 수행하고, 후속 공정이 완료되고 나면 감광막 패턴을 제거하는 순서로 진행된다. 이 과정 중에서 감광막을 현상하는 과정과 후속 공정이 완료된 감광막을 제거하는 과정도 식각 공정의 일부분으로 볼 수 있기 때문에 사진 공정과 식각 공정의 경계를 정확히 구분하기는 어렵다.

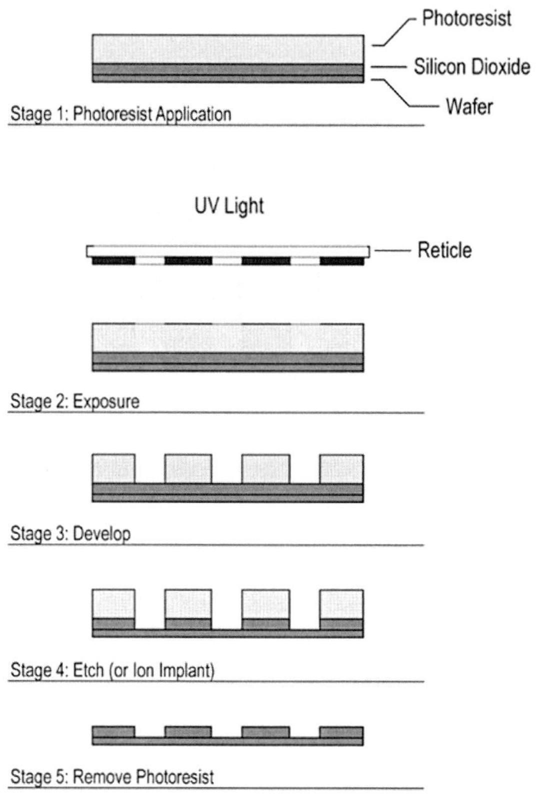

《 그림 11-1 》 사진/식각 공정 흐름

11.1 사진 공정

11.1.1 패턴 전사

사진 공정에 사용되는 2가지 중요한 재료는 포토 마스크와 감광액이다. 포토 마스크는 유리나 석영(quartz)과 같이 자외선을 잘 투과할 수 있는 재료를 사용하며, Cr(Chromium)이나 Fe_2S_3(황화철, iron sulfide)로 빛을 투과하지 못하는 영역이 정의되어 있다. 감광액이 도포된 웨이퍼를 포토 마스크와 겹친 상태에서 자외선 광을 조사하면 마스크 설계 패턴 형상에 의해 감광막의 특정 영역에만 자외선이 작용한다. 감광막은 광반응성 폴리머(photo-sensitive polymer)이기 때문에 광에 노출된 영역은 분자 구조가 달라지게 되며, 이 부분은 이후 현상 과정에서 제거된다. 따라서 마스크와 동일한 모양으로 패턴이 전사되며 이 패턴은 후속 공정을 위한 마스크 역할을 하게 된다.

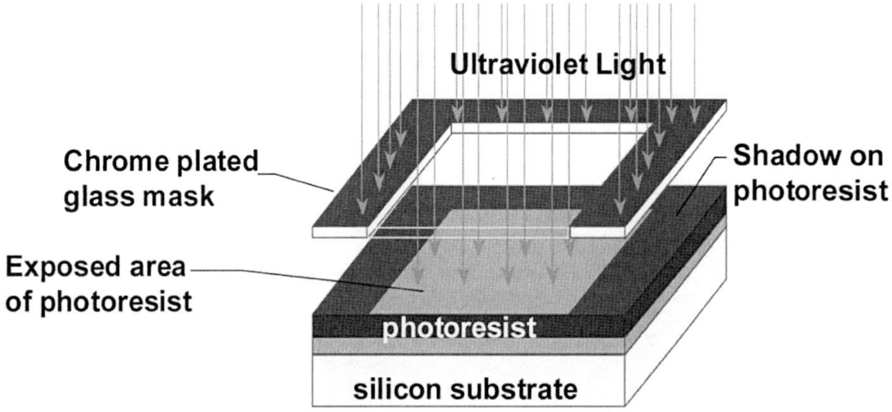

《 그림 11-2 》 패턴 전사

사진공정에 사용하는 감광액은 다중체(polymer)와 감응제(sensitizer) 그리고 용제(solvent)로 구성되어 있다. 이중 다중체와 감응제가 핵심적인 요소이며, 용제는 감광액의 저장과 사용을 쉽게 하도록 다중체와 감응제를 용해시키는 용도로 사용된다. 다중체는 원자들의 반복적 구조를 가진 분자 집합으로 사슬 모양을 이루고 있으며 빛에 의해 분자간의 결합이 변화될 수 있는 물질이다. 감응제는 자외선 영역의 빛에 의해 반응이 시작되거나 화학적인 변화를 일으키는 분자구조를 갖고 있다. 감응제와 다중체의 성분에 따라 크게 양성 감광막과 음성 감광막으로 구분하는데, 양성 감광막은 현상 단계에서 빛에 노출된 영역이 제거되는 반면 음성 감광막은 반대로 노광된 영역이 남게 된다.

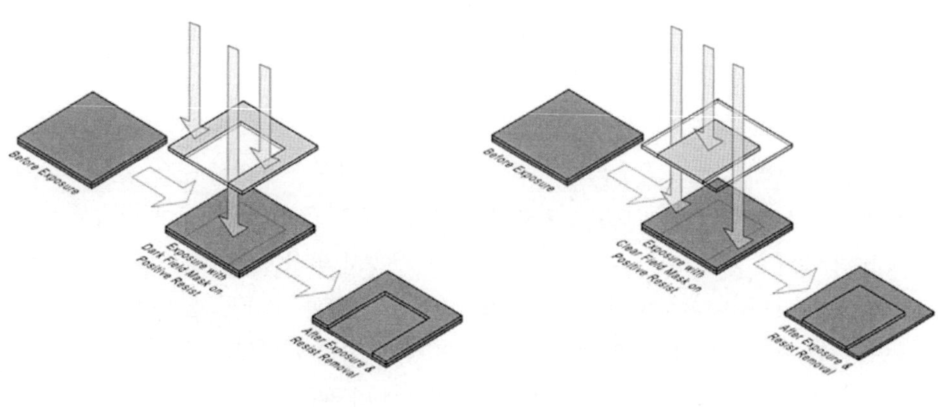

《 그림 11-3 》 양성 감광막을 이용한 패턴 전사

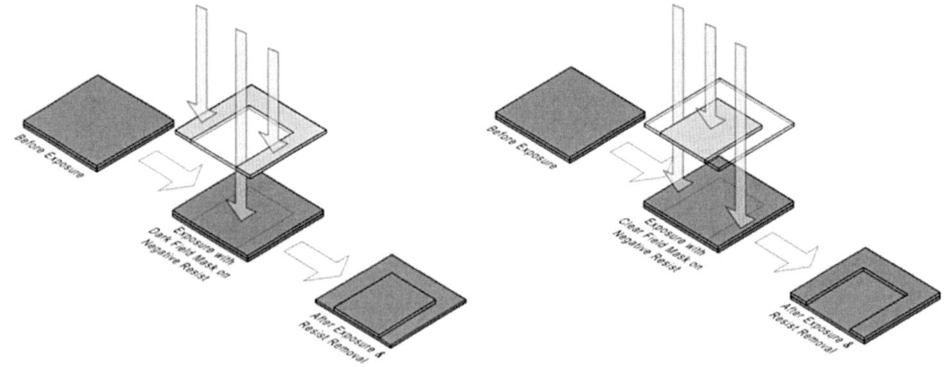

그림 11-4 음성 감광막을 이용한 패턴 전사

감광막의 특성은 접착도, 분해능, 두께, 핀 홀(pin hole) 발생 정도, 스컴(scum) 형성 정도, 노출 및 현상 공정의 관용성과 반복 일치도 등으로 평가할 수 있다. 먼저 감광막 두께는 분해능과 핀 홀 발생 정도와 밀접한 관련이 있기 때문에 적정한 두께를 유지하는 것이 중요하다. 통상 감광막이 두꺼울수록 핀 홀이 감소하는 반면 분해능의 손해를 보는데 음성 감광막에 비해 양성 감광막의 경우 두꺼워져도 분해능을 유지할 수 있기 때문에 미세한 패턴 형성에 훨씬 유리하다. 또한 음성 감광막은 공기 중의 산소나 오염원과 반응해서 스컴을 쉽게 형성하는 반면, 양성 감광막은 이런 문제가 없다.

그러나 사진 공정의 안정성 측면에서 양성 감광막은 광에너지 노출 시간과 현상 정도에 매우 민감하게 달라지는 반면, 음성 감광막은 노출 시간과 현상 시간에 대해 느리게 변하기 때문에 음성 감광막이 노출 관용도와 현상 관용도면에서 유리하다고 할 수 있다. 그러나 점차 미세한 패턴을 형성하는 것이 중요해지고 있기 때문에 특별한 경우를 제외하고는 양성 감광막을 주로 사용한다.

감광막도 일종의 박막이므로 노광 에너지가 감광막을 통과하면서 모든 감광막층에 에너지를 전달하기 위해선 충분한 시간이 필요하다. 자외선에 의한 노출 정도에 따른 감광막 패턴 형성 결과를 살펴보면 노광 시간이 짧을 경우 감광막의 상부만 현상이 되고 하부는 노광 에너지 부족으로 현상이 되지 않는다. 따라서 완전한 현상을 위해선 충분한 시간 동안 빛에 노출시켜야 하며, 두꺼운 감광막일수록 노광 시간을 길게 가져가야 한다.

한편 평행광이 마스크를 통과해서 감광막에 작용하는 과정 중에 회절(diffraction) 현상에 의한 광 경로의 차이가 발생하므로 감광막에 작용하는 광 에너지는 마스크 설계 의도와 다른 형태로 작용한다. 이때 회절된 광은 감광막을 통과하는 길이가 길어지기 때문에 상대적으로 빛의 세기는 감소한다. 따라서 위치에 따라 노광 에너지 차이가 나므로 현상을 마친 결과물은 약간 기울어진 감광막 패턴이 된다. 회절은 빛의 파장이 길수록 크기 때문에

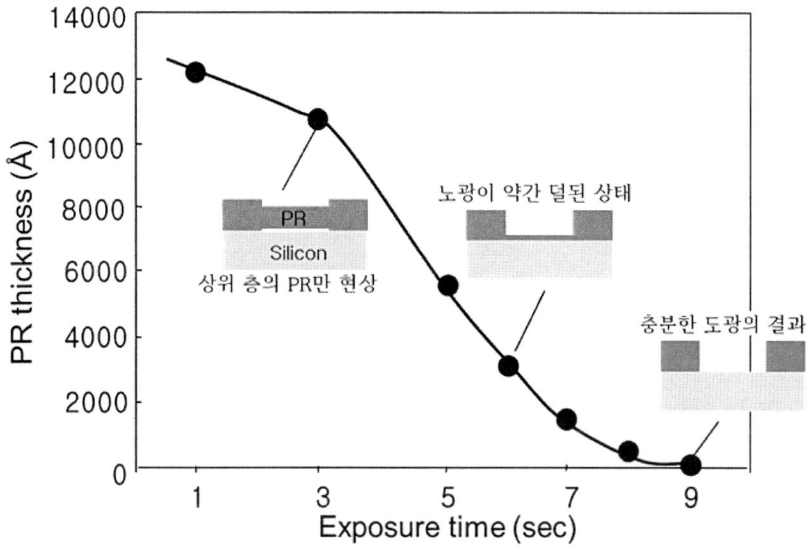

그림 11-5 노광 시간과 현상 결과

미세한 감광막 패턴 형성을 위해선 파장이 짧은 광원을 사용하는 것이 유리하다.

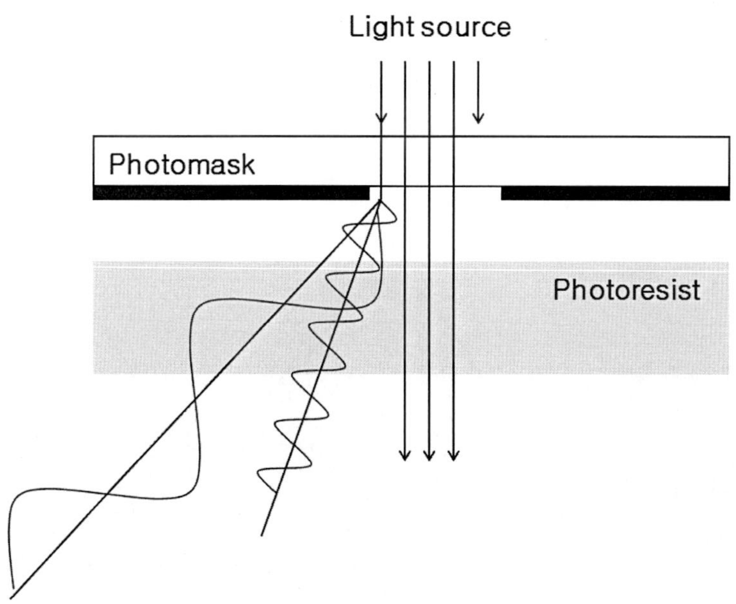

그림 11-6 회절에 의한 광 경로 변화

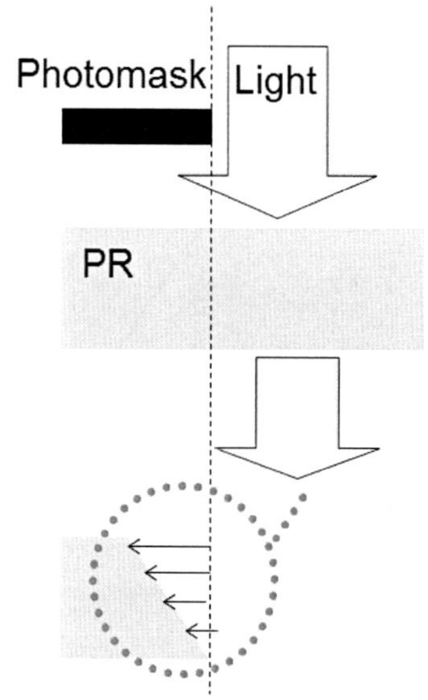

【 그림 11-7 】 회절광에 의한 현상 결과

또한 마스크를 지나 감광막에 가해지는 빛은 감광막을 통과한 다음 감광막의 하부면에서 반사가 일어난다. 반사는 하부 면의 종류에 따라 달라지는데 특히 감광막 하부가 금속이라면 반사 정도가 커진다. 따라서 감광막의 깊이 방향으로 입사파와 반사파가 동시에 작용하게 되며 이들의 상호 간섭에 의해 정재파(standing wave)가 형성될 수 있다. 결국 감광막의 두께 방향으로 빛 에너지의 크기가 주기적으로 달라지는 효과가 생기므로 현상 작업을 마친 감광막 패턴의 측면에 변형이 발생할 수 있다.

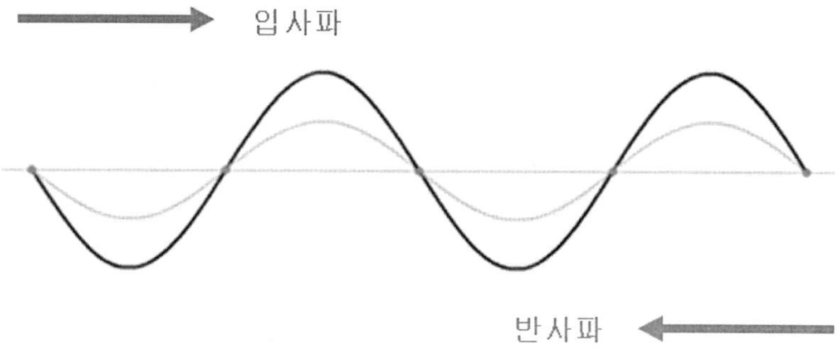

【 그림 11-8 】 빛의 간섭에 의한 정재파 효과

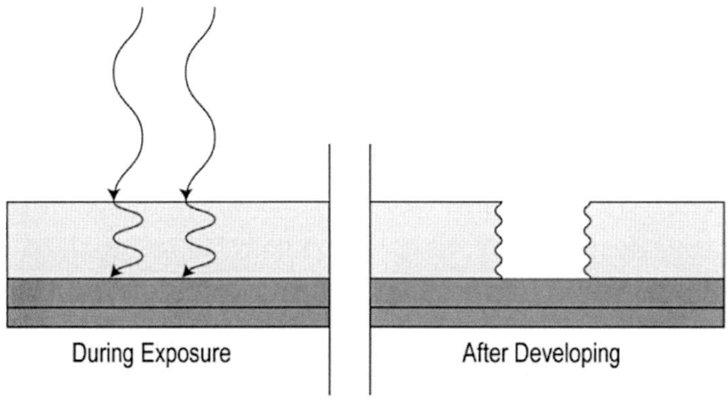

《 그림 11-9 》 현상 후 정재파 영향에 의한 감광막 변형 현상

11.1.2 세부 사진 공정

(1) 웨이퍼 표면 전처리

사진 공정의 첫 번째 단계는 감광액을 도포하여 균일한 두께의 막을 형성하는 것이다. 이를 위한 전처리 과정으로 먼저 웨이퍼 표면에 존재할 수 있는 오염 입자를 제거해야 한다. 이를 위해 플라즈마로 태워 없애거나, 고압 수증기나 화학적으로 처리할 수 있으며 간단하게는 N_2 가스로 불어서 제거하면 된다. 웨이퍼에 습기가 있으면 감광막과의 접합성이 떨어지기 때문에 충분히 제거하기 위해 약 150~200[℃]에서 열처리 과정을 거치는데 이를 프리베이크(prebake) 공정이라고 한다.

한편 감광막 하부 상태에 따라 쉽게 다시 습기가 찰 수 있기 때문에 표면을 소수(hydrophobic)성으로 만들 필요가 있다. 이를 위해 사용하는 물질이 HMDS(Hexamethyldisilazeane)인데, 용액 상태로 웨이퍼 표면에 분사하거나 증기화하여 표면에 작용시킨다. 증기화시키는 방법이 다수의 웨이퍼를 동시에 처리할 수 있고 재료 소모량도 적기 때문에 유리하다. 이어서 다음 단계인 감광막 도포 과정에서 솔벤트가 급격히 제거되는 현상을 방지하기 위해 웨이퍼 온도를 상온으로 냉각시키는 과정이 필요하다.

《 그림 11-10 》 웨이퍼 표면 전처리 과정

(2) 감광액 도포

감광액 도포란 적정량의 감광액을 웨이퍼에 부은 다음 고속으로 회전시킬 때 작용하는 원심력으로 얇은 박막을 형성하는 것이다. 도포 방식은 회전 도포(spin coating)법과 스프레이(spray)법이 있는데 회전 도포법이 일반적으로 많이 사용된다. 이때 감광액을 붓는 방법은 웨이퍼의 중앙에서 정지한 상태나 저속으로 돌리면서, 혹은 웨이퍼를 회전시킨 상태에서 디스펜서(dispenser)의 위치를 옮겨가면서 부을 수도 있다.

감광액을 붓고 고속으로 회전시키면 원심력에 의해 두께가 얇아지면서 평탄하게 된다. 이때 감광막의 두께는 점도(viscosity)와 온도 영향을 받지만 주로 회전 속도에 의해 결정된다. 일반적으로 회전 속도가 높아지면 감광막 두께도 얇아지는데 일정 속도 이상부터는 두께 변화는 없고 감광막 내부에 함유된 용제를 제거하는 역할을 한다.

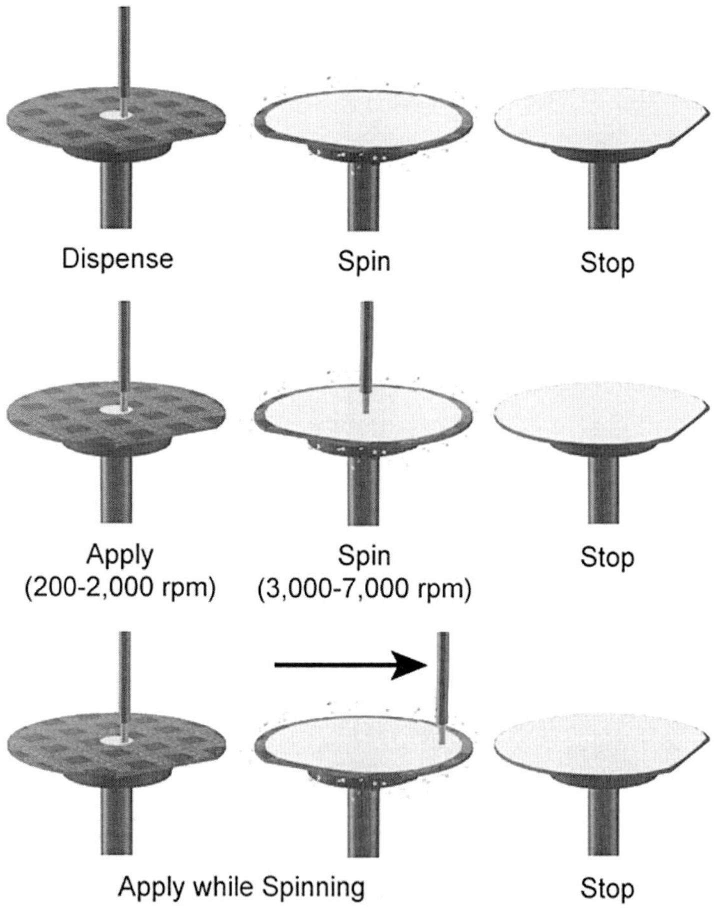

《 그림 11-11 》 감광액 도포 방법

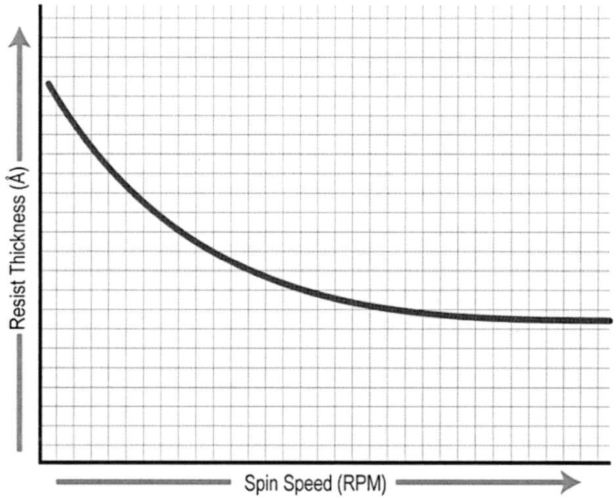

◀ 그림 11-12 ▶ 회전 속도와 감광막 두께 변화

균일한 감광막 두께를 얻기 위해선 최적의 회전 속도가 중요하며 또한 적정한 양의 감광액을 붓는 것도 중요하다. 특히 감광액이 부족한 것도 문제지만 과할 경우 웨이퍼의 측면과 하부에도 감광막이 형성될 수 있다. 감광액 도포가 과해서 웨이퍼 측면에 묻은 감광액은 노광 작업이나 기타 후속 작업에서 문제를 일으킬 수 있으므로 EBR(Edge Bead Removing) 공정으로 제거한다.

◀ 그림 11-13 ▶ 감광액 디스펜싱 양에 따른 도포 결과

◀ 그림 11-14 ▶ EBR 작업

(3) 소프트 베이크(soft bake)

감광액에서 용제가 차기하는 비중은 약 75%인데, 이는 다중체와 감응제 보관을 위한 용해 역할만 하므로 후속 공정을 위해 충분히 제거되어야 한다. EBR 공정까지 마치면 상당량의 용제가 증발해서 없어지지만 잔류 용제를 없애기 위해 80~120[℃]에서 소프트 베이크 작업을 해 준다. 소프트 베이크를 마치면 감광막 내부의 용제 함유량은 7% 이내로 줄어들며 감광막과 하부막의 접착력이 강화된다. 만일 소프트 베이크를 과하게 진행하면 감광막이 열에 의해 경화되어 이후 노광에 대한 감도가 줄어든다. 소프트 베이크 이후 웨이퍼는 후속 공정인 정렬과 노광 작업을 위해 상온으로 냉각시키는 과정이 필요하다.

(4) 정렬(alignment)

준비된 감광막에 빛을 이용하여 포토 마스크의 회로 패턴을 전사하기 위해 웨이퍼를 노광 장비에 장착한 다음 원하는 위치에 정렬하는 과정이 필요하다. IC 제작에는 20~30장의 사진 작업이 소요되므로 매번 이들이 정확한 위치에 정의될 수 있도록 이전 패턴을 보고 포토 마스크의 위치를 맞추는 것이다. 정렬을 돕기 위한 보조 패턴(align key, align mark)은 보통 포토 마스크의 외곽에 형성되어 있다. 이 패턴을 보고 수동으로 정렬하거나 혹은 광학적으로 인식해서 공정 규격이 요구하는 공간 정밀도에 맞게 자동으로 정렬할 수 있다.

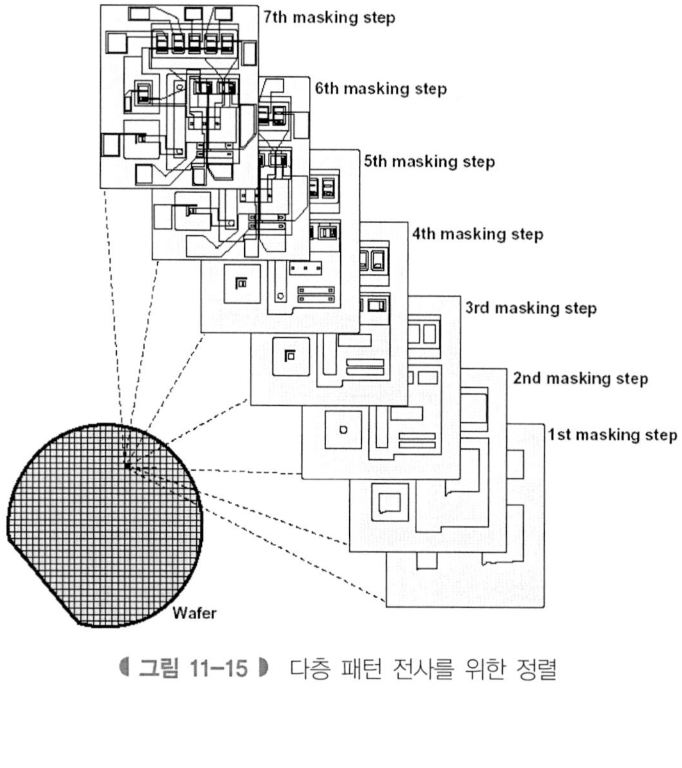

그림 11-15 다층 패턴 전사를 위한 정렬

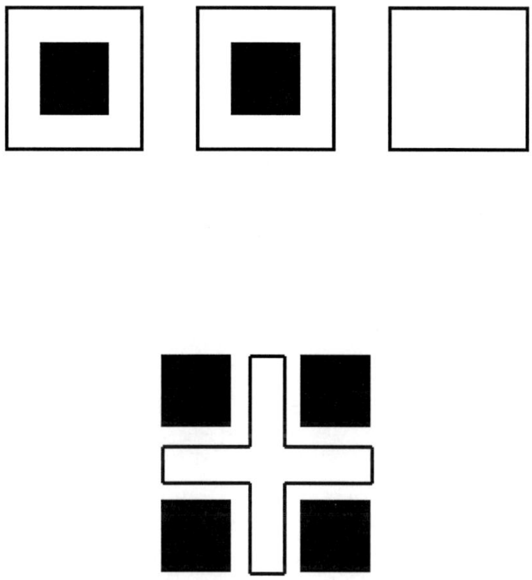

❰ 그림 11-16 ❱ 정렬키를 이용한 정렬

1 노광(exposure)

정렬 직후 마스크를 통해 선택적으로 광 에너지를 인가하는 과정을 노광이라고 한다. 노광 과정에서 빛의 파동성에 의해 회절이 생기는데 특히 파장이 길수록 이 영향이 커진다. 결국 노광을 통해 형성되는 패턴의 분해능(resolution)은 빛의 파장(λ)에 비례하므로 노광 장비용 광원의 파장대는 점차 줄어드는 추세이다.

$$\text{Resolution} = K_1 \cdot \frac{\lambda}{NA}$$

K_1 : process constant
λ : wavelength of illuminating light source
NA : Numerical aperture

노광 장비용 광원으로는 주로 고압 수은등에서 나오는 자외선(UV)을 필터로 걸러낸 단일 파장의 광을 사용한다. 파장에 따라 에너지가 다르기 때문에 적정 노광 시간은 달라지는데 일반적으로 높은 에너지로 노출을 길게 하는 편이 해상도 측면에서 우수하다. 과거에는 파장이 436[nm]인 g-line과 365[nm]인 i-line을 주로 사용했으나 현재는 248[nm], 193[nm] 파장대의 DUV(deep UV) 광원이 사용되고 있다. 앞으로는 레이저 광원과 같이 더 짧은 파장대의 EUV(extreme UV) 광원이 사용될 예정이다.

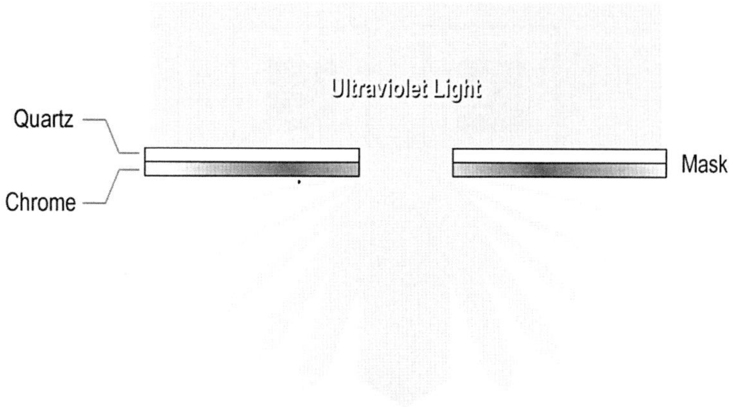

◀ 그림 11-17 ▶ 노광 시 회절 현상

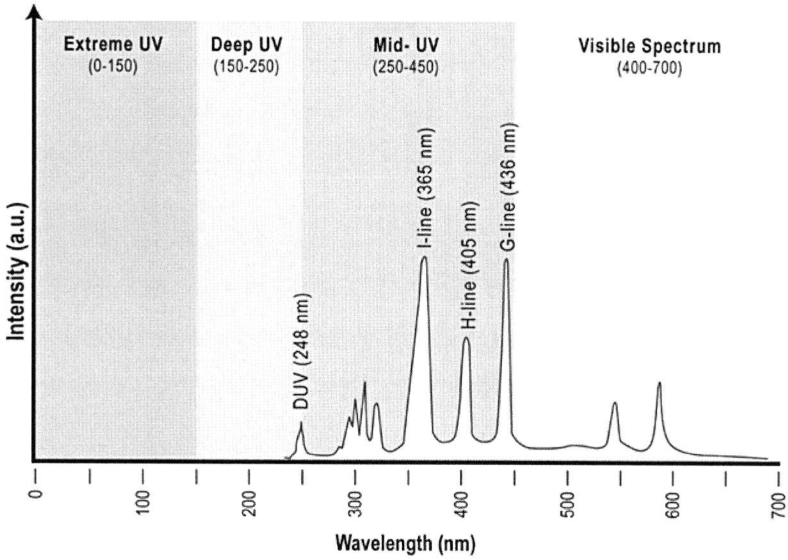

◀ 그림 11-18 ▶ 노광 장비용 광원의 스펙트럼 분포

노광 작업은 웨이퍼 전면에 걸쳐 한 번에 균일한 광을 조사하거나 혹은 국부적으로 노광한 다음 이동해서 노광을 반복하는 방식으로 나눌 수 있다. 한 번에 노광하는 경우는 웨이퍼와 포토 마스크의 크기가 동일해야 하는 반면, 국부적으로 노광을 반복하는 경우는 마스크의 크기가 웨이퍼보다 작아도 되는데 이를 레티클(recticle)이라고 한다. 레티클의 패턴은 웨이퍼에 형성할 패턴과 동일한 크기일 필요는 없으며 주로 확대해서 크게 만들어 놓은 레티클 패턴을 광학계로 축소하는 과정을 거치므로 해상도를 크게 높일 수 있다.

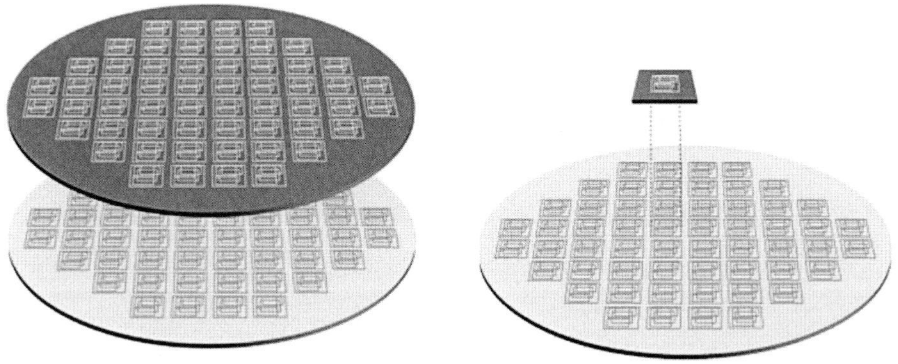

《 그림 11-19 》 포토 마스크와 레티클

포토 마스크를 통해 한 번에 노광하는 장비를 마스크 얼라이너(mask aligner)라고 하는데 이 장비로 수행하는 노광은 접촉(contact) 방식과 근접(proximity) 방식으로 구분한다. 앞서 살펴본 회절광의 영향을 고려한다면 접촉 방식이 해상도 면에서 좋지만 포토 마스크와 감광막의 접촉을 피할 수 없어 오염이 발생할 수 있다. 한편 레티클을 이용한 경우는 투사(projection) 방식을 이용하는데 웨이퍼와 레티클 사이의 간격이 멀지만 광학계를 통해 높은 해상도를 얻을 수 있다.

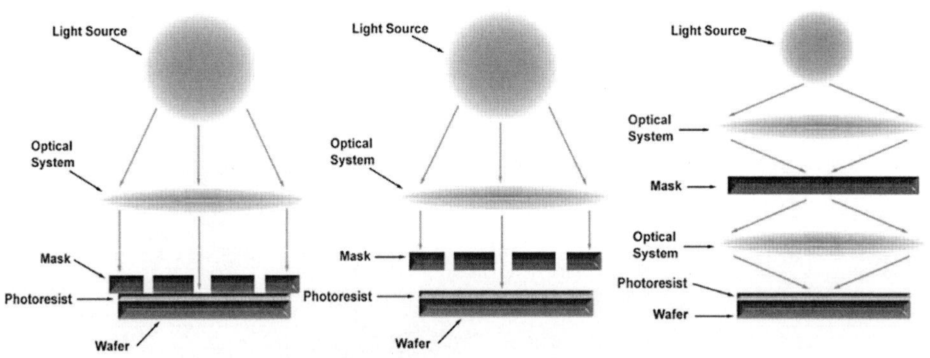

《 그림 11-20 》 노광 방식의 비교

포토 마스크와 마찬가지로 레티클에 오염 물질이 있으면 웨이퍼의 전면에 동일하게 전사되므로 레티클의 청정도는 매우 중요하다. 일반적으로 투사 노광 장비용 레티클 패턴은 웨이퍼에 형성할 패턴 크기의 5~10배 크게 만든 뒤 축소해서 노광하므로 오염원의 영향은 상대적으로 줄어든다. 보통은 5:1 축소 노광을 많이 사용한다. 축소 투사 노광은 한 번에 노광하는 면적이 작아서 마스크 얼라이너에 비해 빛의 균일성을 확보하기 쉽고 마스크 패턴이 확대되어 있으므로 레티클 제작 시 패턴 오차에 대한 여유분(margin)이 크다.

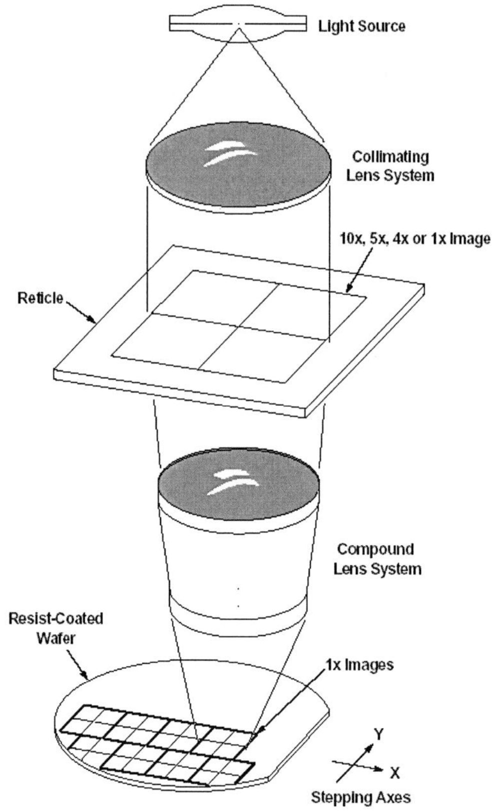

◀ 그림 11-21 ▶ 투사 노광

레티클을 이용한 투사 방식 노광 장비로는 스테퍼(stepper)와 스캐너(scanner)를 들 수 있다. 스테퍼는 레티클에 해당하는 웨이퍼의 일정 영역을 한 번에 노광하고 이어서 위치를 옮겨가면서(step and repeat) 웨이퍼 전면에 걸쳐 노광을 진행하는 방식이다. 한편 패턴이 미세해짐에 따라 노광 과정에서 빛의 균일성이 더욱 요구된다. 스캐너는 슬릿(slit)을 통한 빛을 사용하기 때문에 노광 면적이 작아서 빛의 균일성이 더욱 높아진다는 장점이 있다.

2 노광 후 베이크(PEB, Post Exposure Bake)

노광을 마친 후 현상 작업을 하기 전에 110~130[℃]에서 열처리하는 PEB 과정이 필요하다. PEB 과정을 통해 마지막 남은 잔류 용제가 추가적으로 제거되어 웨이퍼와 감광막의 접착도가 좋아지고 기계 화학적으로 감광막이 안정해지는 효과도 있지만 주된 목적은 정재파 현상에 의한 감광막 패턴 단면의 변형을 줄이기 위함이다. 즉 빛이 감광막을 통과한 다음 하부면에서 반사가 일어나면 입사광과 반사광의 상호작용으로 정재파가 형성되어 결국 깊이 방향으로 주기적으로 다른 크기의 노광 에너지가 작용한다.

정재파의 영향은 큰 패턴에서는 중요하지 않지만 전사할 패턴이 작아지면 문제가 된다. 이를 해소하는 방법은 열처리를 통해 노광 영역 측면의 감응제를 확산시켜서 평탄화하면 상당 부분 개선할 수 있다.

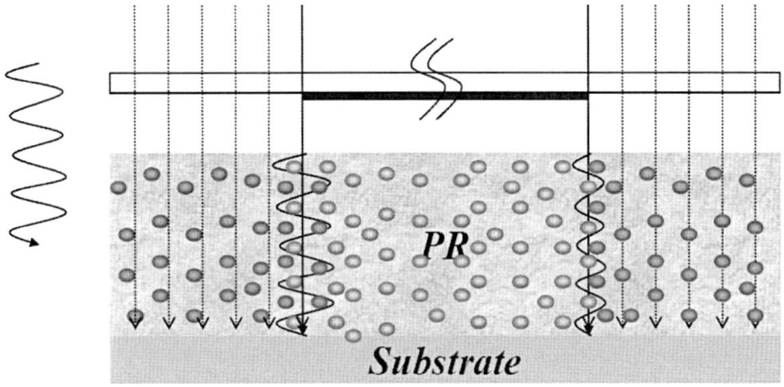

◖ 그림 11-22 ◗ 정재파에 의한 감응제 영향

3 현상(develop)

현상은 노광 에너지에 의해 분자 구조가 달라진 감광막을 선택적으로 제거하는 과정이다. 이를 위해선 웨이퍼 표면에 현상액을 균일하게 도포하는 작업이 필요하다. 과거에는 현상 용액 통에 다수의 웨이퍼를 동시에 담그는(immersion) 방식을 많이 사용했는데 이는 일괄 작업으로 생산성을 높일 수 있지만 현상액 소모량이 많고 웨이퍼 오염 가능성 때문에 생산 현장에서는 거의 사용되지 않는다. 대신 연속 스프레이 분사 방식이나 퍼들(puddle) 방식을 많이 사용하는데 퍼들 방식은 감광막 도포와 유사한 과정을 거치기 때문에 현상과 세정, 건조를 동일 장비에서 일련의 작업으로 한 번에 할 수 있다는 장점이 있다.

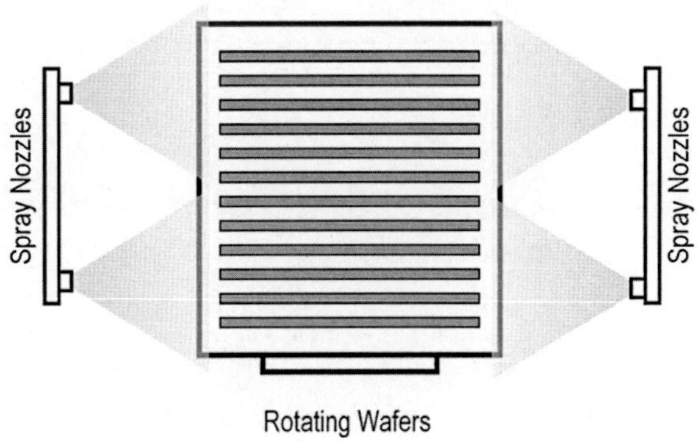

◖ 그림 11-23 ◗ 연속 스프레이 현상 작업

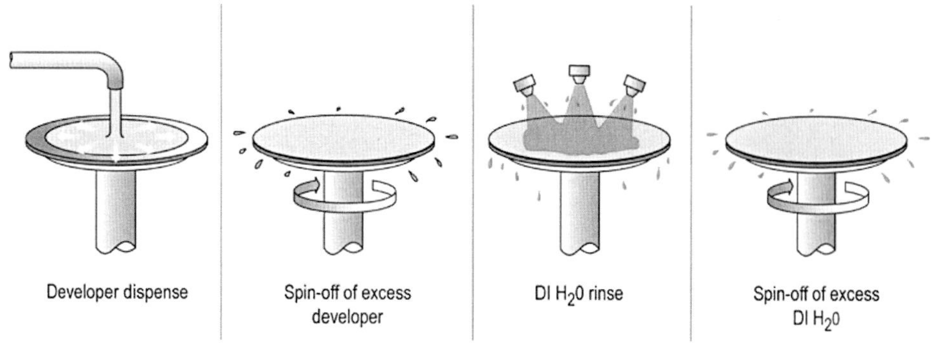

《 그림 11-24 》 퍼들 방식 현상 작업

4 하드 베이크(hard bake)

현상 과정을 거쳐 감광막 패턴 전사가 완료되면 세정과 건조 과정을 거친다. 먼저 웨이퍼를 회전시킨 상태에서 상하면에 탈이온수(DI wafer)를 분사하면서 세정하고, 이어 고속으로 웨이퍼를 회전시키면 건조된다. 건조 후에는 마지막으로 남은 잔류 용제와 습기를 제거하기 위해 110~150[℃]에서 하드 베이크 과정을 거치는데, 이 과정이 과하게 되면 감광막 패턴이 변형되거나 지나치게 경화될 수 있다.

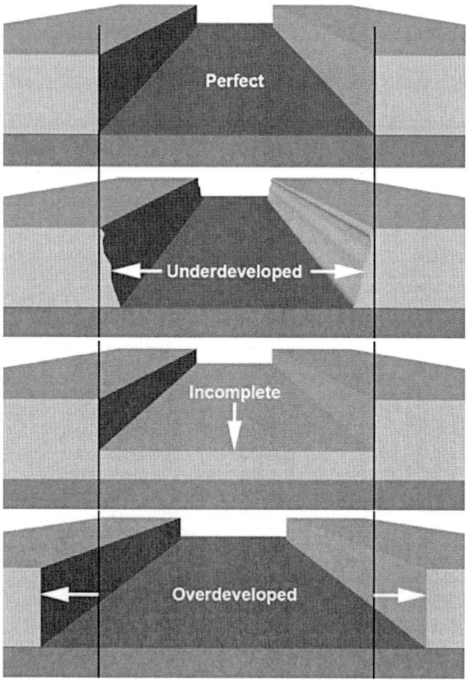

《 그림 11-25 》 감광막 현상 패턴

5 검사(inspection)

하드 베이크 후에는 전사된 감광막 패턴을 사용하는 후속 공정을 진행해야 하므로 이 단계에서 패턴 검사를 자세히 진행해야 한다. 특히 현상이 덜 된 부분이나 아예 현상이 되지 않은 부분 혹은 현상이 과하게 된 부분 등을 검사해서 이상이 없으면 후속 공정을 수행한다. 만일 이상이 있다면 감광막 패턴을 제거하고 재작업을 진행하면 된다.

사진 작업을 모두 마치고 나면 형성된 감광막 패턴을 마스크로 사용하여 식각 공정이나 불순물 주입 공정을 진행한다. 후속 작업까지 마친 상태가 되면 더 이상 필요 없는 감광막 패턴을 제거하는 과정이 필요하다. 감광막 제거 공정은 용제나 전용 스트리퍼(stripper)를 이용한 습식 처리 방식과 O_2와 반응시켜 태워 없애는 애싱(ashing) 방식이 있다.

11.2 식각 공정

11.2.1 식각 공정 개요

식각 공정이란 사진 공정의 결과물인 감광막 패턴을 이용하여 웨이퍼 표면의 물질을 선택적으로 제거하는 공정이다. 주로 사진 공정의 후속으로 진행하며 설계 의도대로 박막 패턴을 웨이퍼에 전사시키는 과정의 일환이라고 볼 수 있다. 예를 들어 산화막 패턴을 형성하려면 그 위에 감광막을 형성하고 사진 작업으로 감광막 패턴을 만든 다음 이를 마스크로 하부 산화막을 선택적으로 제거하는 일련의 단계를 거쳐야 한다.

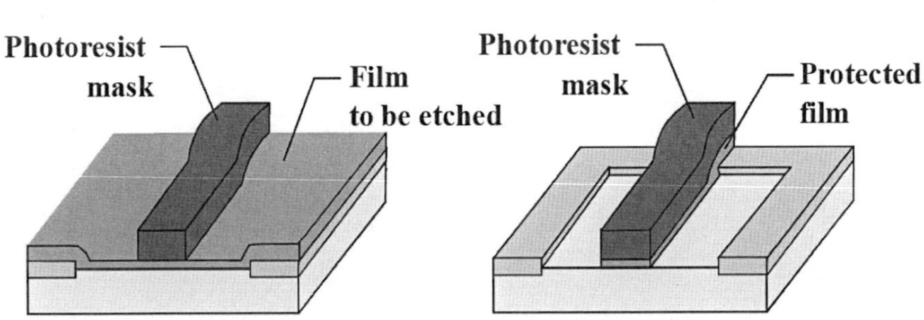

《 그림 11-26 》 박막의 선택적 제거

식각 공정의 성능은 크게 식각률(etch rate)과 선택비(selectivity), 식각 균일성(uniformity), 로딩 효과(loading effect) 등으로 평가할 수 있다. 먼저 식각률이란 식각 공정에서 얼마나 빠르게 막이 제거되는지로 정의한다.

$$etch\ rate,\ x = \frac{\Delta thickness}{etch\ time}$$

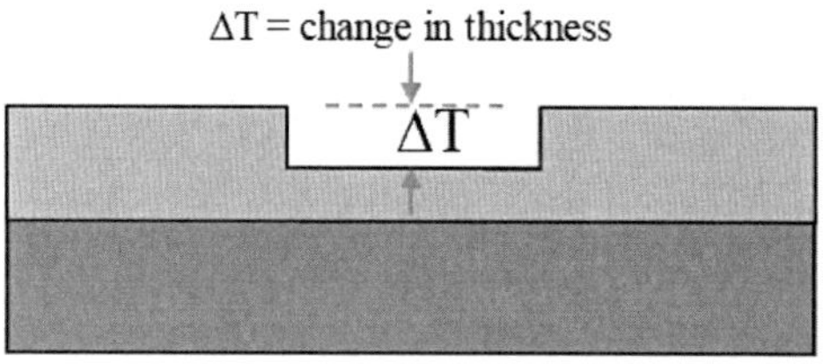

《 그림 11-27 》 식각률의 정의

선택비는 이종의 물질을 동일 조건에서 식각할 때 발생하는 물질 간의 식각률 차이를 말한다. 예를 들어 감광막 패턴을 마스크로 하부 산화막을 식각한다면 산화막의 식각률에 비해 감광막의 식각률이 낮아야 한다. 즉 감광막에 대한 산화막의 선택비가 높아야 한다는 의미이다.

$$selectiity = \frac{etch\ \ rate\,2}{etch\ \ rate\,1}$$

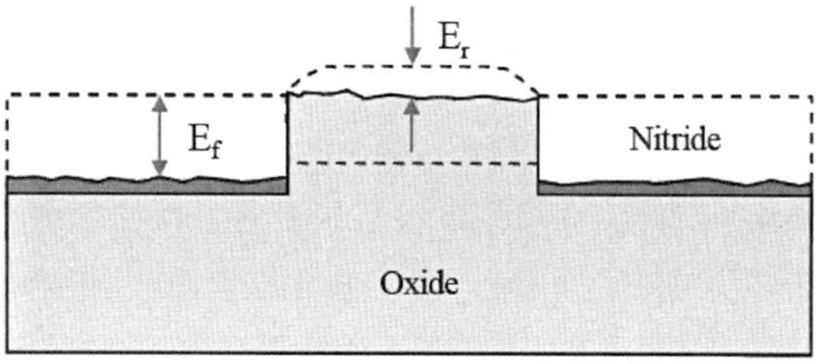

《 그림 11-28 》 식각 선택비

식각 균일도는 웨이퍼가 식각되는 과정에서 얼마나 일정하게 진행되는지를 나타내는 것으로 웨이퍼 내(within wafer) 균일도와 웨이퍼 간(wafer to wafer) 균일도가 있다. 일반적으로 균일도는 웨이퍼의 여러 부분에서의 식각률을 측정하여 평균 식각률($\overline{x}$)과 식각률 표준 편차(σ_x)를 구해서 계산한다.

$$\overline{x} = \frac{x_1 + x_2 + x_3 + \cdots + x_N}{N}$$

$$\sigma_x = \sqrt{\frac{(x_1 - \overline{x})^2 + (x_2 - \overline{x})^2 + (x_3 - \overline{x})^2 + \cdots + (x_N - \overline{x})^2}{N-1}}$$

$$\text{Standard deviation Nonuniformity} = \frac{\sigma}{\overline{x}} \times 100\%$$

$$\text{Max-Min Nonuniformity} = \frac{x_{MAX} - x_{MIN}}{2\overline{x}} \times 100\%$$

한편 식각할 패턴의 형상에 따라 식각률의 차이가 나기도 하는데 이를 로딩 효과(loading effect)라고 한다. 일반적으로 단면비가 클수록 식각률이 낮아지며, 동일한 단면비라면 식각할 영역이 많은 부위의 식각 속도가 느려진다.

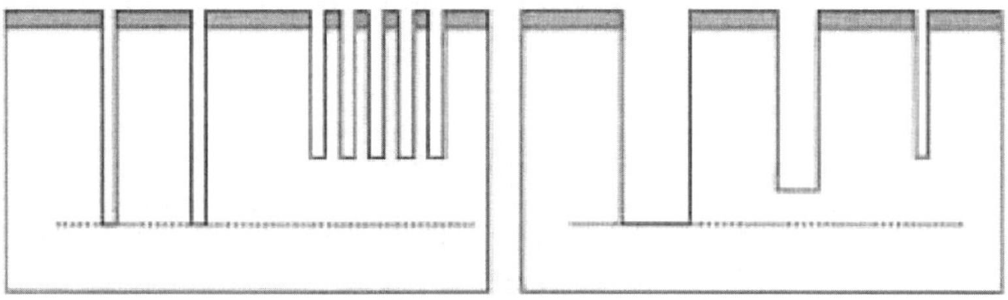

《 그림 11-29 》 식각 공정의 로딩 효과

11.2.2 식각 방식

(1) 물리적 식각과 화학적 식각

식각 메커니즘은 크게 물리적 식각과 화학적 식각으로 구분할 수 있다. 먼저 물리적 식각은 이온을 가속하여 식각할 물질을 때리는 과정에서 충격으로 스퍼터링되는 현상을 이용한다. 따라서 이온이 작용하는 방향으로 식각이 주로 일어나므로 방향성이 있다. 반면 화학적 식각은 표면에서의 화학 반응을 이용하여 부산물을 제거하는 것이므로 방향성이 없다는 점이 크게 다르다.

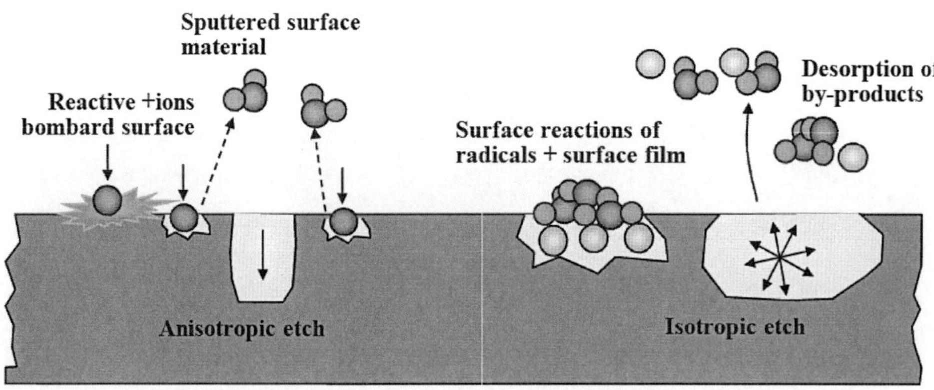

《 그림 11-30 》 물리적 식각과 화학적 식각

(2) 습식 식각과 건식 식각

식각 공정은 작업 방식에 따라 습식 식각과 건식 식각으로 구분할 수 있다. 먼저 습식 식각은 용액과의 화학 반응을 이용하여 막을 제거하는 공정으로 일괄 작업이 가능하고 식각 속도도 빠르게 유지할 수 있다. 그러나 식각 특성이 모든 방향으로 유사하기 때문에 정확한 패턴을 형성하기 어렵다는 단점이 존재한다.

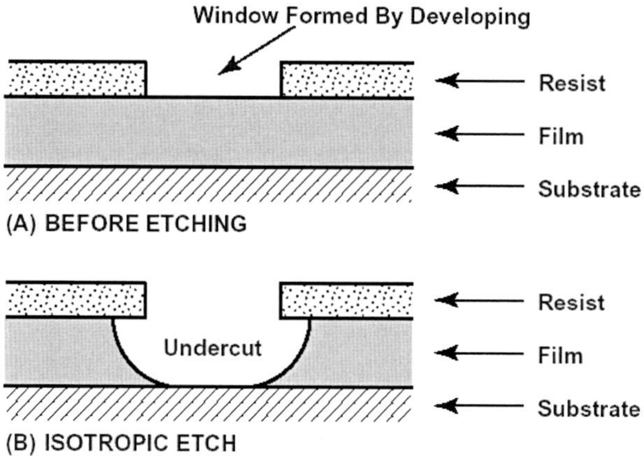

❰ 그림 11-31 ❱ 습식 식각

예를 들어 산화막을 불산 용액에 담그면 화학 반응에 의해 수용성 물질인 H_2SiF_6로 변하는 것이 대표적이 예이다.

$$SiO_2(solid)+6HF(aq) \rightarrow H_2SiF_6(aq)+2H_2O(liquid)$$

이에 반해서 건식 식각은 반응 기체에 의한 화학적 반응과 물리적 반응이 혼합된 방식으로 일반적으로 반응성 이온 식각(Reactive Ion Etching, RIE)이라고 총칭한다. 건식 식각은 이방성 식각 특성을 갖는데 국부적으로 식각 후 측면을 폴리머로 보호하고 다시 식각을 반복하는 과정을 거치면 단면비가 매우 큰 이방성 식각 패턴을 만들 수 있다.

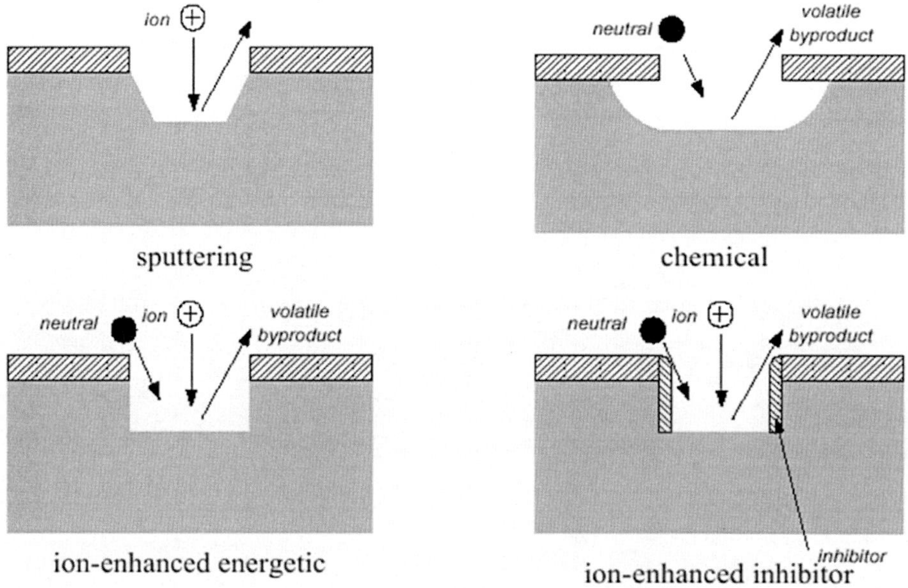

【 그림 11-32 】 반응성 이온 식각

불순물 주입 공정

CHAPTER 12

p형 또는 n형 반도체를 만들기 위해 Si 웨이퍼에 III족 혹은 V족의 불순물(dopant)을 주입하는 방법으로 크게 열 확산(thermal diffusion) 공정과 이온 주입(ion implantation) 공정이 있다.

12.1 열 확산 도핑 공정

불순물 주입을 위한 열 확산은 800~1,200[℃]의 고온 전기로 속에 웨이퍼를 두고 불순물이 포함된 기체를 흘리면서 진행한다. 이때 특정한 영역에만 불순물을 주입하기 위해선 산화(SiO_2)막이나 질화(Si_3N_4)막 패턴을 마스크로 사용하면 된다. 그러나 열에 의한 확산은 방향성이 없어서 수직뿐 아니라 수평 방향으로도 작용하기 때문에 정확한 불순물 주입 영역 형성이 어렵다. 따라서 미세한 영역보다는 넓은 면적에 일괄적으로 불순물을 주입하는 경우에 주로 사용한다.

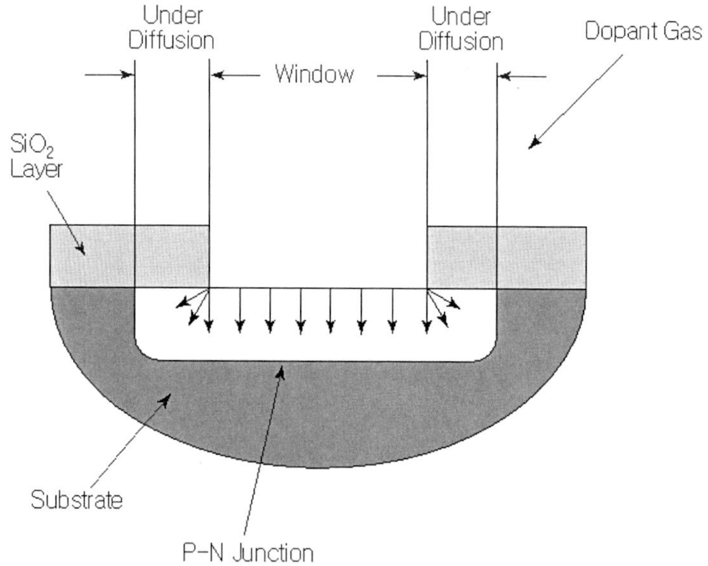

【그림 12-1】 열 확산 도핑 공정

열 확산 도핑 공정에 사용하는 불순물은 액체나 기체 소스 혹은 고체 소스도 이용할 수 있는데 모두 반응로 속에서는 기체 상태로 Si에 작용한다. 열 확산 도핑 공정에 사용하는 대표적인 기체 소스로는 PH_3(Phosphine), B_2H_6(Diborane)··· 등이 있으며 액체 소스는 $POCl_3$(Phosphoryl chloride), BBr_3(Boron tribromide) ··· 등이 있다. 고체 소스로는 B_2O_3 (Boron trioxide) 웨이퍼를 주로 사용한다. 열 확산 도핑 장비는 열산화막 성장을 위한 전기로와 유사하며 다만 불순물을 공급하는 장치만 다를 뿐이다.

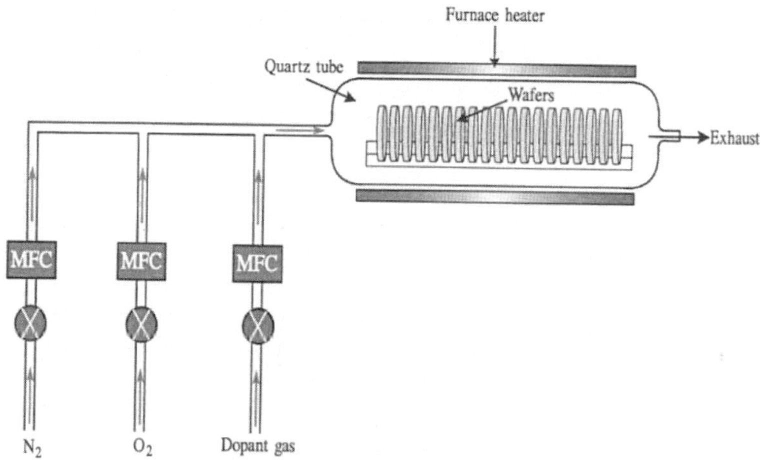

◀ 그림 12-2 ▶ 기체 소스 방식 열 확산 도핑 장비

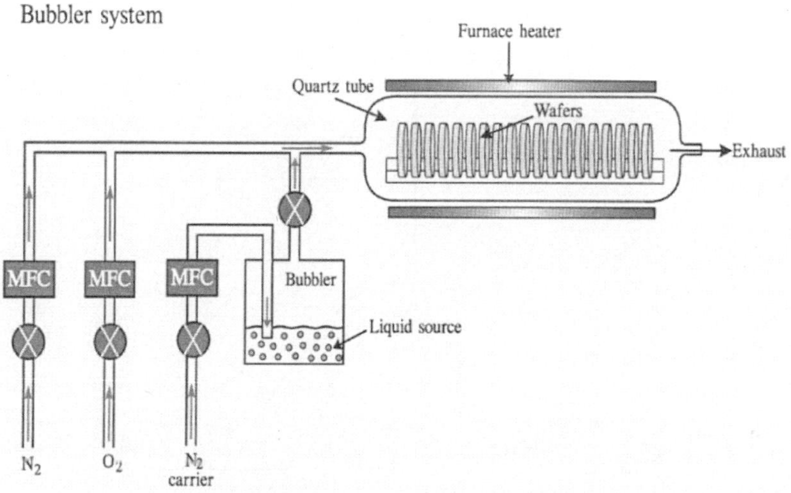

◀ 그림 12-3 ▶ 액체 소스 방식 열 확산 도핑 장비

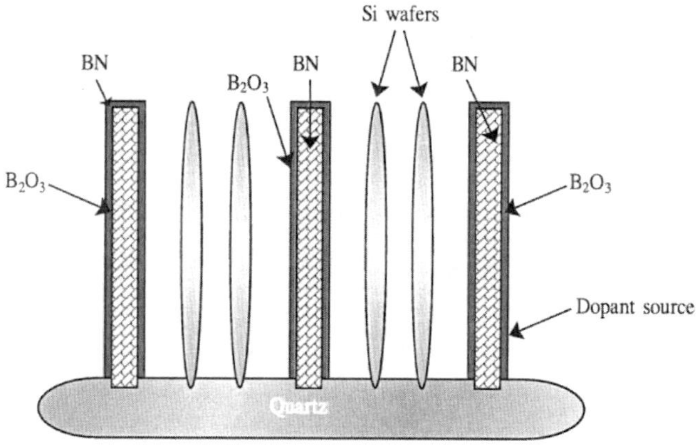

❰ 그림 12-4 ❱ 고체 소스 방식 열 확산 도핑 장비

열 확산에 의한 불순물 주입을 위해선 프리데포지션(pre-deposition)과 드라이브인(drive-in) 2단계로 작업을 진행한다. 프리데포지션은 불순물을 웨이퍼 표면에 도입하는 과정으로 불순물을 공급하면서 진행되기 때문에 표면에 고농도의 불순물층이 형성된다. 따라서 농도 분포는 표면이 가장 높고 깊이 방향으로는 급속히 감소하는 분포이다. 액체 소스의 예를 들면 기화된 소스가 같이 흘려준 O_2와 반응하여 Si 표면에 불순물이 포함된 산화막을 형성하고, 이 산화막에 포함된 불순물이 웨이퍼에 도입되는 방식이다.

- n형

  $4POCl_3 + 3O_2 \rightarrow 2P_2O_5 + 6Cl_2$

  $2P_2O_5 + 5Si \rightarrow 4P + 5SiO_2$

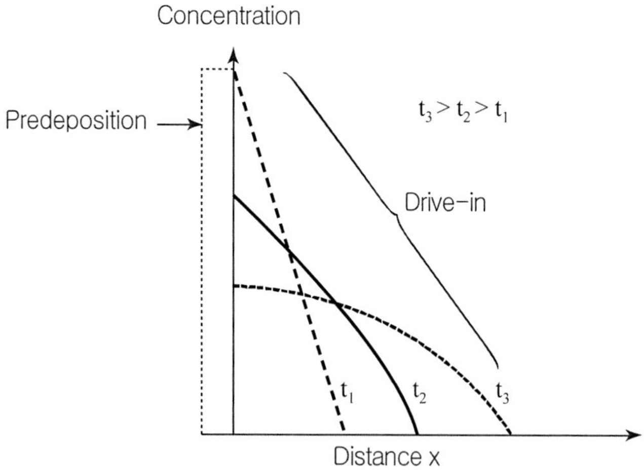

❰ 그림 12-5 ❱ 열 확산 도핑 공정에서 불순물 분포 변화

- p형

$$4BBr_3 + 3O_2 \rightarrow 2B_2O_3 + 12Br$$

$$2B_2O_3 + 3Si \rightarrow 4B + 3SiO_2$$

드라이브인은 불순물 소스를 더 이상 공급하지 않는 상태에서 이미 도입된 불순물을 열 에너지를 이용하여 원하는 깊이까지 확산시키는 공정이다. 결국 프리데포지션 과정에서 결정된 불순물 총량이 재분포하는 것이므로 공정 조건에 따라 분포 특성만 달라진다.

12.2 이온 주입 공정

이온 주입에 의한 도핑은 III족 또는 V족의 불순물을 이온화하여 적절한 에너지로 가속시킨 상태에서 Si 웨이퍼에 직접 주입하는 방식이다. 이때 특정한 영역에만 불순물을 주입하기 위해 산화막이나 감광막을 마스킹 물질로 이용한다.

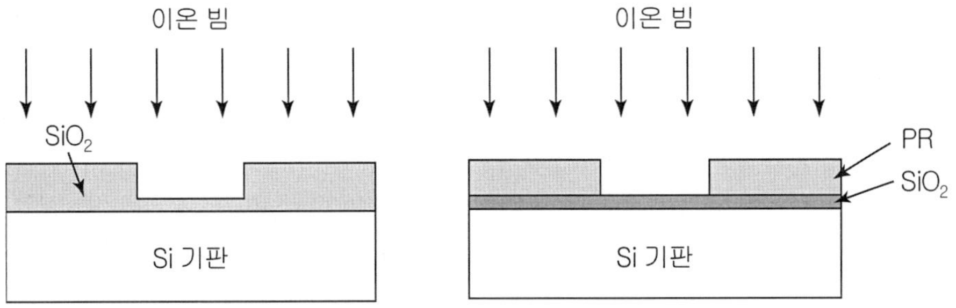

그림 12-6 이온 주입 공정

이온 주입 방식은 불순물을 웨이퍼에 수직 방향으로 직접 주입시키므로 정확한 면적에만 불순물 영역을 정의하는 것이 가능하다. 또한 이온 주입량과 에너지를 조절하면 불순물 영역의 깊이와 농도를 쉽게 조절할 수 있다. 그러나 가속된 이온이 웨이퍼 내의 Si과 충돌을 하는 과정에서 Si 격자 구조에 결정 결함을 발생시킬 수 있으므로 열처리 공정이 필요하다.

이온 주입 공정에서 중요한 변수는 가속된 이온이 갖는 에너지([eV])와 단위 면적([cm^2])당 입사되는 이온의 개수이다. 에너지 크기에 따라 입사된 이온이 Si 내부에 자리잡는 위치가 달라지며, 최대 농도를 갖는 위치를 중심으로 가우시안(Gaussian) 분포를 가진다. 이때 웨이퍼 표면에서 깊이 방향으로 최대 농도를 갖는 위치를 투사거리(projection range, R_p)로 표시하는데 이온 주입 에너지가 클수록 그리고 주입하는 불순물의 원자량이 작을수록 투사거리는 증가한다.

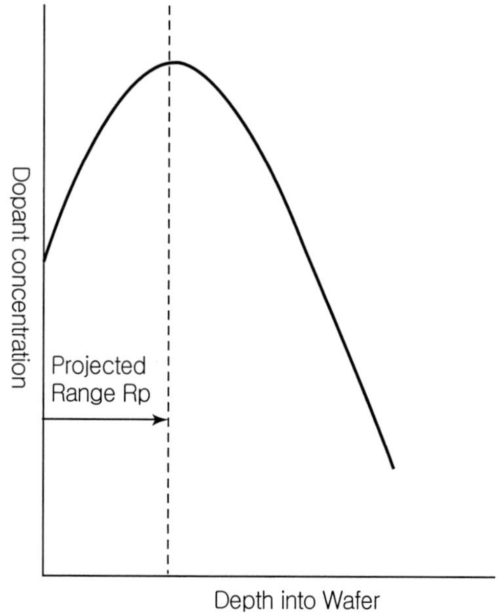

❰ 그림 12-7 ❱ 이온 주입에 의한 불순물의 분포

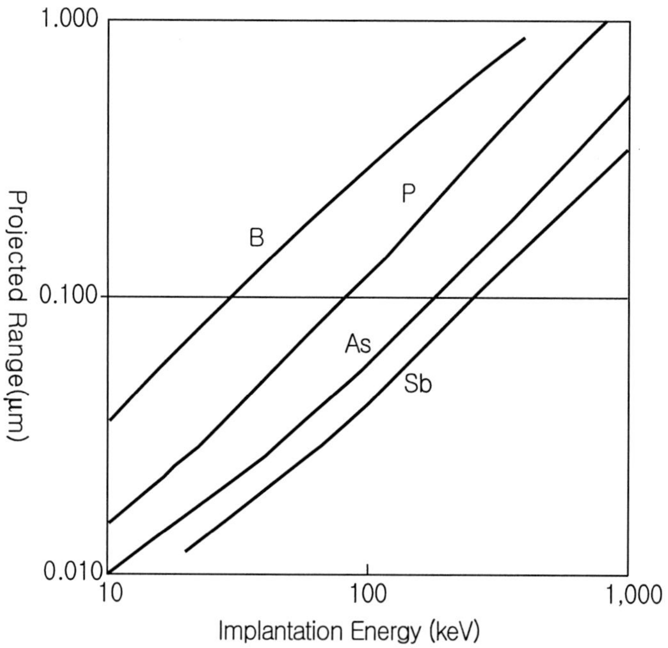

❰ 그림 12-8 ❱ 이온 주입 에너지와 불순물 원자량에 따른 투사거리 변화

따라서 이온을 가속해서 주입하는 에너지를 달리하면서 몇 차례 반복 주입하면 깊이 방향으로 균일한 분포를 얻을 수도 있다. 한편 도즈(dose)량은 단위 면적([cm^2])당 입사된 이온의 개수이므로 이에 의해 불순물의 농도 즉 단위 체적(cm^3)당의 불순물 수도 정해진다.

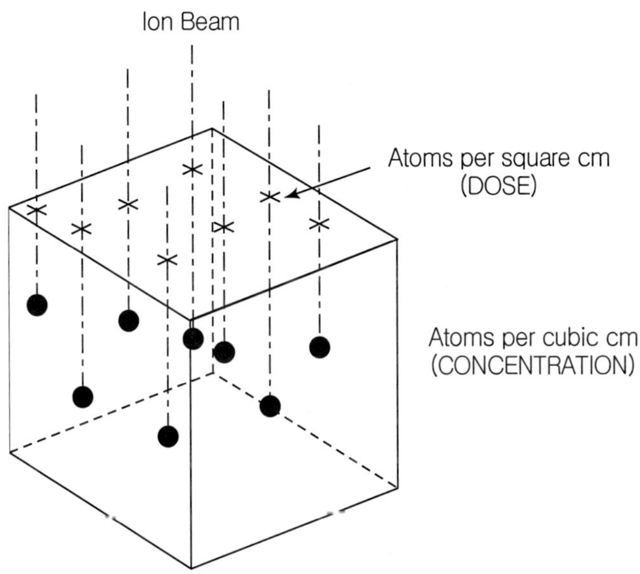

《 그림 12-9 》 이온 주입량과 불순물 농도

이온 주입 장비는 용량에 따라 크게 중전류형, 고전류형, 고에너지형으로 구분한다. 이온 주입 장비의 대략적인 구조를 살펴보면 우선 불순물 가스를 이온화시켜 이온 소스를 만들고 가속 집속하는 과정에서 어낼라이저 마그넷(analyzer magnet)에 의해 특정한 질량의 이온만 선별적으로 통과시켜서 집속한다. 이 이온들을 다시 가속시키고 일정 직경으로 최종 집속한 상태에서 스캐너(scanner)를 이용하여 이온 빔이 웨이퍼 전체를 스캔하는 방식으로 구성되어 있다.

한편 가속된 상태로 주입된 이온은 실리콘 격자와의 충돌에 의해 에너지를 잃는 과정에서 정지하는 위치가 결정되는데, 이 중에서 단결정 Si의 결정 구조상 원자간 배열 틈으로 주입되는 이온은 격자와의 충돌 확률이 작기 때문에 정상적인 가우시안 분포보다 훨씬 깊게 주입될 수 있다. 이를 채널링(channeling) 현상이라고 하며 이를 막기 위해 표면에 얇은 산화막을 형성한 상태에서 이온 주입 공정을 진행하거나 혹은 웨이퍼를 일정 각도로 기울인 상태에서 주입하는 것이 일반적이다.

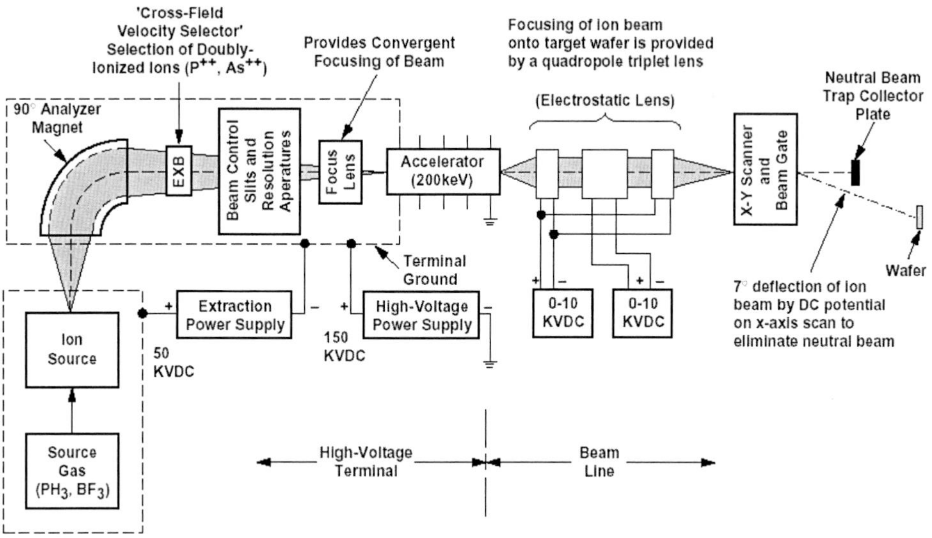

《 그림 12-10 》 이온 주입 장비 구조

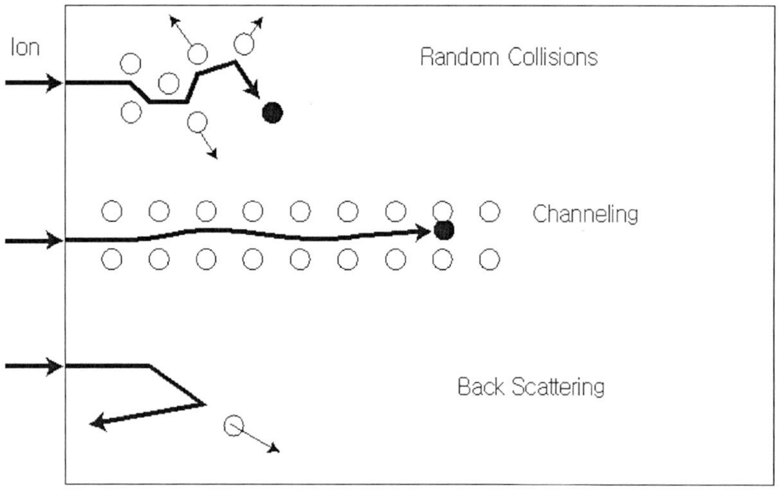

《 그림 12-11 》 이온 주입 시 채널링 현상

가속 주입된 이온은 Si 원자와 충돌해서 운동 에너지를 잃고 정지하므로 이 과정에서 실리콘 원자들이 제자리를 이탈하는 결함이 생길 수 있다. 이 결함은 원자량이 큰 이온을 주입할 때 더 많이 발생하는데 이를 치유하는 열처리 공정을 어닐링(annealing)이라고 한다. 어닐링은 전기로(furnace)나 RTP(Rapid Thermal Process) 장비에서 진행하는데, 전기로의 경우 원치 않는 열 확산 효과가 발생하므로 짧은 시간에 열처리할 수 있는 RTP 장비가 주로 많이 사용된다.

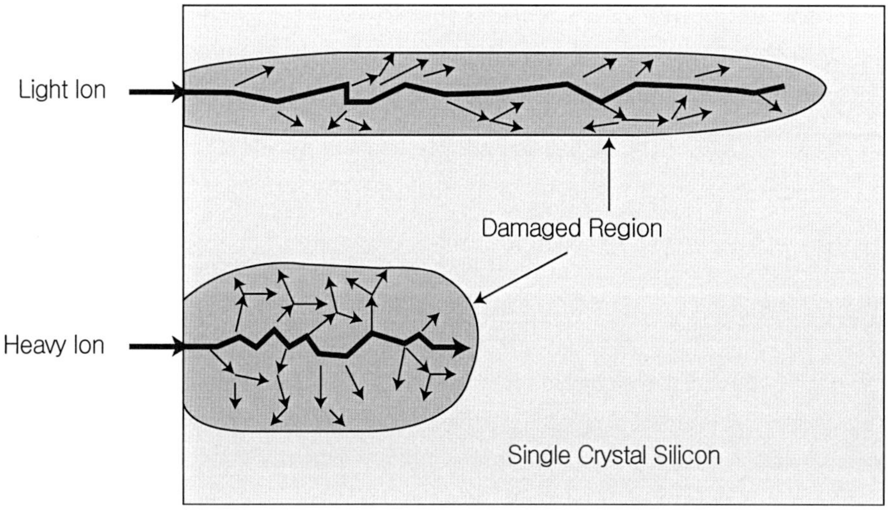

《 그림 12-12 》 이온 주입 과정에서 결정 격자의 결함 발생

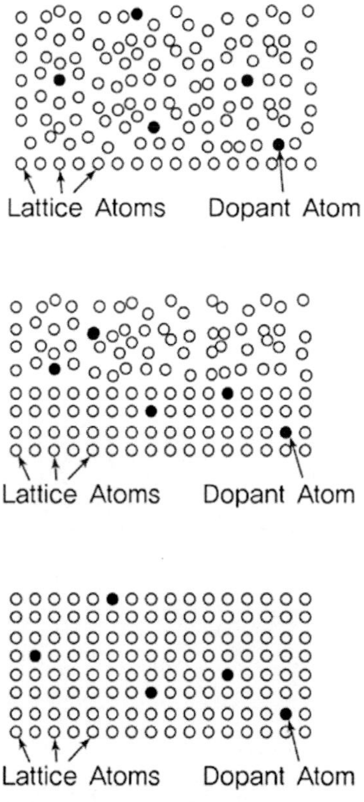

《 그림 12-13 》 어닐링을 통한 격자 결함 해소

불순물을 주입한 영역의 저항값은 비저항(resistivity, ρ)의 크기와 도핑 영역의 형상으로 결정된다. 여기서 도핑 영역의 형상은 단면적과 길이로 결정되는데 일반적으로 도핑 깊이는 전체 저항 영역에서 일정하므로 결국 패턴의 폭과 길이가 형상에 대한 설계 변수라고 볼 수 있다. 도핑 특성에 따라 변하는 비저항을 두께로 나눈 물성치를 면저항(sheet resistance, ρ_s)이라고 한다면, 결국 전체 저항값은 면저항의 크기와 패턴의 폭에 대한 길이의 비율로 결정할 수 있다.

$$R[\Omega] = \rho \cdot \frac{L}{A} = \frac{\rho}{t} \cdot \frac{L}{W} = \rho_s \cdot \frac{L}{W}$$

$\rho[\Omega \cdot \text{cm}]$: resistivity

$\rho_s[\Omega/\square] = \frac{\rho}{t}$: sheet resistance

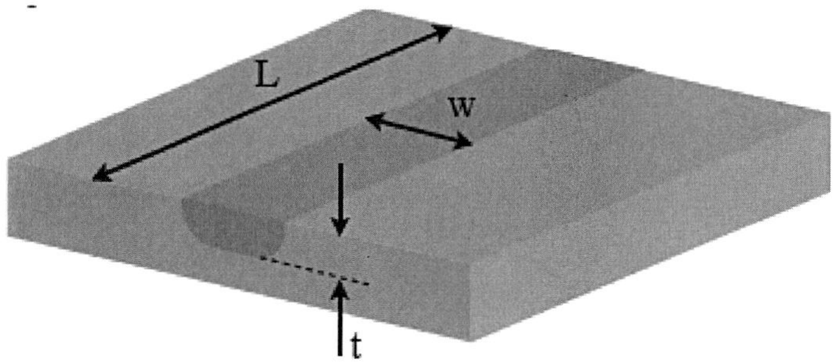

《 그림 12-14 》 비저항과 면저항

CHAPTER 13

일괄 제조 공정

지금까지 살펴 본 단위 공정들을 이용해 간단한 반도체 소자의 제조 공정을 이해해 보기로 한다. 본 장에서는 다이오드 및 n형 MOSFET의 3차원적 제조 공정도를 제시하였다. 소자의 제조 공정을 이해하기 위한 것이므로 소자의 크기가 크다고 가정하고 barrier metal, W-plug 공정 등은 고려하지 않았다. 다음에 설명할 공정도에서 좌측에 전체 칩을, 우측에 공정 단면도를 나타내었다.

13.1 다이오드 제조 공정 흐름

1. p-type Si wafer, cleaning

2. thermal oxidation

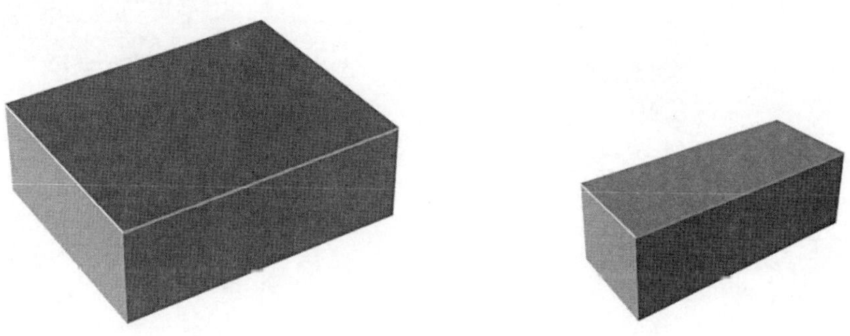

3. PR coating, soft-baking

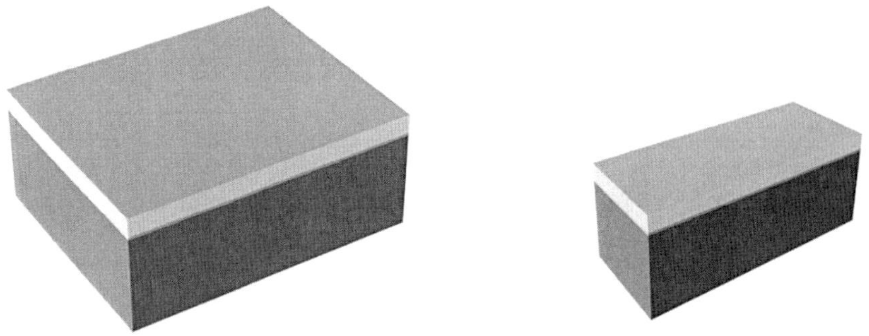

4. n^+ mask: alignment & exposure

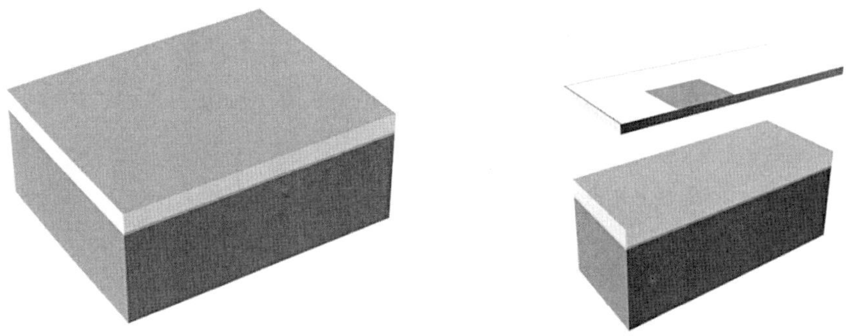

5. develop, hard-baking

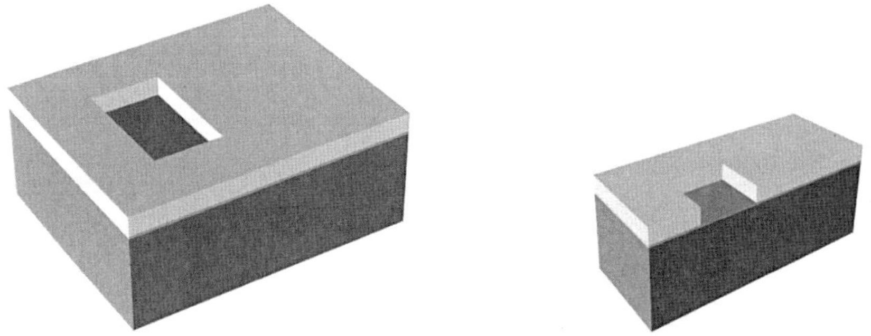

6. p^+ ion implantation

7. PR strip

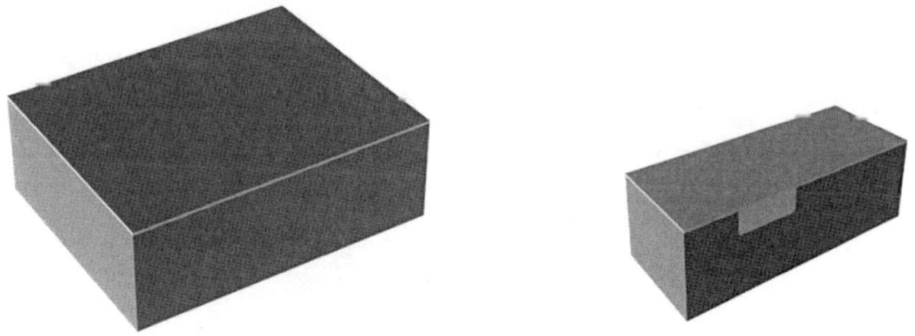

8. PR coating, soft-baking

9. p^+ mask: alignment & exposure

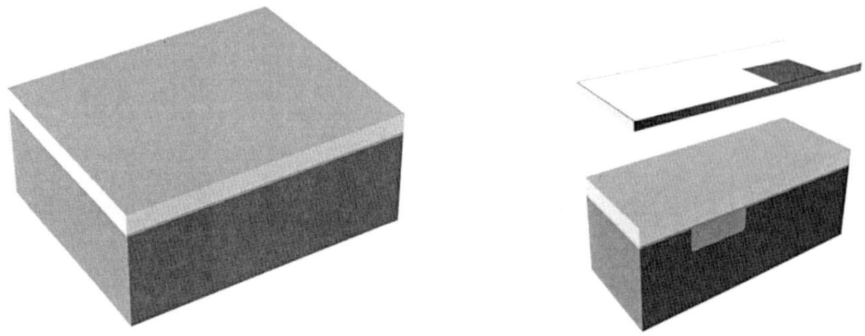

10. develop, hard-baking

11. B^+ ion implantation

12. PR strip

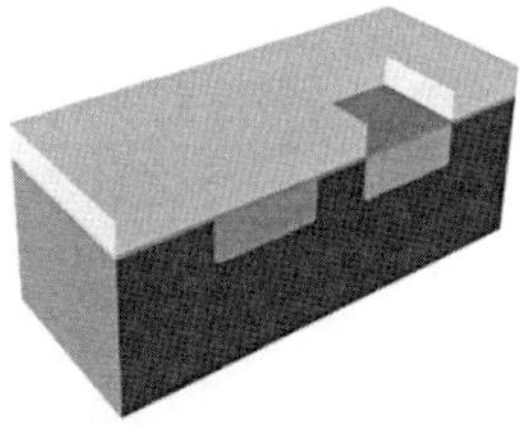

13. thermal oxidation(& implantation annealing)

14. PR coating, soft-baking

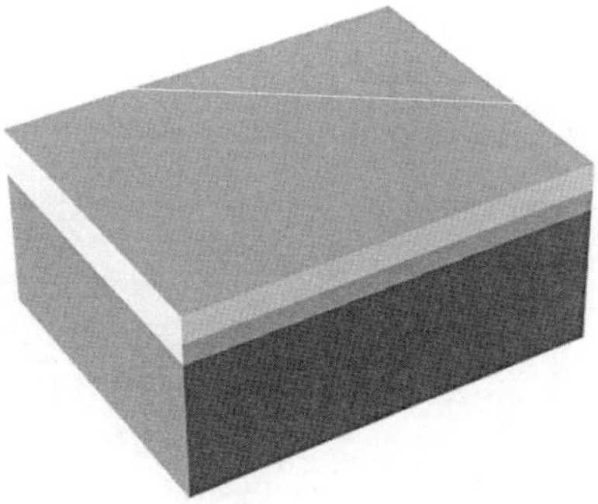

15. contact mask: alignment & exposure

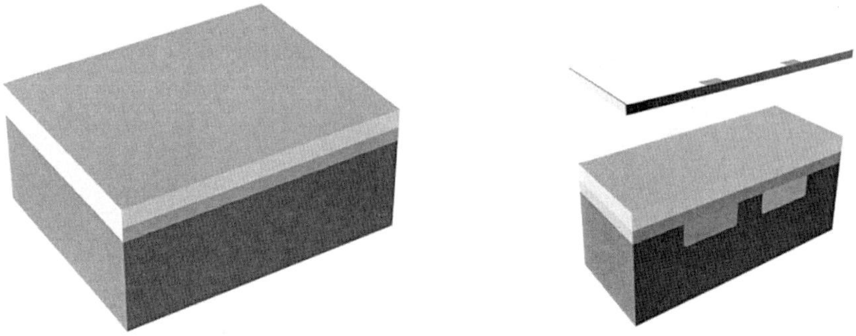

16. develop, hard-baking

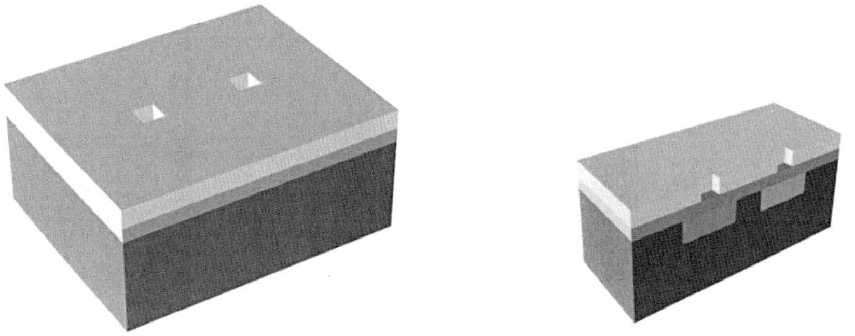

17. oxide etch

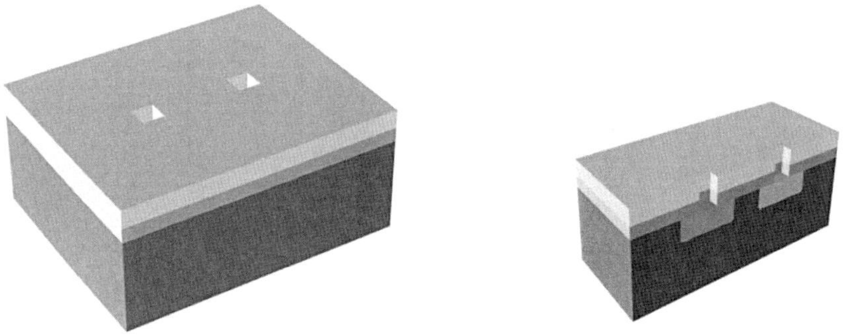

18. PR strip

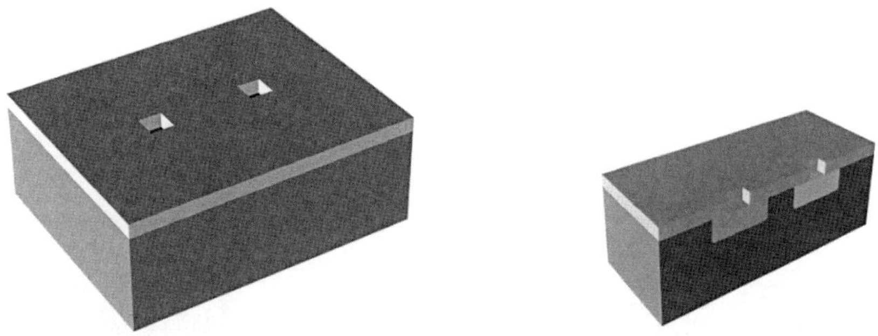

19. Al deposition, heat treatment

20. PR coating, soft-baking

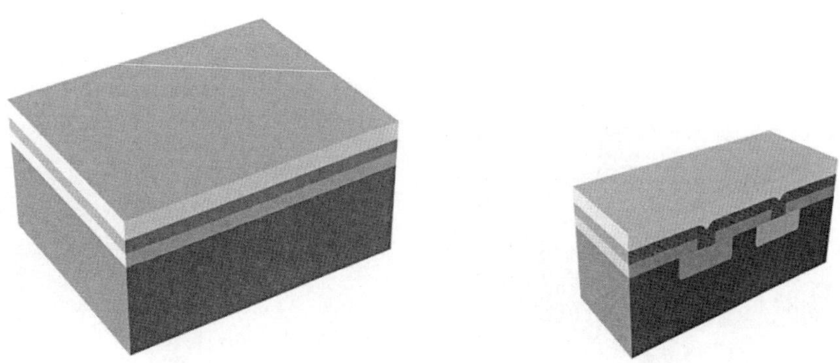

21. metal mask: alignment & exposure

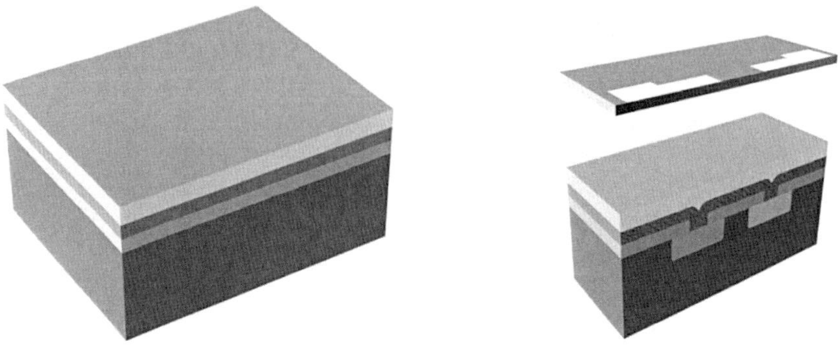

22. develop, hard-baking

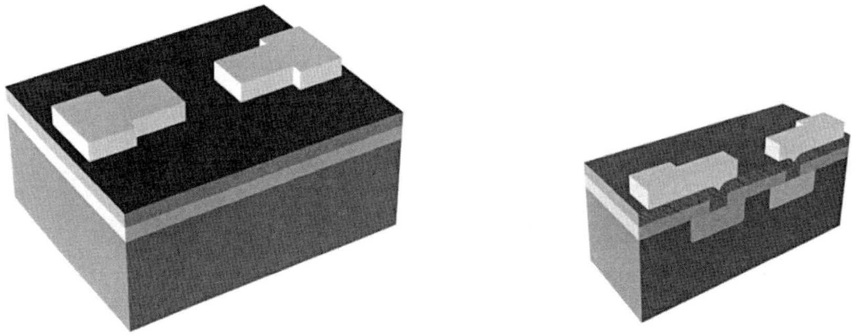

23. Al etch

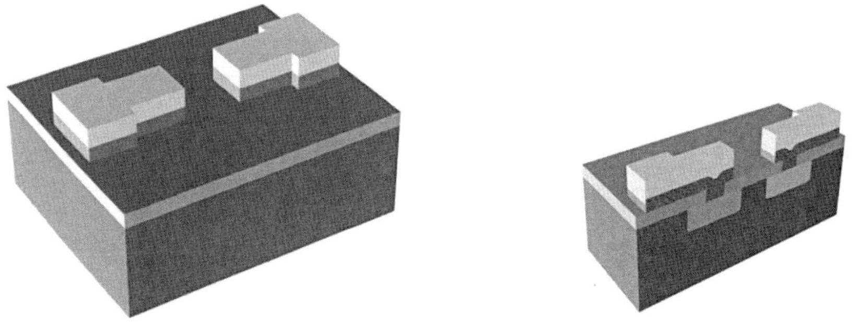

24. PR strip

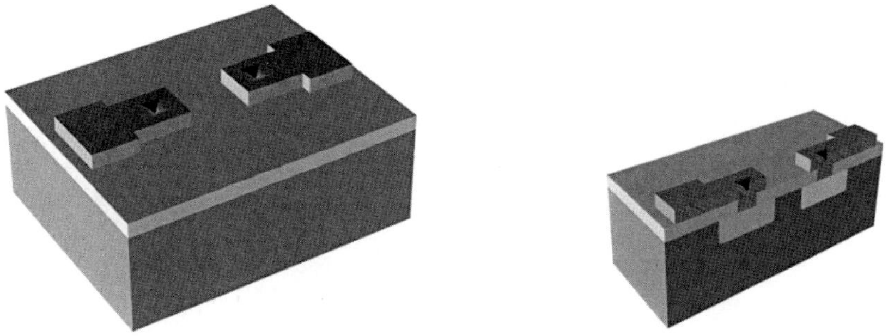

13.2 트랜지스터 제조 공정 흐름

1. p type Si wafer, cleaning

2. thermal oxidation

3. nitride deposition

4. PR coating, soft-baking

5. active mask: alignment & exposure

6. develop, hard-baking

7. nitride etch & oxide etch

8. Si etch

9. PR strip

10. oxide deposition

11. CMP(chemical mechanical deposition)

12. nitride wet etch

13. oxide etch

14. gate oxide growth

15. poly–Si deposition(LPCVD)

16. PR coating, soft–baking

17. gate mask: alignment & exposure

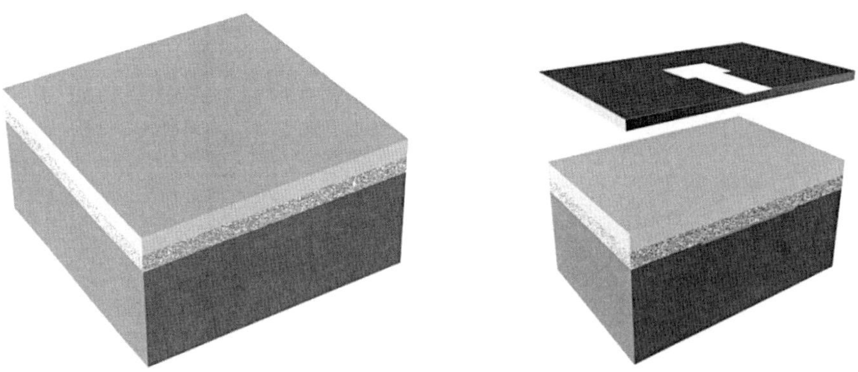

18. develop, hard-baking

19. poly-Si etch

20. ion implantation

21. PR strip, annealing

22. oxide deposition

23. oxide CMP

24. PR coating, soft-baking

25. contact mask: alignment & exposure

26. develop, hard-baking

27. oxide etch

28. PR strip

29. Al deposition, heat treatment

30. PR coating, soft baking

31. Al mask: alignment & exposure

32. develop, hard-baking

33. Al etch

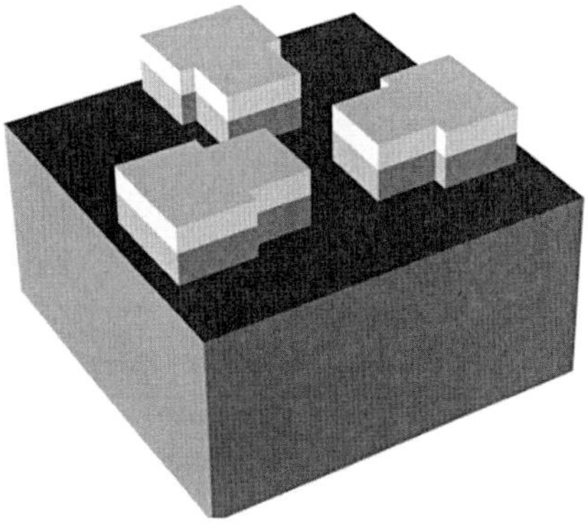

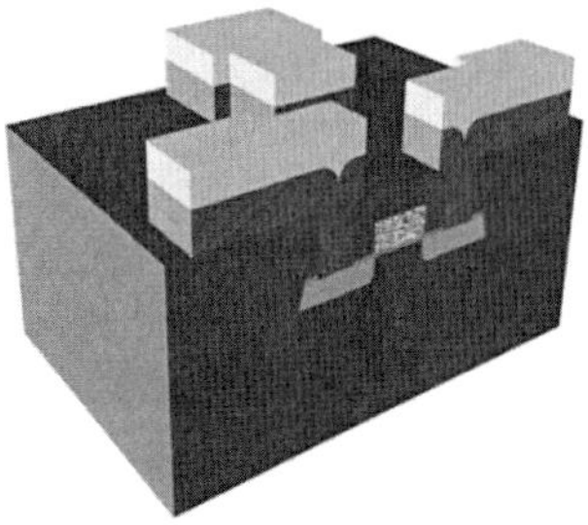

34. PR strip

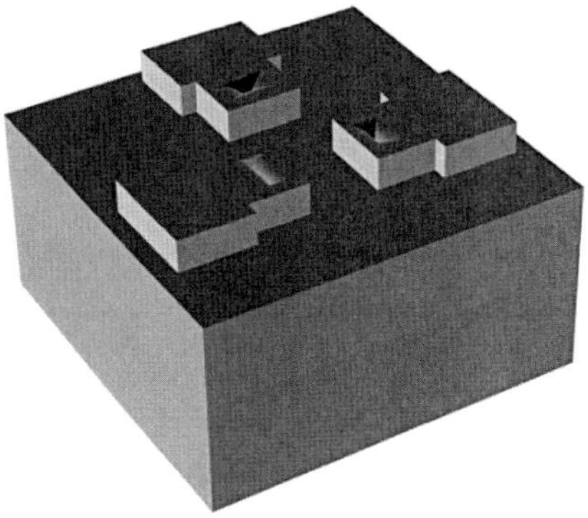

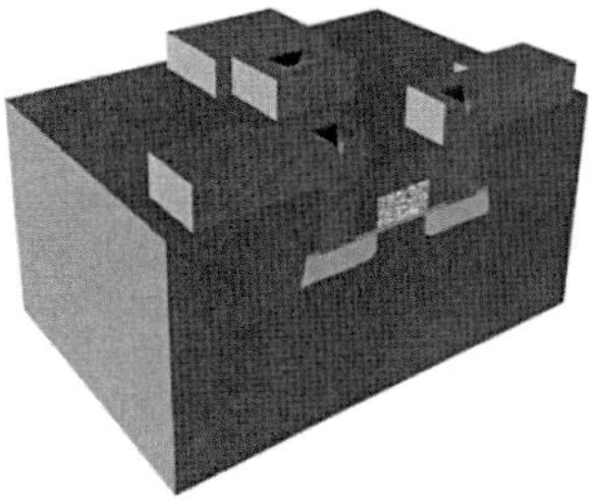

PART 4

솔라셀 기술

실리콘 솔라셀 동작

CHAPTER 14

14.1 pn 접합 솔라셀

14.1.1 실리콘 솔라셀 구조

솔라셀은 광전효과를 이용하는 소자로 다양한 물질과 구조가 존재하는데 거의 대부분 반도체를 소재로 사용하며 구조적으로는 pn 접합형이 주류이다. 현재 가장 많이 사용하고 있는 Si 솔라셀 단면을 살펴보면 기본적으로 p형 실리콘 웨이퍼의 상부를 n형 불순물로 도핑한 pn 접합 다이오드와 동일한 형태를 취하고 있다.

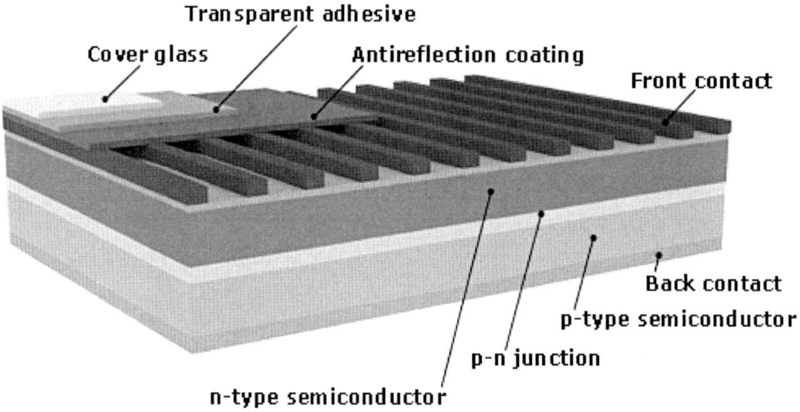

【 그림 14-1 】 pn 접합형 Si 솔라셀 단면도

여기에 태양광이 작용하면 광전효과에 의해 EHP(Electron-Hole Pair)가 형성되고, 이 캐리어가 pn 접합의 특성에 의해 분리된 다음 외부 부하를 통해 이동하면서 광전류(light current)를 형성한다. 이때 전자의 이동 방향을 고려하여 외부 부하로 나가는 Si 솔라셀의 상부 n형 영역을 에미터(emitter), 그리고 전자가 돌아오는 하부 p형 영역은 베이스(base)라고 부른다. 솔라셀로부터 외부 부하에 전력을 공급하기 위한 전극은 솔라셀의 상하부에 형성되어 있으며, 상부면에는 반사에 의한 빛의 손실을 최소화할 수 있도록 무반사 코팅(ARC, Anti-Reflective Coating) 처리가 되어 있다.

14.1.2 광기전력 발생 원리

솔라셀이 전력을 공급하는 원리는 광기전력 효과에 의한 것인데 이를 대략적으로 살펴보면 다음과 같다. 먼저 태양광이 솔라셀 표면을 비추면 에너지 다발인 광자가 솔라셀 내부로 침투하게 되며, Si이 광자가 가진 에너지를 흡수하면서 EHP를 생성한다. 솔라셀의 베이스와 에미터에서 생성된 EHP는 일정 시간 후에는 재결합을 통해 소멸하지만, pn 접합 부근에서 생긴 EHP는 pn 접합의 내부 전계에 의해 이동하므로 광에 의해 생성된 전자는 n형으로 그리고 정공은 p형으로 분리되어 다수 캐리어가 된다.

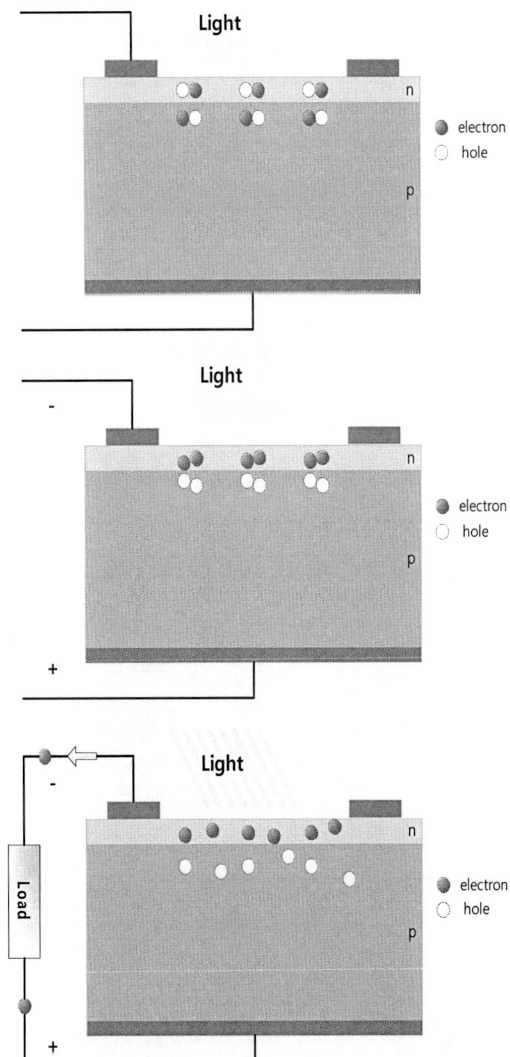

《 그림 14-2 》 솔라셀의 광기전력 발생 원리

한편 솔라셀에 외부 부하를 연결하지 않으면 전류가 흐르지 않아야 하므로 이들 소수 캐리어의 이동을 상쇄할 수 있는 순방향 확산 전류가 형성되어야 한다. 결국 pn 접합에 순방향 바이어스를 가한 상태가 되어야 하므로 p형 베이스가 n형 에미터보다 높은 전위를 형성하게 된다. 이 상태에서 외부 부하를 연결하면 캐리어가 이동하면서 다이오드의 역방향으로 광전류가 흐르므로 외부 부하에 전력을 공급할 수 있게 된다.

14.1.3 솔라셀 출력 특성

pn 접합 솔라셀에 태양광이 작용하지 않는 경우는 일반적인 pn 접합 다이오드와 동일하게 동작한다. 일반적인 다이오드의 전압 전류 특성은 암 포화 전류(I_o)와 열 전압(V_T) 크기에 따라 달라지는데, 평형 상태에서 전류는 흐르지 않지만 순방향 바이어스가 가해지면 지수 함수적으로 급속히 전류가 증가하며, 반대로 역방향 바이어스에서는 미세한 암 포화 전류만 역방향으로 흐른다.

$$I_d = I_o\left[\exp\left(\frac{V_d}{V_T}\right) - 1\right]$$

I_o : dark saturation current
V_T : thermal voltage

$$V_d = 0 \rightarrow I_d = I_o[\exp(0) - 1] = I_o[1-1] = 0[A]$$

$$V_d \gg V_T \rightarrow I_d = I_o\left[\exp\left(\frac{V_d}{V_T}\right) - 1\right] \cong I_o \cdot \exp\left(\frac{V_d}{V_T}\right)[\mathrm{A}]$$

$$V_d \ll V_T \rightarrow I_d = I_o\left[\exp\left(\frac{V_d}{V_T}\right) - 1\right] \cong I_o[0-1] = -I_o[\mathrm{A}]$$

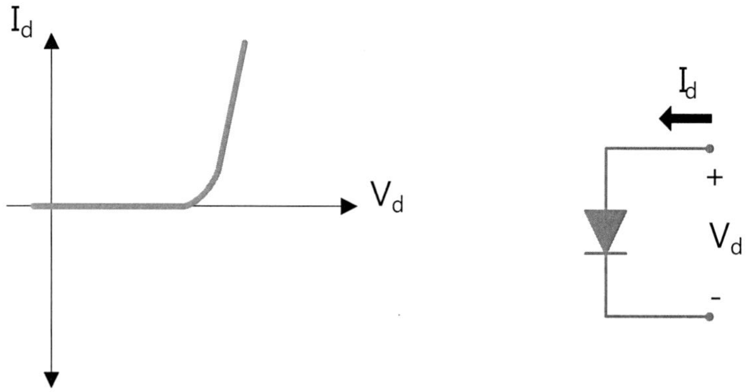

◀ 그림 14-3 ▶ 다이오드 전압 전류 특성

한편 태양광이 작용하는 경우는 다이오드의 전압 전류 특성에 광 생성 전류(I_L)가 중첩된 형태로 동작한다. 따라서 단락회로 상태에서 태양광의 세기에 따라 달라지는 광 생성 전류가 다이오드의 역방향으로 흐르게 되고 개방회로 상태에는 광생성 전류를 상쇄하기 위한 확산 전류가 만들어 지도록 순방향 전압이 다이오드 양 단자에 형성된다.

$$I_d = I_o\left[\exp\left(\frac{V_d}{V_T}\right) - 1\right] - I_L$$

I_L : light generated current

short circuit : $V_d = 0 \rightarrow I_d = I_o\left[\exp\left(\frac{V_d}{V_T}\right) - 1\right] - I_L = - I_L$

open circuit : $I_d = 0 \rightarrow V_d \gg V_T$

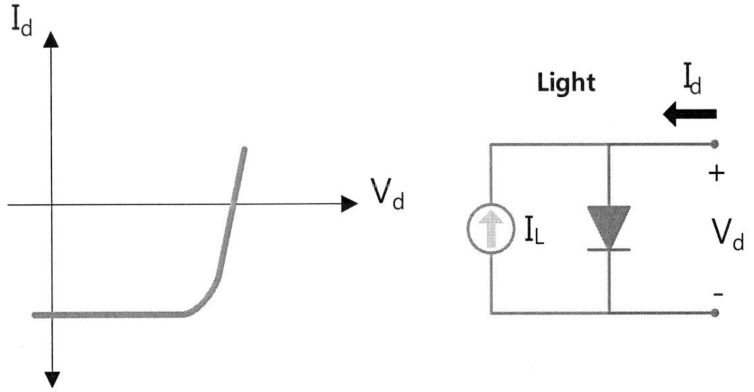

❰ 그림 14-4 ❱ 일조 상태에서 다이오드 전압 전류 특성

이처럼 일조 조건하에서 pn 접합 솔라셀의 동작은 I, III, IV 사분면에 걸치게 되는데 이중 IV 사분면에서 작동할 때는 전력이 0보다 작으므로 에너지를 소비하는 것이 아니라 외부로 공급하면서 동작하게 된다.

- I 사분면 : $V_d > 0,\ I_d > 0 \rightarrow P_d = V_d \times I_d > 0$
- III 사분면 : $V_d < 0,\ I_d < 0 \rightarrow P_d = V_d \times I_d > 0$
- IV 사분면 : $V_d > 0,\ I_d < 0 \rightarrow P_d = V_d \times I_d < 0$

한편 솔라셀의 IV 사분면 동작이 전력을 외부에 공급하는 것이므로 다이오드의 전류 방향만 반대로 표시하면 일반적인 전원과 동일한 방식으로 표현할 수 있다.

$V = V_d$: solar cell voltage

$I = - I_d$: solar cell current

$$I = -I_d = -\left\{I_d = I_o\left[\exp\left(\frac{V_d}{V_T}\right) - 1\right] - I_L\right\} = I_L - I_o\left[\exp\left(\frac{V}{V_T}\right) - 1\right]$$

$$\cong I_L - I_o \cdot \exp\left(\frac{V}{V_T}\right)$$

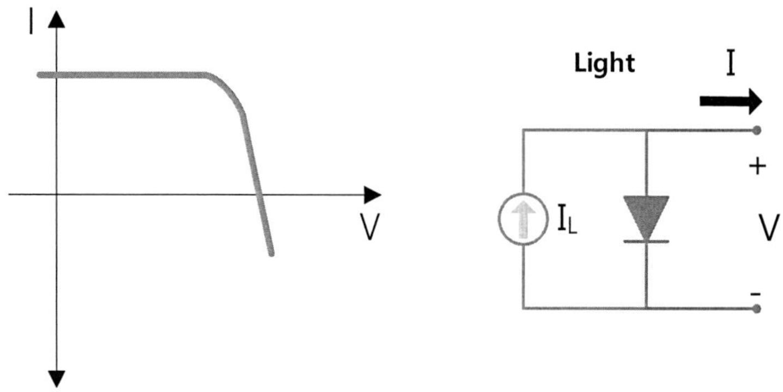

❰ 그림 14-5 ❱ 솔라셀의 전압 전류 특성

이 식으로부터 솔라셀의 중요한 파라미터를 도출할 수 있다. 우선 솔라셀의 단락전류(I_{sc})는 솔라셀 양단 전압이 0일 때 흐르는 전류이므로 광생성 전류(I_L)와 동일하며 일조 강도에 따라 달라지는 값이다. 또 개방전압(V_{oc})은 솔라셀에서 외부로 전류가 흐르지 않는 경우의 전압으로 단락전류와 암 포화 전류(I_o)에 의해 결정된다.

short circuit : $I_{sc}(@V=0) \rightarrow I_{sc} = I_L - I_o \cong I_L$

open circuit : $V_{oc}(@I=0) \rightarrow V_{oc} = V_T \cdot \ln\left(\frac{I_L}{I_o} - 1\right) \cong V_T \cdot \ln\left(\frac{I_L}{I_o}\right) = V_T \cdot \ln\left(\frac{I_{sc}}{I_o}\right)$

14.2 광 생성 전류

14.2.1 광 캐리어 생성률

솔라셀 표면에 태양광이 가해질 때 표면에서 반사되지 않은 광 중에서 일부는 흡수되고 나머지는 투과된다. 여기서 반사 또는 투과되는 태양광의 광자 에너지는 반도체에 전달되지 않으므로 광기전력에 기여하지 못하며, 흡수되는 빛만 캐리어를 생성할 수 있다. 즉 광자의 에너지가 Si의 밴드 갭보다 큰 빛은 반도체에 흡수되는 반면 밴드 갭보다 에너지가 낮은 장파장 광은 캐리어 생성에 기여하지 못하고 투과되는 것이다.

이때 빛이 솔라셀 내부를 진행하면서 특정한 위치에서 흡수되므로 광의 세기는 깊이 방향으로 갈수록 감소되며, 이 감소분이 반도체에 흡수되어 캐리어 생성에 기여하게 된다. 따라서 솔라셀에 광이 흡수되어 캐리어가 생성되는 비율(Generation rate, G)은 표면에서 가장 크고, 깊이 방향으로 갈수록 점차 낮아진다. 이처럼 광 캐리어 생성은 표면 부근에서 주로 발생하므로 솔라셀의 두께를 두껍게 한다고 해서 캐리어 생성이 크게 늘어나는 것은 아니다.

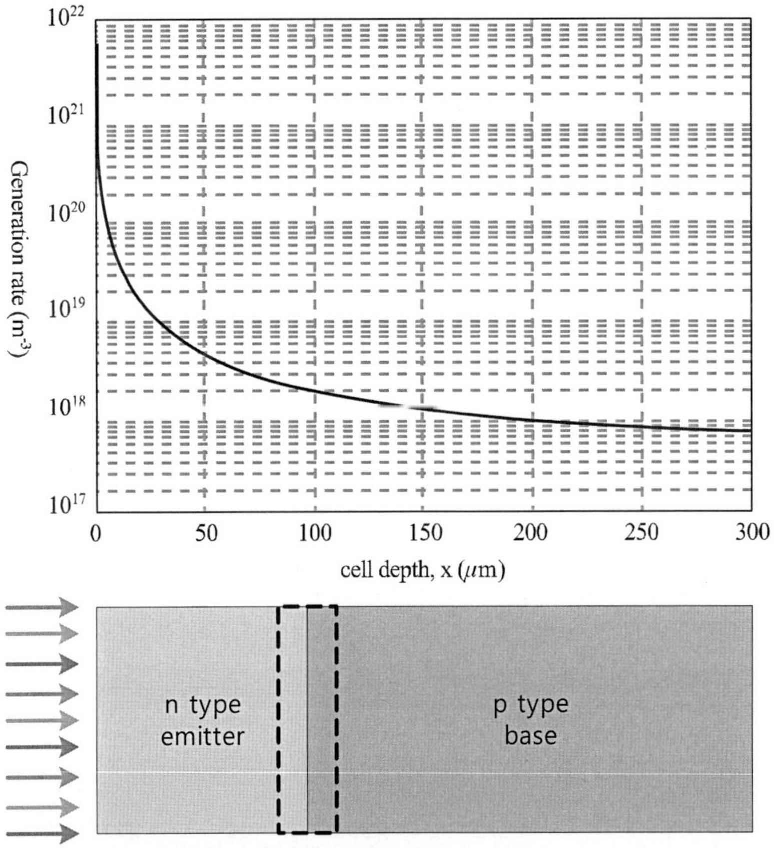

《그림 14-6》 광 투과깊이에 따른 캐리어 생성률

14.2.2 광 캐리어 수집 확률

한편 빛에 의해 생성된 캐리어가 모두 광전류를 형성하는 것은 아닌데, 솔라셀 내부 특정 위치에서 흡수된 광에 의해 생성된 캐리어가 pn 접합 부근에서 광전류를 형성할 수 있는 확률을 캐리어 수집 확률(Collection Probability, CP)이라고 한다. 기본적으로 pn 접합의 공핍층 내에서 생성된 광 캐리어는 내부 전계에 의해 분리되어 대부분 광전류로 작용하지만, 접합 부근에서 멀어질수록 재결합에 의해 소멸될 확률이 크기 때문에 수집 확률은 감소한다. 즉 pn 접합의 공핍 영역에서 생성된 캐리어는 수집 확률이 1 이며, 소수 캐리어의 확산거리 이상 떨어진 지점의 수집 확률은 매우 낮다.

또한 솔라셀 표면은 소수 캐리어 재결합률(Recombination rate, R)이 높기 때문에 수집 확률이 급속히 낮아질 것이다. 광 캐리어 생성과 수집 확률을 동시에 겹쳐서 비교해 보면 pn 접합의 위치가 솔라셀의 표면 근처로 갈수록 유리하다는 것을 알 수 있다. 솔라셀에서 파장이 짧은 청색광에 의한 캐리어는 대부분 표면에서 생성되는데, 낮은 수집 확률 때문에 청색광은 솔라셀의 광 생성 전류에 거의 기여하지 못한다.

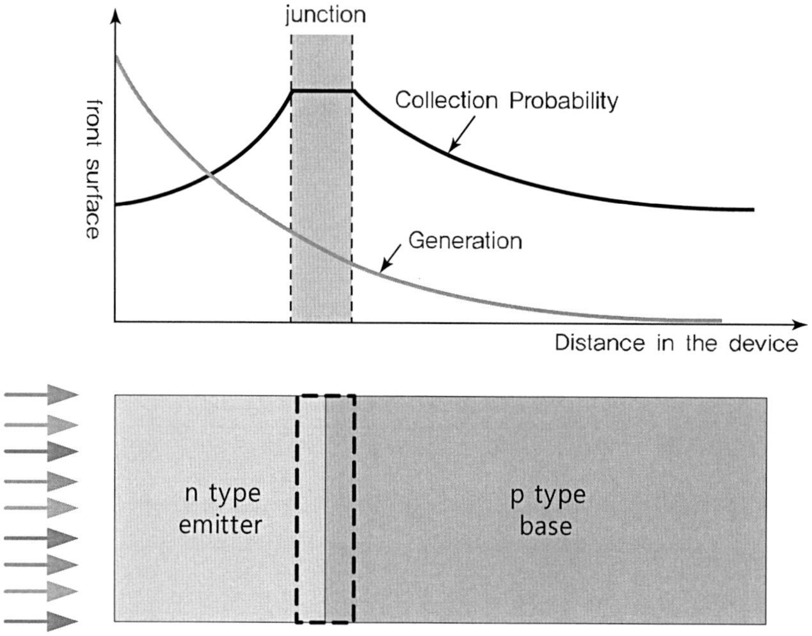

【 그림 14-7 】 솔라셀 깊이에 따른 캐리어 생성률과 수집 확률

솔라셀의 광 생성 전류 밀도 J_L[A/cm^2]은 소자 내부 특정 위치(x)에서의 캐리어 생성률($G(x)$)과 수집 확률($CP(x)$)의 곱을 소자 전체 두께(W)에 대해 적분하면 구할 수 있다.

$$J_L = q\int_0^W G(x) \cdot CP(x)dx = q\int_0^W \left[\int \alpha(\lambda)H_o \exp(-\alpha(\lambda)x)d\lambda \right] \cdot CP(x)dx$$

$\alpha(\lambda)$: light absorpyion coefficient

H_o : number of photons

14.2.3 양자 효율

솔라셀의 양자 효율(Quantum Efficiency, QE)은 특정 에너지를 갖는 입사 광자수에 대해 pn 접합에 의해 수집되는 캐리어의 비율을 나타낸다. 파장에 따라 광자의 에너지가 달라지므로 특정 파장의 광자가 모두 흡수되고 이로 인해 생성된 소수 캐리어가 모두 수집되면 이 파장에서의 양자 효율은 1이 되는 반면, Si의 밴드 갭보다 낮은 에너지를 갖는 광자는 솔라셀에 흡수되지 않아 캐리어를 생성할 수 없으므로 양자 효율은 0이다.

솔라셀의 양자 효율은 외부 양자 효율(EQE, External Quantum Efficiency)과 내부 양자 효율(IQE, Internal Quantum Efficiency) 두 가지로 구분한다. 먼저 EQE는 솔라셀에 외부에서 가하는 광 에너지에 해당하는 전체 광자수에 대해 수집되는 캐리어의 비율로 정의한다. 이에 반해 IQE는 입사광에 의한 전체 광자 중에 흡수되는 광자수에 대한 수집 캐리어 비율이다. 따라서 EQE는 입사광 중 반사와 투과되는 광의 영향이 포함된 값이므로 항상 IQE보다 낮은 값을 가진다. IQE를 계산하려면 먼저 EQE를 측정하고 여기에 반사와 투과에 의한 영향을 고려하면 된다.

$$EQE = \frac{number\ \ of\ \ electrons/\mathrm{sec}}{number\ \ of\ \ photons/\mathrm{sec}}$$

$$= \frac{light\ \ current/charge\ \ of\ \ singel\ \ electron}{total\ \ power\ \ of\ \ photons/energy\ \ of\ \ single\ \ photon}$$

이상적인 경우 Si의 밴드 갭보다 큰 에너지를 갖는 파장대의 광은 양자 효율은 1이 되어야 하지만, 실제 솔라셀에서는 재결합 효과나 수집 확률에 영향을 주는 요인들에 의해 양

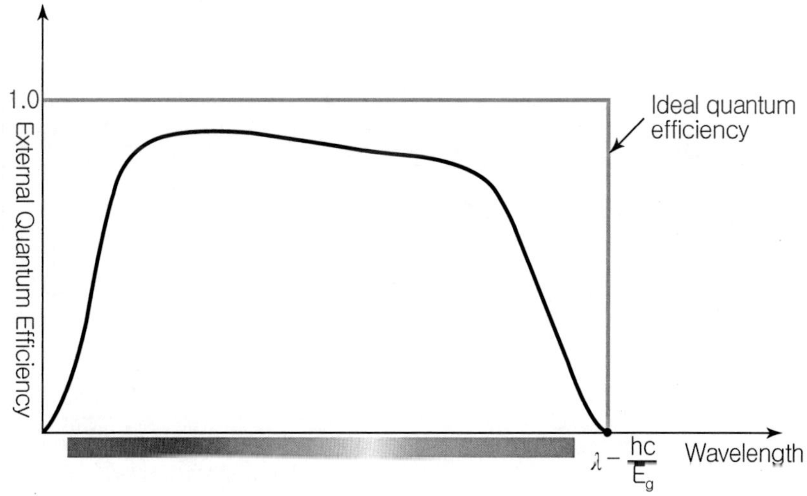

《 그림 14-8 》 실리콘 솔라셀의 양자 효율

자 효율이 감소한다. 예를 들어 청색광의 경우 주로 솔라셀 표면에서 캐리어가 생성되는데 표면 재결합에 의한 캐리어 소멸에 의해 양자 효율이 매우 낮다. 또한 적색광은 솔라셀의 두께 방향으로 깊은 영역에서 캐리어를 생성하는데 솔라셀 하부면에서의 재결합에 의해 양자 효율이 감소한다. 한편 녹색광은 표면 아래 영역에서 주로 캐리어를 생성하므로 표면 재결합 영향은 덜 받지만 짧은 소수 캐리어 확산거리에 의해 소멸되는 성분이 있으므로 1보다는 약간 낮은 값을 가진다.

14.2.4 스펙트럼 반응도

양자 효율이 솔라셀에 작용하는 광자수에 대해 광전류를 형성하는 캐리어 수집 비율이라면, 스펙트럼 반응도(Spectral Response, SR)는 솔라셀에 가해지는 입사 전력에 대한 광생성 전류의 비율을 나타낸다. 이상적인 스펙트럼 반응도는 Si 밴드 갭보다 낮은 에너지를 갖는 장파장 광에 대해선 광자 흡수가 안되기 때문에 차단되며, 파장이 낮을수록 에너지가 증가하므로 동일한 전력에 대한 광자수가 감소해서 스펙트럼 반응도가 선형으로 감소할 것이다.

$$SR = \frac{light\ current}{total\ power\ of\ photon}[A/W] = EQE \times \frac{charge\ of\ single\ electron}{energy\ of\ single\ photon}[C/J]$$

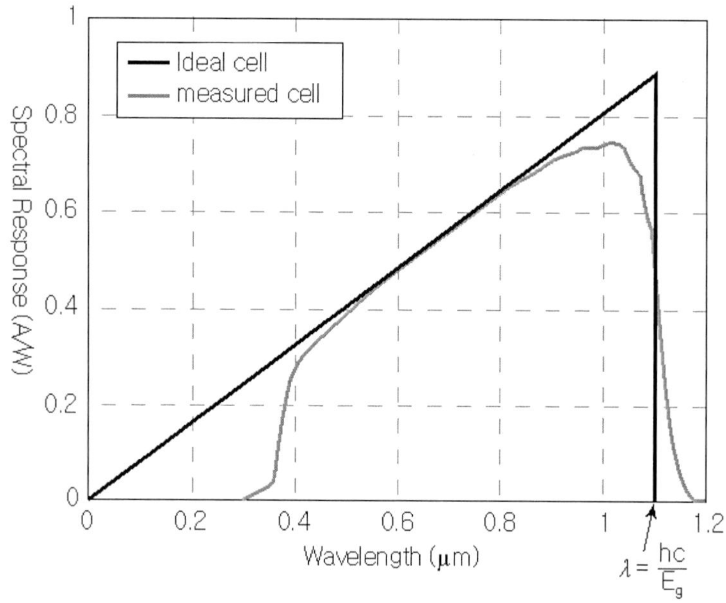

【 그림 14-9 】 실리콘 솔라셀의 스펙트럼 반응도

그러나 실제로는 단파장 광의 에너지는 캐리어 생성에 필요한 밴드 갭보다 더 큰 에너지이므로 그 차이가 손실로 작용해서 스펙트럼 반응도가 크게 감소한다. 또한 장파장 광은 솔라셀 내에서 흡수되지 않는 부분이 있으므로 역시 감소한다. 특히 단파장 광에 의한 높은 입사 에너지는 광전류를 형성하기 보다는 손실에 의해 솔라셀 기판의 온도를 상승시키는 역할을 한다. 이처럼 높은 입사 에너지에 대한 심각한 비효율성과 낮은 에너지 성분의 광을 흡수하지 못하는 부분이 단일 접합형 솔라셀의 전력 손실 원인이며, 이를 개선하기 위한 방법이 밴드 갭이 다른 pn 접합을 적층한 다중 접합(multi junction)형 솔라셀이다.

솔라셀 성능

CHAPTER 15

Si 솔라셀의 성능은 개방전압(V_{OC}), 단락전류(I_{SC}), 곡선인자(FF) 등의 파라미터로 기술할 수 있으며 이를 통해 입사광 전력에 대한 최대 출력 전력의 비율, 즉 변환효율(η)을 계산할 수 있다. 결국 Si 솔라셀은 태양광 발전을 통한 전력 생성이 주목적이므로 변환효율이 높아야 하는데, 실제 동작환경에서 이 변환효율은 여러 원인에 의해 이상적인 경우와 차이를 보인다. 대표적인 원인으로 내부 기생 저항과 온도 변화 그리고 일조량 변동을 들 수 있는데 이들이 현상과 발생 원인에 대해 살펴본다.

15.1 솔라셀 성능 지표

솔라셀의 출력전압과 전류는 pn 접합 다이오드의 역방향 암 포화 전류에 광전류가 중첩된 형태와 동일하다. 이때 출력전압이 낮은 구간에서 광전류는 암 포화 전류에 비해 월등히 크고, 출력전압이 높은 경우도 지수항이 크기 때문에 다음과 같이 간단한 지수함수로 표현할 수 있다.

$$I = I_L - I_o\left[\exp\left(\frac{V}{V_T}\right) - 1\right] \cong I_L - I_o \cdot \exp\left(\frac{V}{V_T}\right)$$

$$I_{sc} = I_L - I_o \cong I_L$$

$$V_{oc} = V_T \cdot \ln\left(\frac{I_L}{I_o} + 1\right) \cong V_T \cdot \ln\left(\frac{I_L}{I_o}\right) = V_T \cdot \ln\left(\frac{I_{sc}}{I_o}\right)$$

한편 솔라셀의 출력전압과 전류를 곱하면 출력 전력이 되므로 전압 전류 곡선의 양 극단에서 0이며 이 사이에서 최대 전력점(MPP, Maximum Power Point)이 결정된다. 최대 전력을 생성하는 동작점에서의 전류와 전압을 각각 최대 전력전류(I_{MP})와 최대 전력전압(V_{MP})이라고 부른다. 최대 출력전압은 출력전력을 출력전압으로 미분했을 때 0이 되는 조건이므로 이를 계산하면 최대 전압보다 약간 낮은 값으로 결정된다.

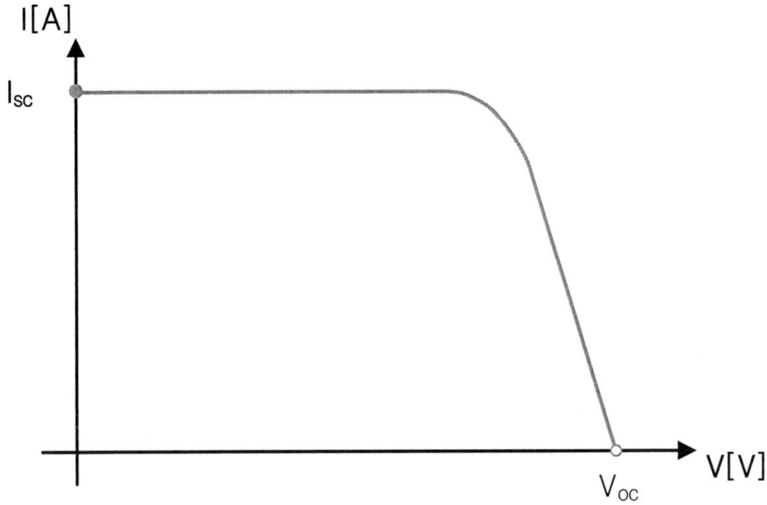

❰ 그림 15-1 ❱ 솔라셀 출력 특성

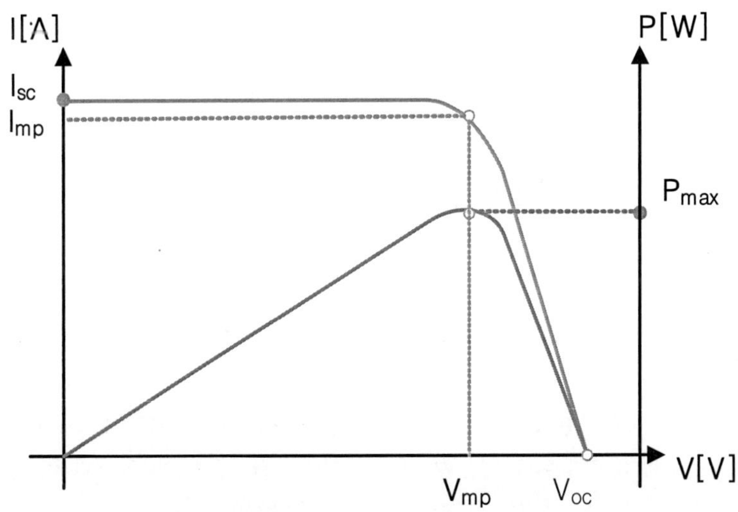

❰ 그림 15-2 ❱ 솔라셀의 전압, 전류, 전력의 관계

$$P = V \cdot I$$

$$P_{MAX} = V_{mp} \cdot I_{mp}$$

$$@\, V = V_{mp} \rightarrow \frac{dP}{dV} = \frac{d(V \cdot I)}{dV} = I_L - I_o\left[\frac{V}{V_T} \cdot \exp\left(\frac{V}{V_T}\right) + \exp\left(\frac{V}{V_T}\right)\right] = 0$$

$$\rightarrow I_L - I_o \cdot \left(1 + \frac{V_{mp}}{V_T}\right) \cdot \exp\left(\frac{V_{mp}}{V_T}\right) = 0$$

$$\rightarrow \frac{I_L}{I_o} = \left(1 + \frac{V_{mp}}{V_T}\right) \cdot \exp\left(\frac{V_{mp}}{V_T}\right)$$

$$\therefore V_{mp} = V_{oc} - V_T \cdot \ln\left(1 + \frac{V_{mp}}{V_T}\right)$$

솔라셀의 가장 기본적인 파라미터는 단락전류(I_{SC})와 개방전압(V_{OC})인데 우선 단락전류는 솔라셀 양단 전압이 0일 때 흐르는 전류이므로 광 생성 전류와 동일하며 일조 강도에 따라 달라지는 값이다. 이는 광에 의한 캐리어 생성과 수집 확률에 의해 결정되며 이상적인 솔라셀에서 단락전류는 광 생성 전류와 동일하므로 솔라셀이 생성할 수 있는 최대 전류량이라고 할 수 있다.

$$I_{sc} = I_{MAX} = I_L - I_o \cong I_L$$

단락전류에 영향을 주는 인자를 세부적으로 살펴보면 전류는 솔라셀 면적에 직접적으로 비례하며 입사광 전력에 의한 광자 수에 따라 달라진다. 또한 광 캐리어 생성과 수집 확률에 영향을 주는 입사광 스펙트럼에 의해서도 달라지므로 솔라셀의 평가는 $AM\,1.5G$ 표준평가조건에서 진행한다. 또한 솔라셀에서의 반사에 의한 광학적 손실도 영향을 준다. 수집 확률이 높기 위해선 광 생성 캐리어가 재결합하기 전에 pn 접합을 넘어가야 하므로 소수 캐리어의 수명 즉 소수 캐리어 확산거리가 커야 한다. 따라서 솔라셀의 표면 상태와 도핑 농도에 따라 단락전류가 크게 달라진다. Si 솔라셀은 $AM\,1.5G$ 조건에서 이론적으로 가능한 최대 단락전류 밀도는 46[A/cm^2]이다. 연구실 수준에서 42[mA/cm^2]까지 보고되고 있지만 상용 솔라셀의 경우 일반적으로 28~35[mA/cm^2] 수준이다.

솔라셀의 개방전압은 솔라셀을 통해 부하에 공급되는 전류가 0일 때 형성되는 전압이다. 따라서 태양광에 의해 생성된 전류를 상쇄하기 위한 순방향 전압이 형성되어야 하므로 일조 강도에 따라 달라진다. 또한 솔라셀의 개방전압은 pn 접합 다이오드의 암 포화 전류에 따라 달라지므로 재결합 정도에도 영향을 받는다. 일정한 일조 조건에서 광전류에 비해 암 포화 전류 변화가 크게 달라질 수 있으므로 개방전압은 솔라셀 내 재결합 발생 정도를 나타낸다. $AM\,1.5G$ 표준 태양광 스펙트럼하에서 순도가 높은 단결정 Si 솔라셀의 경우 750[mV] 정도 나오지만 다결정 Si 재질의 솔라셀은 통상 600[mV] 수준이다.

$$V_{oc} = V_{MAX} = V_T \cdot \ln\left(\frac{I_L}{I_o} + 1\right) \cong V_T \cdot \ln\left(\frac{I_L}{I_o}\right) = V_T \cdot \ln\left(\frac{I_{sc}}{I_o}\right)$$

곡선인자(FF)는 솔라셀의 단락전류와 개방전압의 곱과 실제로 얻을 수 있는 최대 출력 전력의 비율을 의미한다. 이를 도식적으로 살펴보면 솔라셀 출력 특성 곡선의 외접 사각형 면적에 대해 최대 출력점에서의 전압과 전류로 이루어진 사각형의 면적비와 같다.

$$FF = \frac{V_{mp} \cdot I_{mp}}{V_{oc} \cdot I_{sc}} = \frac{P_{MAX}}{V_{oc} \cdot I_{sc}}$$

$$P_{MAX} = V_{oc} \cdot I_{sc} \cdot FF$$

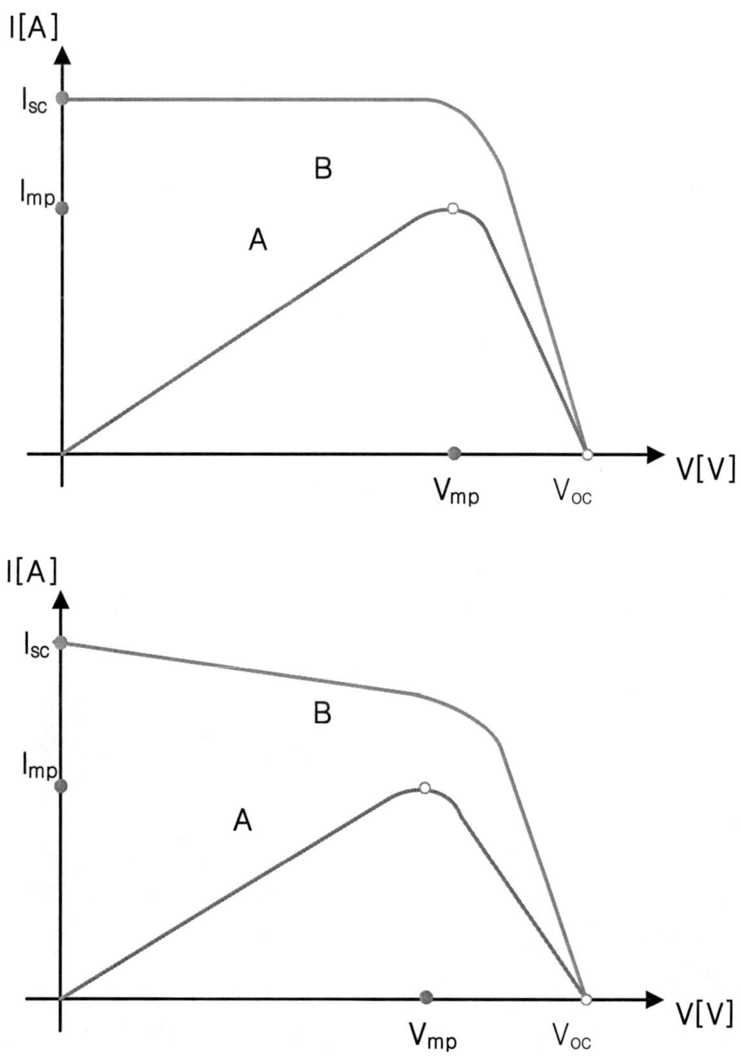

◖ **그림 15-3** ◗ 솔라셀 출력 특성과 곡선인자

따라서 개방전압과 단락전류가 동일한 솔라셀에서 곡선인자가 클수록 출력 전력이 크다는 것을 알 수 있다. 반대로 동일한 곡선인자의 솔라셀이라면 개방전압과 단락전류가 클수록 출력 전력이 증가한다. 그런데 단락전류는 광전류, 즉 일조 강도에 따라 달라지는 반면 개방전압은 솔라셀의 재질에 의해 거의 결정되므로 큰 차이가 없다. 따라서 곡선인자를 크게 만드는 것이 중요한데 이는 솔라셀의 여러 손실 요인과 관련되어 있다.

한편 솔라셀의 변환효율은 태양광에 의한 입사 전력에 대해 최대로 생성할 수 있는 전력의 비율로 정의한다. 솔라셀의 표준 평가 조건은 AM 1.5 스펙트럼이므로 인조 광원에서 단위 면적([m^2])당 1[kW] 전력이 작용하는 일조 강조 조건하에서 최대 출력전력을 측정하면 된다.

$$\eta = \frac{P_{MAX}}{P_{in}} = \frac{V_{oc} \cdot I_{sc} \cdot FF}{P_{in}}$$

15.2 솔라셀 특성 변화

솔라셀의 특성 중 가장 중요한 것이 변환효율인데 이는 솔라셀에서 발생하는 손실과 관련이 있다. 이러한 손실을 만들어내는 대표적인 요인으로 내부 기생 저항, 온도 변화, 일조량 변화 등을 들 수 있다.

15.2.1 기생 저항 영향

(1) 특성 저항

먼저 솔라셀의 특성 저항은 최대 전력을 생성하는 동작점에서의 출력 저항을 의미한다. 이를 테브난(Thevenin) 등가회로로 표시하고 살펴보면 부하 저항(R_L)이 특성 저항(R_{CH})과 크기가 같을 때 부하에 최대의 전력을 전달할 수 있다는 의미이다. 특성 저항은 솔라셀의 최대 전력전압과 최대 전력전류의 비율이므로 근사적으로 개방전압과 단락전류의 비율과 같다.

$$R_{CH} = \frac{V_{mp}}{I_{mp}} \cong \frac{V_{oc}}{I_{sc}}$$

(2) 직/병렬 기생 저항

앞서 설명한 이상적인 경우와 달리 실제 솔라셀은 기생 저항 성분이 있기 때문에 전력 손실이 생기며, 이에 의해 효율이 감소된다. 내부 기생 저항은 크게 직렬 성분과 병렬 성분으로 구분되는데, 먼저 직렬 기생 저항은 광전류 흐름에 영향을 주므로 개방전압의 크기는

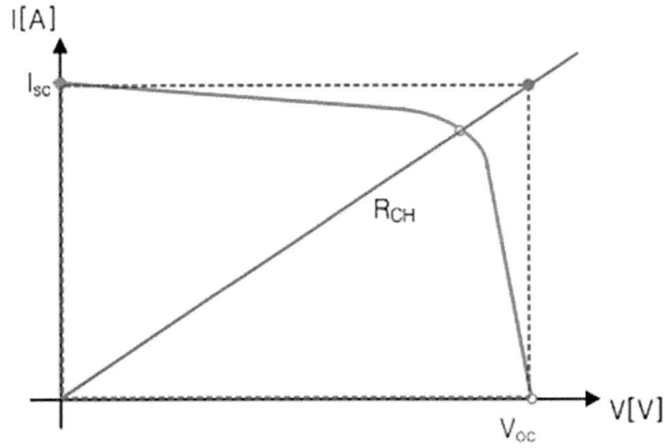

《 그림 15-4 》 솔라셀의 특성 저항

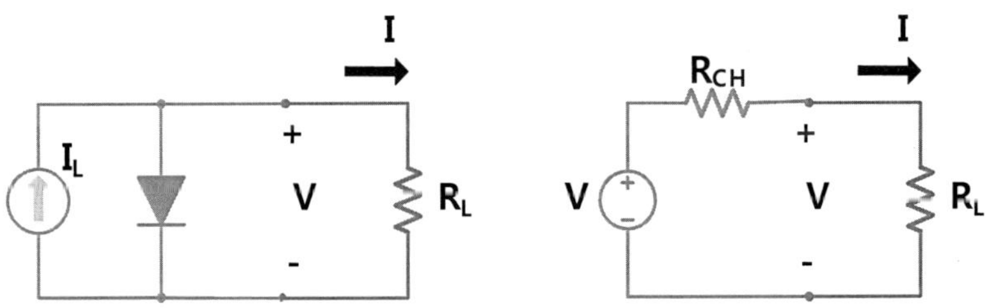

《 그림 15-5 》 솔라셀 특성 저항과 최대 전력전달 관계

변화가 없지만 솔라셀 전압 전류 곡선 형태에 영향을 주어 곡선인자를 감소시킨다. 특히 직렬 저항 성분이 큰 솔라셀의 출력 특성 곡선을 살펴보면 개방 부근에서 출력 특성 곡선의 기울기가 크게 낮아지는 것을 알 수 있다.

$$I = I_L - I_o \cdot \exp\left(\frac{V + I \cdot R_s}{V_T}\right)$$

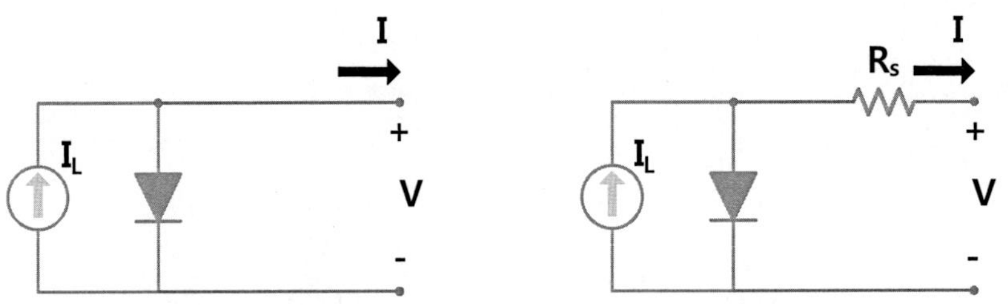

《 그림 15-6 》 솔라셀의 직렬 기생 저항

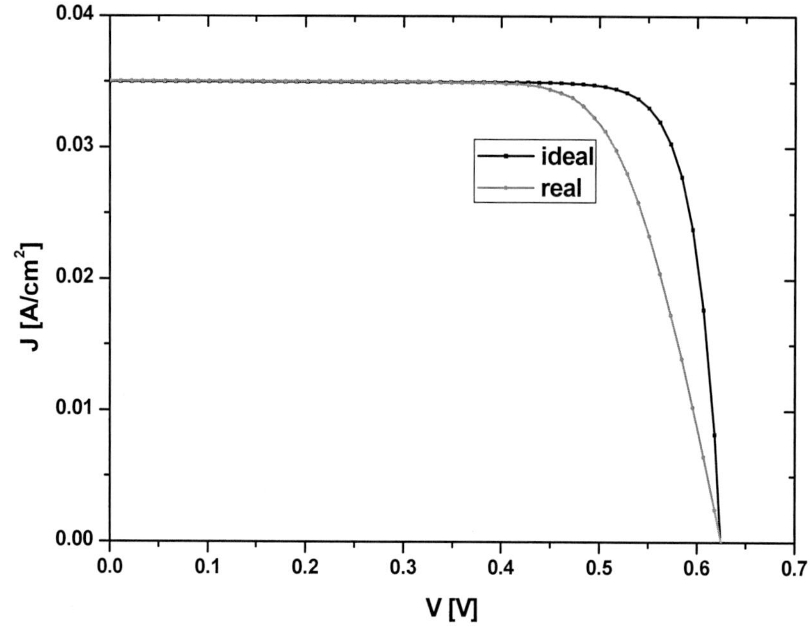

《 그림 15-7 》 직렬 기생 저항에 의한 솔라셀의 출력 특성 변화

솔라셀의 전류 흐름에 영향을 주는 직렬 기생 저항이 생기는 원인은 주로 솔라셀의 베이스와 에미터를 형성하는 Si 영역의 벌크(bulk) 저항과 Si과 상하부 금속 전극과의 접촉 부위에서 발생하는 저항 그리고 상하부 금속 전극의 자체 저항 때문에 발생한다.

한편 솔라셀에 병렬 기생 저항이 존재하면 출력단을 통해 부하로 흘러나가야 할 광전류가 내부 저항을 통해 흐르면서 손실이 발생한다. 이는 결국 솔라셀의 pn 접합을 통해 흐르는 전류를 감소시키므로 솔라셀 출력전압도 소폭 줄게 된다. 특히 일조량이 낮아서 솔라셀의 광 생성 전류 자체가 작을 때 더 심각한 영향을 준다. 솔라셀의 병렬 저항 영향은 단락 전류 부근에서 출력 특성 곡선의 기울기를 비교하면 된다.

이러한 병렬 기생 저항은 주로 제조 공정상의 결함으로 발생하며 일종의 누설 전류로 작용한다.

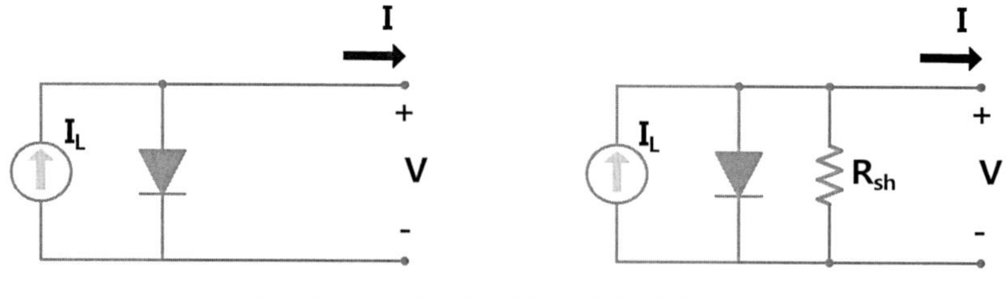

《 그림 15-8 》 솔라셀의 병렬 기생 저항

$$I = I_L - I_o \cdot \exp\left(\frac{V}{V_T}\right) - \frac{V}{R_{sh}}$$

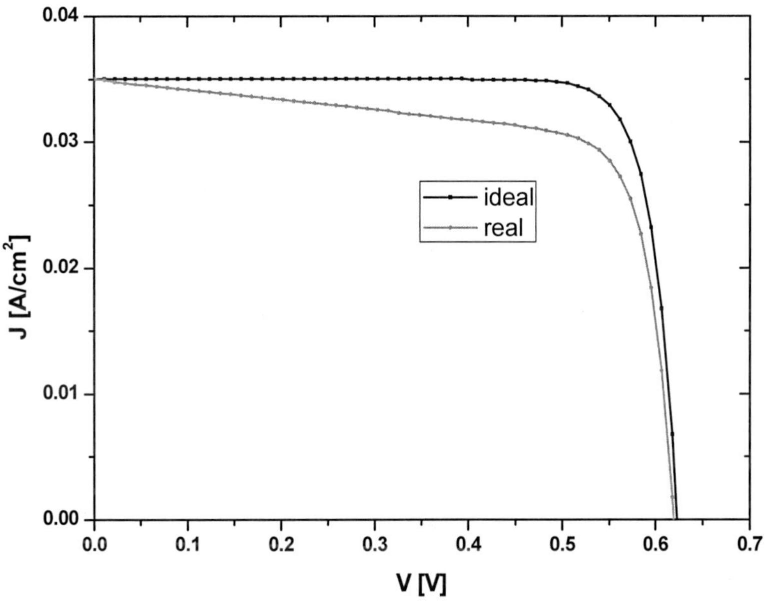

◀ 그림 15-9 ▶ 병렬 기생 저항에 의한 솔라셀의 출력 특성 변화

직렬과 병렬 기생 저항이 동시에 존재하는 경우는 기생 저항이 없는 경우에 비해 곡선인자가 크게 감소한다.

$$I = I_L - I_o \cdot \exp\left(\frac{V + I \cdot R_s}{V_T}\right) - \frac{V + I \cdot R_s}{R_{sh}}$$

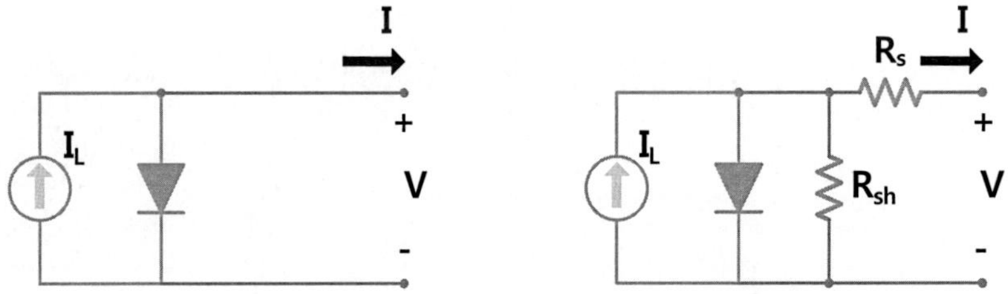

◀ 그림 15-10 ▶ 솔라셀의 직/병렬 기생 저항

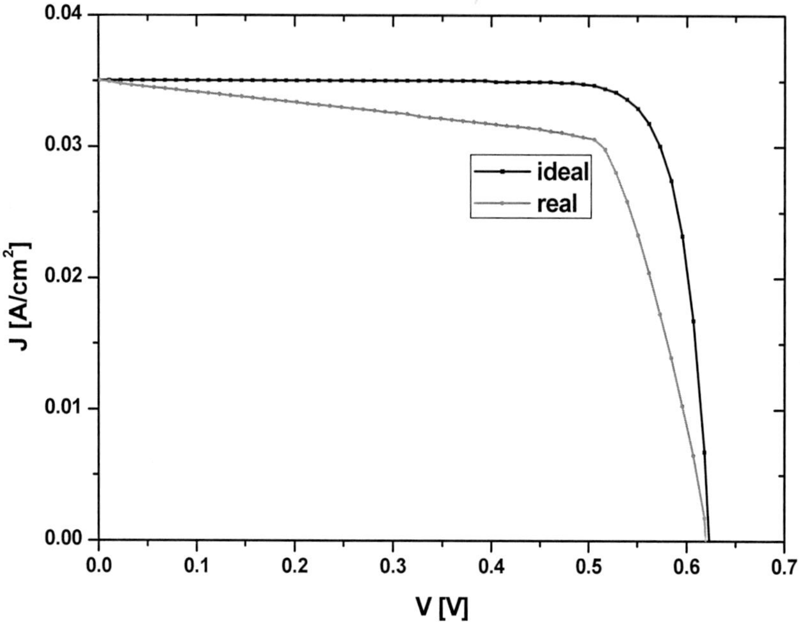

《 그림 15-11 》 직/병렬 기생 저항에 의한 솔라셀의 출력 특성 변화

15.2.2 온도 변화 영향

기생 저항 성분에 의한 손실로 발생하는 온도 상승도 솔라셀 출력을 떨어뜨리는 원인으로 작용한다. 솔라셀은 기본적으로 pn 접합 다이오드이므로 온도가 상승하면 열적 캐리어 생성이 늘어서 암 포화 전류가 증가한다. 이는 다이오드의 순방향 전류를 증가시키는 역할을 하기 때문에 개방 상태에서 광전류를 상쇄시키기 위한 순방향 개방전압이 상당히 감소한다.

$$I = I_L - I_o\left[\exp\left(\frac{V}{V_T}\right) - 1\right] \cong I_L - I_o \cdot \exp\left(\frac{V}{V_T}\right)$$

$$I_{sc} = I_L - I_o \cong I_L$$

$$V_{oc} = V_T \cdot \ln\left(\frac{I_L}{I_o} + 1\right) \cong V_T \cdot \ln\left(\frac{I_L}{I_o}\right) = V_T \cdot \ln\left(\frac{I_{sc}}{I_o}\right)$$

Si 솔라셀의 경우 대략 온도가 1[℃] 상승하면 개방전압은 약 2.2[mV] 감소한다. 온도 상승은 전자의 에너지를 증가시켜서 광 캐리어 생성을 늘리는 효과가 있어서 단락전류도 증가시키긴 하지만 Si 솔라셀의 경우 1[℃] 변화에 0.06% 증가로 미미한 수준이다. 결국

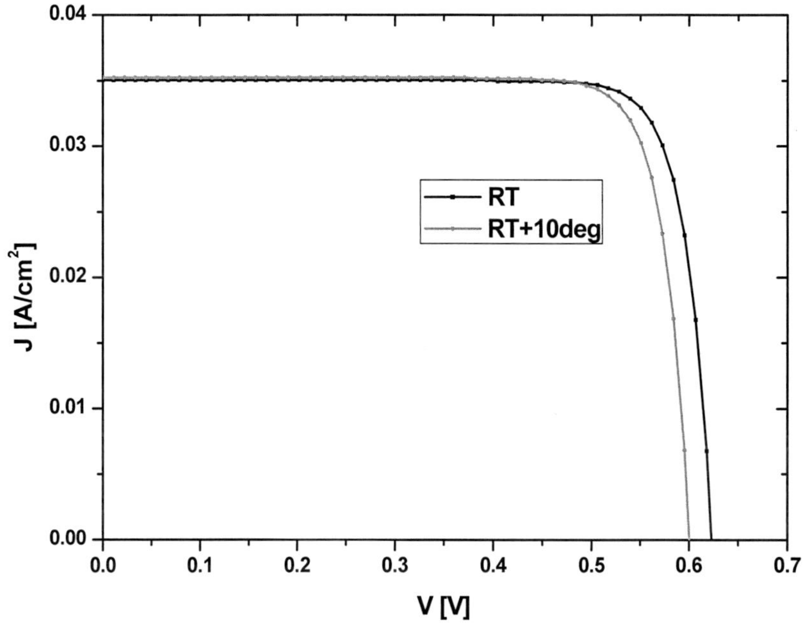

《 그림 15-12 》 온도 상승에 의한 솔라셀의 출력 특성 변화

온도가 상승하면 광전류 증가분보다 개방전압 감소 영향이 훨씬 크기 때문에 전체 효율은 감소한다.

$$\frac{\Delta V_{oc}}{\Delta T} = -2.2\,[\mathrm{mV/℃}]$$

$$\frac{\Delta I_{sc}/I_{sc}}{\Delta T} = 0.06\,[\%/℃]$$

Si 솔라셀의 온도 증가에 의한 FF 변화와 최대 전력 변동은 다음과 같다.

$$\frac{1}{FF}\frac{dFF}{dT} \cong \left(\frac{1}{V_{oc}}\frac{dV_{oc}}{dT} - \frac{1}{T}\right) \cong -0.15\,[\%/℃]$$

$$\frac{1}{P_{MAX}}\frac{dP_{MAX}}{dT} = \cong \left(\frac{1}{V_{oc}}\frac{dV_{oc}}{dT} + \frac{1}{FF}\frac{dFF}{dT} + \frac{1}{I_{sc}}\frac{dI_{sc}}{dT}\right) \cong -(0.4 \sim 0.5)\,[\%/℃]$$

15.2.3 일조량 변화 영향

일조량이 달라지면 솔라셀의 온도와 단락전류, 개방전압, 곡선인자, 효율 등 전반적인 변화가 발생한다. 솔라셀에 작용하는 일조 여건에 따라 단위 면적([m^2])당 0~1[kW]까지 작용하는데, 특히 일조량이 적을 때는 병렬 기생 저항의 영향을 크게 받는다. 이는 솔라셀에서 만들어진 광전류 중 일부가 내부로 흐르기 때문인데 특히 일조량이 작은 경우 외부 부하에 작용하는 전류에 비해 내부 전류 비율이 커지기 때문이다.

반대로 일조량을 크게 하기 위해 광학계를 통해 집광할 수도 있는데, 이 경우 단락전류는 일조량에 거의 비례해서 증가한다. 집광 정도는 $AM\ 1.5G$ 표준 일조 조건에 대한 비율로 선(sun)이라는 집광 계수(X)로 표현한다. 집광 계수가 1 sun일 때 태양광 입사 전력은 단위 면적([m^2])당 1[kW]인 반면 10 sun이 되면 10[kW] 입력이므로 전체 출력 전력도 이에 비례해서 증가한다.

한편 집광형에서 단락전류가 증가하면 이에 따라 대수(logarithmic)적으로 개방전압도 동시에 증가하므로 FF가 개선되어 결국 솔라셀의 효율이 더 높아질 수 있다. 예를 들어 18% 효율의 Si 솔라셀을 100배 집광하면 23%로, GaAs 셀은 24% 효율이 29%까지 높아진다. 32% 효율의 InGaP/InGaAs/Ge 3중 접합 셀은 500배 집광하면 40%까지 높아질 수 있다. 그러나 단락전류 증가는 직렬 기생 저항에 의한 손실을 크게 하고 이에 의해 솔라셀 온도가 함께 상승하기 때문에 효율 개선은 제한적이다.

$$V_{oc}' = V_{oc} + \Delta V_{oc}$$

$$V_{oc}' = V_T \cdot \ln\left(\frac{X \cdot I_{sc}}{I_o}\right) = V_T \cdot \left[\ln\left(\frac{I_L}{I_o}\right) + \ln X\right] = V_{oc} + V_T \cdot \ln X$$

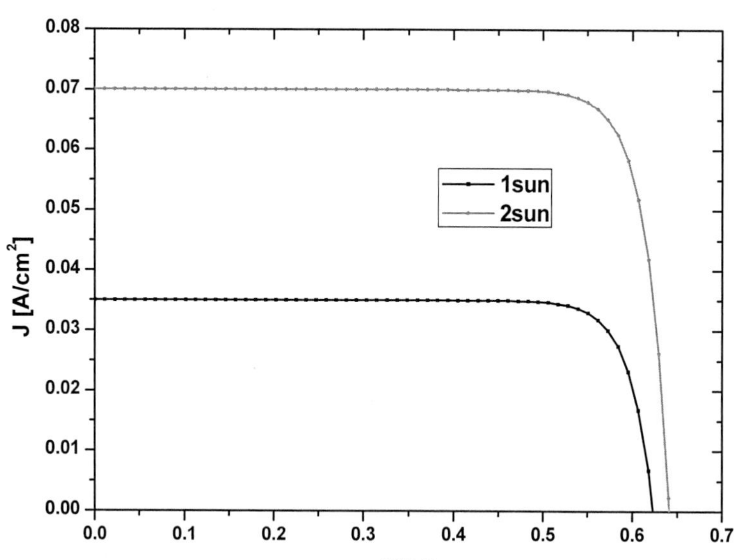

《 그림 15-13 》 집광도에 따른 솔라셀의 출력 특성 변화

CHAPTER 16

실리콘 솔라셀 설계

Si 솔라셀은 밴드 갭이 낮고 간접 천이형 반도체 재료를 사용하기 때문에 광흡수 계수가 낮다는 단점은 있지만 설계를 최적화하면 1 sun 조건에서 효율이 최대 29%까지 가능한 것으로 알려져 있다. 현재 실험실 수준에서는 약 25% 효율을 갖는 솔라셀 제작이 가능하지만 양산용 솔라셀은 가격 경쟁력이라는 제한 요건이 있기 때문에 15~19% 수준의 제품이 출시되고 있다. Si 솔라셀의 효율 개선을 위해선 손실을 줄여야 하므로 손실의 원인과 이를 극복하기 위해 설계 단계에서 고려해야 할 사항을 이해해야 한다. 아래는 Si 솔라셀의 주요 설계 변수와 그 내용을 간략히 요약한 것이다.

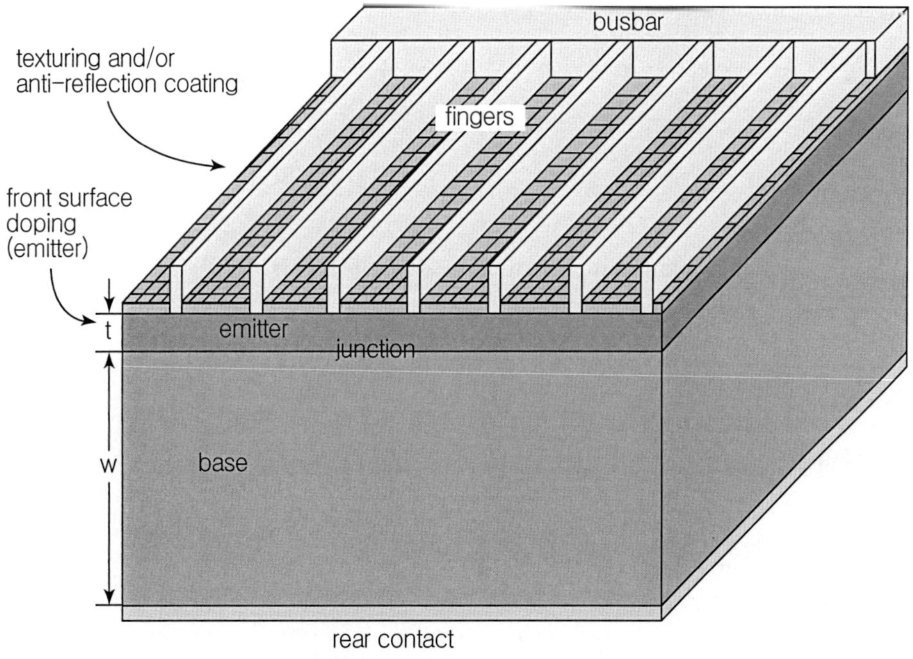

《 그림 16-1 》 실리콘 솔라셀 개략도

표 16-1 실리콘 솔라셀 설계 변수와 주요 내용

설계 변수		내용
W	베이스 두께	180~200[μm]
t	에미터 두께	~1[μm]
ρ_b	베이스 비저항	~1[Ω/cm]
ρ_s	에미터 면저항	~100[Ω/□]
R	반사율	표면 개질
s	핑거 전극 간격	1~5[mm]
w_f	핑거 전극 폭	20~200[μm]

16.1 광학 손실 저감 설계

광학적인 손실은 단락전류를 감소시켜서 솔라셀 출력 전력을 떨어뜨리는 결과를 가져온다. 주원인은 입사광 중에서 표면에서 반사되거나 솔라셀에 흡수가 되지 않아서 EHP 생성에 기여하지 못하는 부분을 의미한다. 태양광 중에서 가시광 영역은 충분한 에너지를 갖고 있으므로 이론적으로 솔라셀에 모두 흡수되어야 하나 실제로는 그렇지 못하다. 이러한 광 손실을 줄일 수 있는 기본적인 설계 방향은 다음과 같다.

- 솔라셀 상부면에서 전극에 의해 빛이 차단되는 영역을 최소화
- 솔라셀 표면에 반사 방지막(ARC, Anti-Reflective Coating) 형성
- 표면 조직화(surface texturing)를 통한 반사 저감
- 광 흡수율을 높이기 위해 두꺼운 솔라셀 제작
- 표면 조직화와 광 트랩핑(trapping)을 통해 솔라셀 내에서의 광 경로 증폭

광학 손실을 저감하기 위한 대책을 크게 구분하자면 솔라셀의 상부면에 대한 개질과 하부면에 대한 개질로 구분할 수 있다.

16.1.1 상부면 개질

(1) 표면 반사 방지막

빛이 진행하면서 굴절률(Refractive index, n)이 다른 매질을 만나면 일정 부분 반사가 일어나는데 이는 솔라셀의 경우 가해지는 광 에너지의 손실로 작용한다. 수직으로 입사하는 광에 대한 반사율(Reflectivity, R)은 두 매질의 굴절률로 계산할 수 있다.

$$R = \left| \frac{n_o - n_s}{n_o + n_s} \right|^2$$

n_o : refractive index of air

n_s : refractive index of Si

빛이 매질을 통과하는 과정에서 일정 부분 흡수될 수밖에 없다. 이 성분을 소광 계수(Extinction coefficient, κ)라고 하며 복소 굴절률(complex index of refraction)의 허수 성분으로 표시한다. 결국 소광 계수와 굴절률은 파장에 따라 변하는 값이므로 반사율도 파장에 따라 달라지게 된다.

$$\vec{n} = n + j\kappa$$

$$R = \frac{(n-1)^2 + \kappa^2}{(n+1)^2 + \kappa^2}$$

다음 표는 Si에 대해 입사광의 파장에 따라 달라지는 굴절률, 소광 계수, 반사율의 관계를 정리한 것이다. Si 솔라셀에 주로 작용하는 가시광 대역의 반사율이 35% 이상으로 매우 높음을 알 수 있다.

표 16-2 파장에 따른 실리콘의 광학적 특성

E[eV]	λ[μm]	n	κ	R[%]
1.0	1239.8	3.520	0	31.1
1.5	826.5	3.673	0.005	32.7
2.0	619.9	3.906	0.022	35.1
2.5	495.0	4.320	0.073	39.0
3.0	413.3	5.222	0.264	46.1
3.5	354.2	5.610	3.014	57.5
4.0	310.0	5.010	3.580	59.0

높은 굴절률에 의한 손실을 줄이려면 Si 표면에 유전막을 붙여서 전체적인 굴절률의 정합(matching)을 취하고 반사를 억제해야 한다. 이처럼 원래의 매질 사이에 또 다른 매질을 삽입하면 반사가 두 군데에서 일어난다. 따라서 전체 반사율(Reflection coefficient, R)을 최소화하기 위해선 이들의 기하 평균에 해당하는 굴절률을 갖는 매질을 삽입해야 한다.

$n_1 = \sqrt{n_o \cdot n_s}$: refractive index of ARC layer

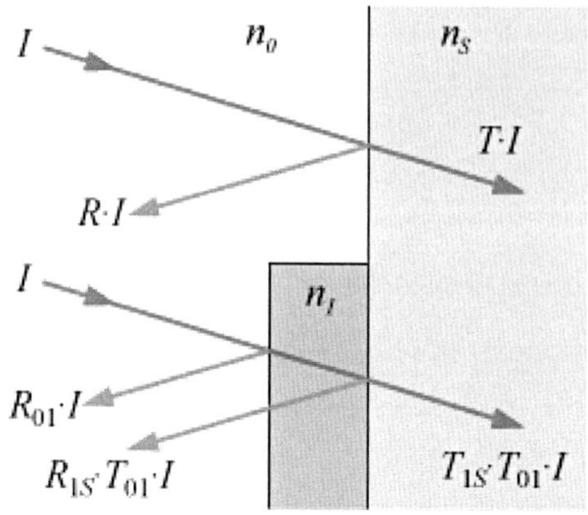

그림 16-2 굴절률 차이에 의한 빛의 반사

한편 이 상태에서 발생하는 두 반사광의 위상을 서로 반대가 되도록 만들 수 있다면 전체 반사광을 상쇄할 수 있다. 이를 위해선 반사 방지막(anti-reflective film) 내에서의 파장이 입사광 파장의 1/4이 되도록 선정해야 하며 다음 식으로 결정할 수 있다

$$d_1 = \frac{\lambda_o}{4n_1} \ : \text{thickness of ARC layer}$$

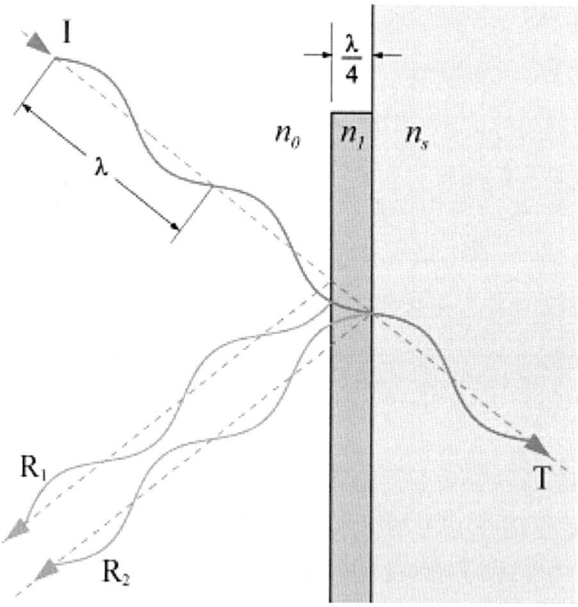

그림 16-3 반사 방지막 효과

이 원리를 이용하면 특정 파장의 입사광에 대한 반사를 정확히 제거할 수 있지만 실제 태양광은 다양한 파장에 걸쳐있기 때문에 반사를 완벽히 제거할 수는 없다. 일반적으로 입사광 전력이 가장 큰 500~600[nm] 파장에서의 반사를 최소화할 수 있도록 반사 방지막을 형성한다.

결국 반사 방지막이 설치된 솔라셀의 경우 청색광에 비해 녹색광의 반사가 잘 되지 않는 상태이므로 솔라셀은 육안으로는 청색으로 보인다. 참고로 다음에 설명할 표면 조직화(surface texturing)까지 마치게 되면 반사는 더 줄어들어 때문에 어두운 청색계열로 보이게 된다.

(2) 표면 조직화(surface texturing)

표면 조직화는 반사 방지막과 함께 사용하여 표면에서의 광 반사를 최소화하기 위해 사용한다. 기본적인 원리는 표면을 거칠게 함으로써 반사광이 외부로 나가기보다는 솔라셀 방향으로 작용하는 확률을 높이고자 하는 목적이다.

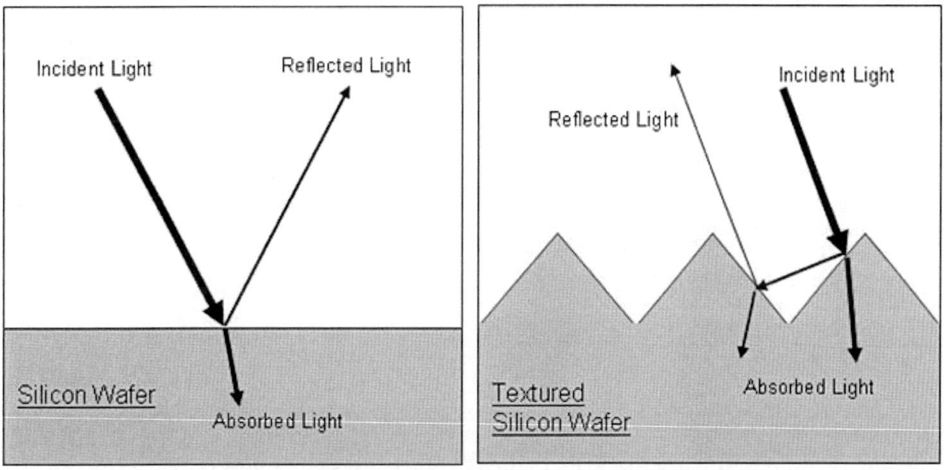

◀ 그림 16-4 ▶ 표면 조직화에 의한 광손실 저감 원리

표면 조직화는 여러 가지 방법으로 구현할 수 있는데 단결정 Si의 경우 결정 방향에 따른 식각률 차이를 이용하여 피라미드(pyramid) 혹은 역피라미드형 구조를 형성하는 것이 가능하다. 이러한 모양은 표면이 (111) 결정면을 갖도록 만드는 것인데 다결정 실리콘의 경우 전체가 동일한 결정 특성이 아니기 때문에 기계적 가공을 혼합하면 유사한 표면을 만들 수 있다. 혹은 레이저 미세가공 등의 방법을 이용하여 나노 구조의 표면 개질도 가능하다.

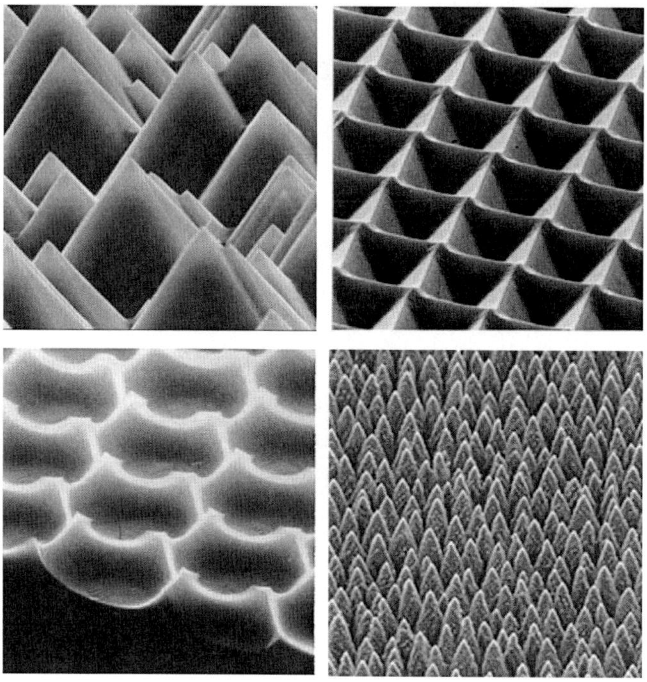

◖ **그림 16-5** ◗ 표면 조직화 형상

16.1.2 하부면 개질

(1) 후면 반사막

솔라셀 동작의 기본 원리는 광자가 솔라셀 내부를 진행하면서 흡수되어 광 캐리어를 생성하고 이들이 pn 접합에서 분리되어 외부로 이동하는 것이다. 광 캐리어 생성을 위해선 광자가 Si 내부에 흡수되어야 하므로 솔라셀이 너무 얇다면 일부만 흡수되고 나머지는 투과 될 것이므로 솔라셀이 두꺼울수록 유리하다. 예를 들어 솔라셀 두께가 10[mm] 이상이면 입사광의 대부분을 흡수할 수 있지만, 10[μm]라면 약 30%만 흡수하고 나머지는 투과한다.

그러나 광 캐리어를 많이 생성하는 것도 중요하지만 이들이 일정 확산거리 이상에서는 재결합에 의해 대부분 소멸되므로 가능한 pn 접합 부근에서 광이 흡수되는 것이 중요하다. 따라서 솔라셀을 두껍게 하는 것 보다는 얇은 솔라셀 후면에서의 반사를 이용하여 광학적인 경로를 길게 하는 것이 더 유리하다.

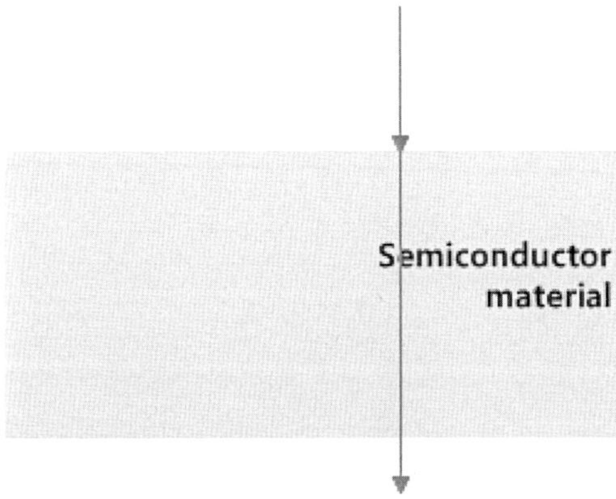

《 그림 16-6 》 얇은 솔라셀의 광 투과 현상

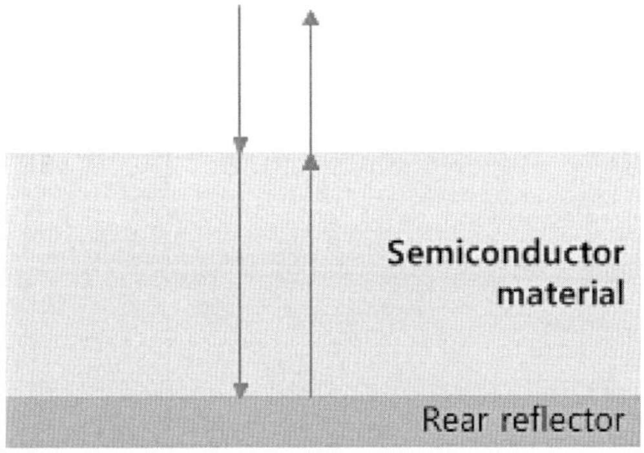

《 그림 16-7 》 하부 반사막에 의한 광 경로 증가 효과

한편 광 진행 경로 측면에서 태양광이 솔라셀 내부를 진행할 때 표면에 대해 수직이 아닌 각도로 입사하는 것이 유리하다. 이는 광학적인 굴절을 이용하면 되는데 앞에서 설명한 표면 개질은 반사를 줄이기도 하지만 광이 실리콘 내부로 경사지게 입사하는 효과를 발생시키므로 실제 솔라셀의 두께보다 광 경로를 길게 하는 효과가 있다.

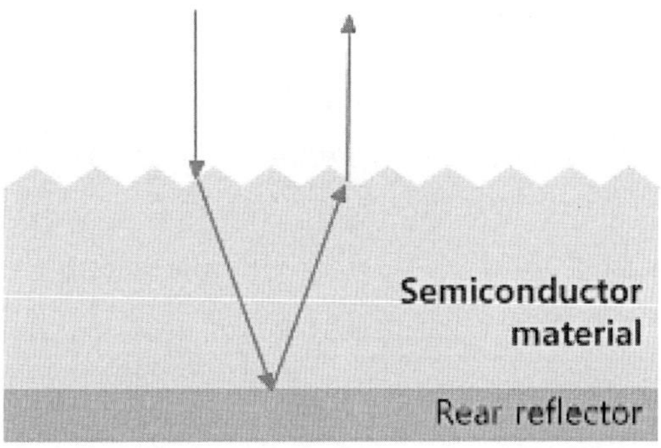

《 그림 16-8 》 표면 조직화에 의한 광 경로 증가 효과

솔라셀 상부의 경사면을 통해 입사하는 광이 굴절되어 솔라셀 내부를 진행하는 각도는 스넬(Snell)의 법칙으로 계산할 수 있다.

$$n_1 \cdot \sin\theta_1 = n_2 \cdot \sin\theta_2$$

$$\theta_2 = \sin^{-1}\left(\frac{n_1}{n_2} \cdot \sin\theta_1\right)$$

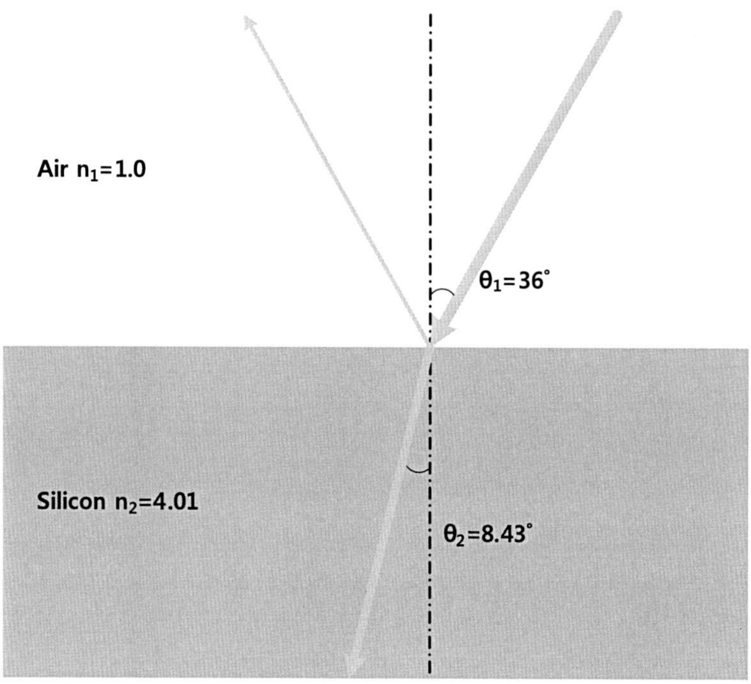

◀ 그림 16-9 ▶ 굴절률이 다른 경계면에서 광 진행 경로 변화

(2) 광 트랩핑

빛의 특성상 굴절률이 높은 매질에서 낮은 매질로 광이 진행한다면 특정한 각도의 입사광에 대해 내부 전반사(TIR, Total Internal Reflection)가 가능하다. 따라서 상부면과 하부면의 개질을 이용하면 마치 광이 솔라셀 내부에서 계속 반사가 일어나는 것처럼 작동하는 데 이를 광 트랩핑이라고 한다. 광 트랩핑 효과에 의해 실제 광 경로는 솔라셀 두께에 비해 수십 배 길게 만들 수 있다. 내부 전반사가 일어나기 위한 임계각도는 스넬의 법칙을 이용하여 계산할 수 있다.

$$\theta_1 = \sin^{-1}\left(\frac{n_2}{n_1}\right)$$

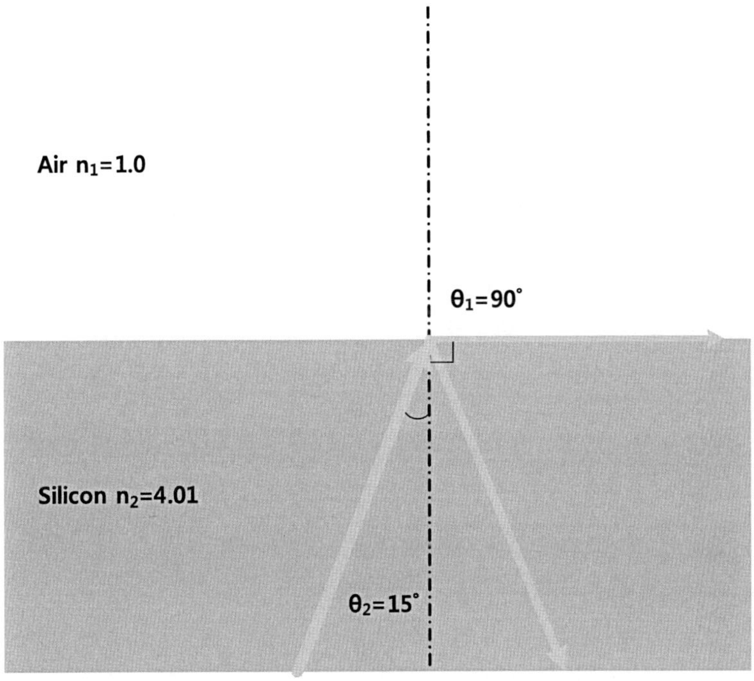

《 그림 16-10 》 내부 전반사

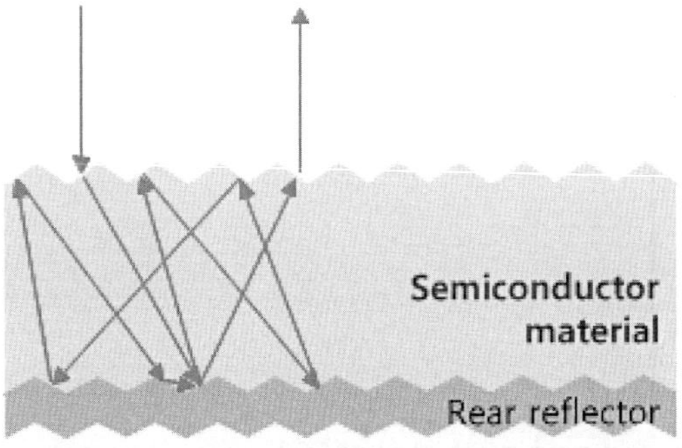

《 그림 16-11 》 광 트래핑에 의한 광 경로 증폭

16.2 재결합 손실 저감 설계

재결합에 의한 손실은 전류 수집에 영향을 주기 때문에 단락전류를 변화시킬 뿐 아니라 순방향 바이어스 확산 전류에도 영향을 줘서 개방전압을 변동시킨다. 재결합이 발생하는 위치에 따라 표면 재결합과 벌크(bulk) 재결합 그리고 공핍 영역에서의 재결합으로 분류할 수 있다. 발생 정도는 표면과 벌크 재결합이 대부분을 차지한다.

16.2.1 벌크 재결합

앞에서 살펴본 바와 같이 솔라셀의 단락전류는 pn 접합 다이오드에 역방향으로 흐르는 광전류와 동일하다. 또한 개방전압은 다이오드 역방향으로 흐르는 광전류를 상쇄하기 위한 순방향 확산 전류 생성에 필요한 바이어스 전압에 해당한다.

$$I = I_L - I_o\left[\exp\left(\frac{V}{V_T}\right) - 1\right] \cong I_L - I_o \cdot \exp\left(\frac{V}{V_T}\right)$$

$$I_{sc} = I_L - I_o \cong I_L$$

$$V_{oc} = V_T \cdot \ln\left(\frac{I_L}{I_o} + 1\right) \cong V_T \cdot \ln\left(\frac{I_L}{I_o}\right) = V_T \cdot \ln\left(\frac{I_{sc}}{I_o}\right)$$

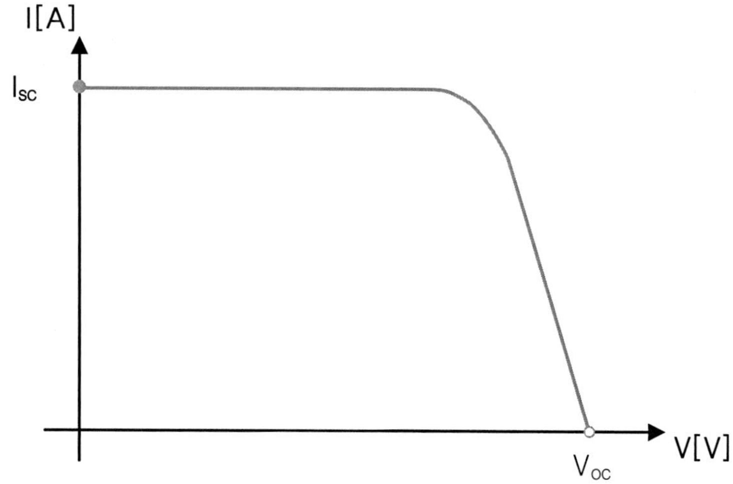

◖ 그림 16-12 ◗ 솔라셀 출력 특성

먼저 캐리어 확산거리 측면에서 살펴보면 베이스와 에미터의 불순물 농도가 높을 경우 pn 접합 외부에서 생성된 광 캐리어의 높은 재결합 확률 때문에 접합 영역까지 이동하기 어렵다. 따라서 수집 확률이 낮아지며 결국 광전류가 감소한다. 그러므로 광 캐리어의 확산거리를 증가시키기 위해선 베이스와 에미터 벌크 영역의 도핑 농도를 낮게 가져가는 것이 유리하다.

그러나 이 경우 열적으로 생성된 소수 캐리어 농도가 증가해서 암 포화 전류가 늘어난다. 이는 결국 순방향 확산 전류를 증가시키므로 개방전압이 감소한다. 따라서 확산거리와 소수 캐리어 농도를 만족시키기 위한 적절한 타협점을 찾아서 벌크 농도를 결정해야 한다.

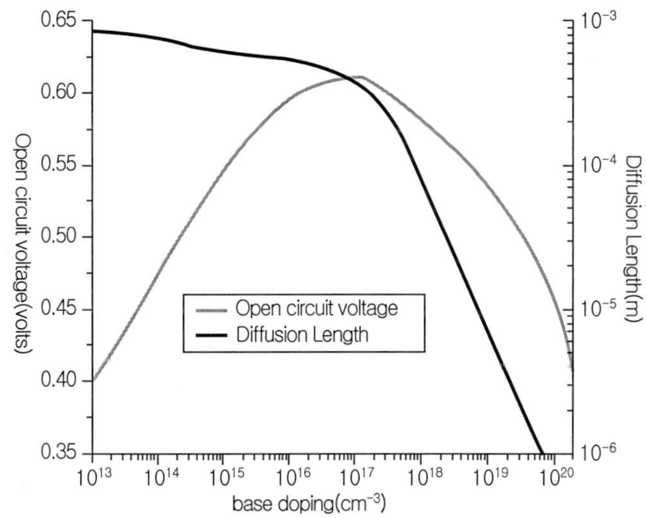

그림 16-13 불순물 주입에 따른 확산거리와 개방전압의 변화

16.2.2 표면 재결합

솔라셀의 상하부 표면은 격자 결함에 의한 재결합이 많이 생기는 부위이다. 특히 상부면은 광 캐리어가 많이 생성되는 영역이므로 이 부위에서 재결합률이 높으면 단락전류를 크게 감소시킨다. 솔라셀의 상부면은 Si 원자간 결합이 불완전하므로 표면에 산화막을 성장시키는 방식으로 표면 보호(passivation) 공정이 필수적이다. 표면 보호용 박막은 보통 절연막인데 솔라셀 상부에 위치한 금속 전극은 아래 Si 에미터와 전기적으로 연결되어야 하므로 금속 전극을 제외한 영역에만 표면 보호층을 형성해야 한다.

한편 상부 금속 전극과 Si 사이 접촉 저항을 줄이기 위해선 Si 에미터층의 불순물 농도가 높아야 한다. 그러나 이에 의해 소수 캐리어 확산거리가 짧아지는 문제가 있다. 그러나 금속 전극으로 덮인 부분은 빛을 차단해서 캐리어 생성에 기여하지 못하는 부분이므로 선택적으로 금속 전극과의 접촉 부분만을 고농도로 도핑하는 것이 좋다. 실제적인 측면에서 살펴보면 위치에 따른 캐리어 생성률을 고려하여 pn 접합을 솔라셀의 표면 부근에 형성해야 하므로 에미터 층의 두께가 얇아져야 한다. 따라서 에미터 내에서의 확산거리는 상대적으로 영향이 작기 때문에 따라서 에미터는 베이스에 비해 높은 불순물 농도로 도핑하는 것이 일반적이다.

솔라셀의 하부면도 표면 재결합이 많이 생기는 부분이다. 솔라셀의 베이스는 두껍기 때문에 하부면에서 형성된 소수 캐리어가 pn 접합까지 이동하는 과정에서의 재결합 손실을 줄이기 위해선 하부 표면에서의 재결합을 최소화해야 한다. 이를 위해 하부 표면 보호 공정을 할 수도 있지만 하부 표면을 높은 농도로 도핑을 하면 농도가 다른 베이스 영역에 의해 추가적인 접합이 형성되어 내부 전계가 만들어지는데 이를 후면 전계(BSF, Back Surface Field)라고 한다. 결국 베이스에서 형성된 소수 캐리어는 후면 전계에 의해 하부면으로 이동을 못하게 하는 것이므로 하부 표면에서의 재결합이 줄어든다.

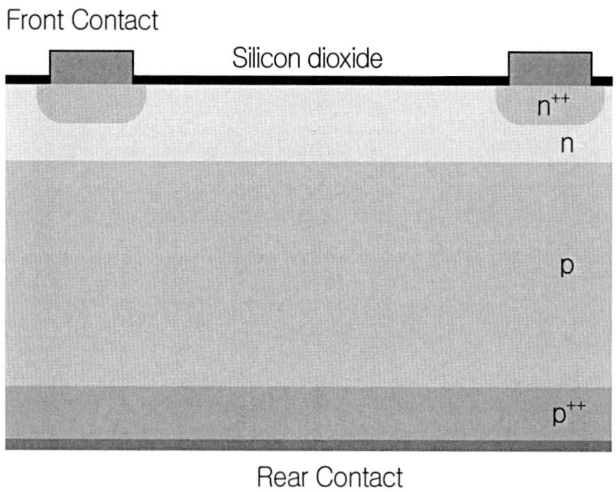

《 그림 16-14 》 표면 재결합 저감 구조

BSF 층까지 고려한 솔라셀의 에너지 밴드를 그려보면 솔라셀의 동작을 더 잘 이해할 수 있다. 먼저 n형 에미터를 통해 들어온 빛은 Si 내부를 이동하여 공핍층을 거치고 p형 베이스까지 도달한다. 따라서 빛 흡수에 의한 EHP 생성은 에미터층, 공핍층, 베이스층 모두에서 일어난다.

공핍층 부근에서 생성된 EHP는 내부 전계의 경사에 의해 전자는 n형 영역으로, 정공은 p형 영역으로 표동에 의해 이동한다. 또 n형 에미터에서 생성된 정공 중 공핍층의 끝에서 소수 캐리어 확산거리 이내에 존재하는 것들은 확산에 의해 공핍층까지 이동해서 전류 흐름에 기여한다. 마찬가지로 p형 베이스에서 생성된 전자 중에서 공핍층 끝으로부터 소수 캐리어 확산거리 이내에 존재하는 것은 확산에 의해 공핍층까지 이동해서 전류 흐름에 기여한다.

그런데 n형 에미터와 달리 p형 베이스는 두껍기 때문에 소수 캐리어 확산거리보다 깊은 곳에서 생성된 전자의 경우 후면 전극으로 확산될 가능성이 있다. 그런데 p^+ BSF 층을 형성하면 베이스와 BSF 사이에 전위 장벽이 발생되므로 전자의 확산을 막을 수 있다.

이 상태가 유지되면 n형 에미터에는 전자가 축적되고 p형 베이스는 정공이 축적되므로 평형 상태에서 n형의 페르미 준위가 p형의 페르미 준위보다 높아진다. 결국 이 차이가 솔라셀의 개방전압을 형성하는 것이다.

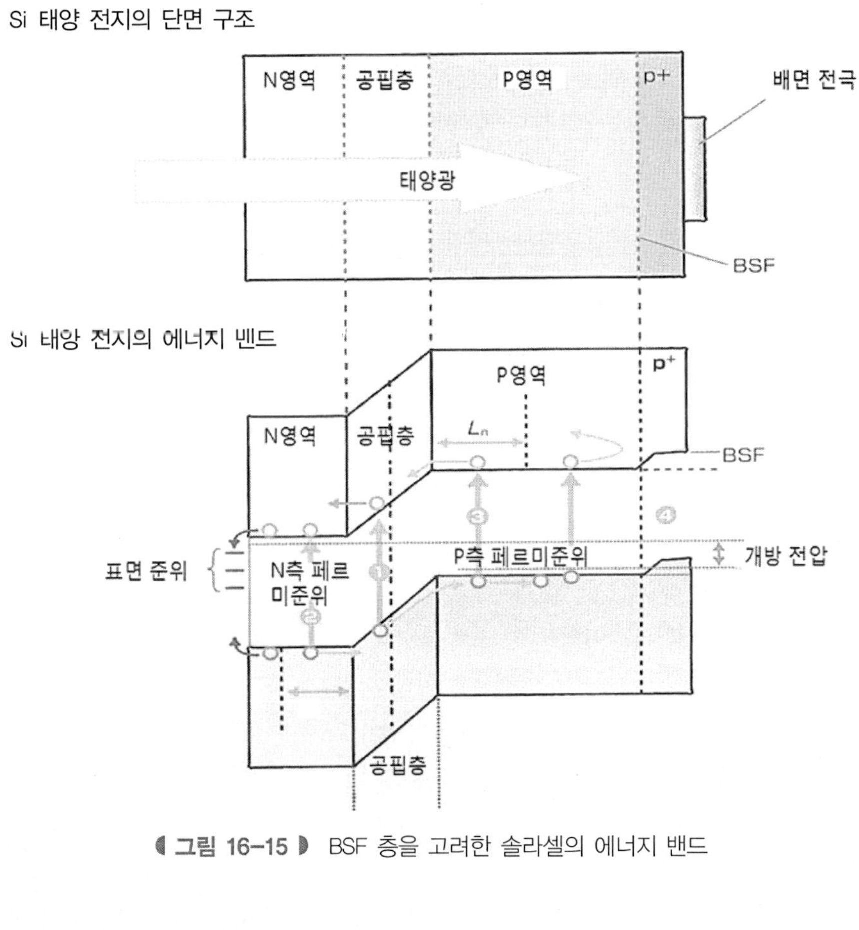

❰ 그림 16-15 ❱ BSF 층을 고려한 솔라셀의 에너지 밴드

16.4 저항성 손실 저감 설계

고효율 솔라셀 설계를 위해서 광 흡수를 최대화하고 재결합을 최소화하는 것 이외에 기생 저항에 의한 손실을 줄여야 한다. 병렬 및 직렬 저항 손실을 줄이면 솔라셀의 곡선인자

(FF)가 개선되어 솔라셀의 변환효율이 증가한다. 솔라셀에서 병렬 저항에 의한 손실은 설계 문제라기보다는 공정 결함에 의한 것이지만 직렬 저항은 상부 전극 설계와 에미터 저항에 의해 결정되므로 솔라셀의 종류와 구조, 형상에 따라 효율을 극대화할 수 있는 세심한 설계가 필요하다.

솔라셀 직렬 저항을 구성하는 주된 요소 중의 하나가 상부 전극이다. 상부 금속 전극 패턴은 버스바(busbar)와 핑거(finger) 전극으로 이루어진 그리드(grid) 형태를 갖고 있는데, 버스바는 외부와 연결되는 부분이고 핑거는 전류를 버스바에 보내기 위해 세밀하게 형성된 전극 패턴을 갖고 있다. 상부 전극 패턴에서 그리드 간격을 크게 하면 직렬 저항 증가로 저항성 손실이 늘어나고, 반대로 그리드 전극 간격을 줄이면 입사광이 작용하는 면적이 감소하므로 이들 사이에서 적절한 타협점을 찾아야 한다.

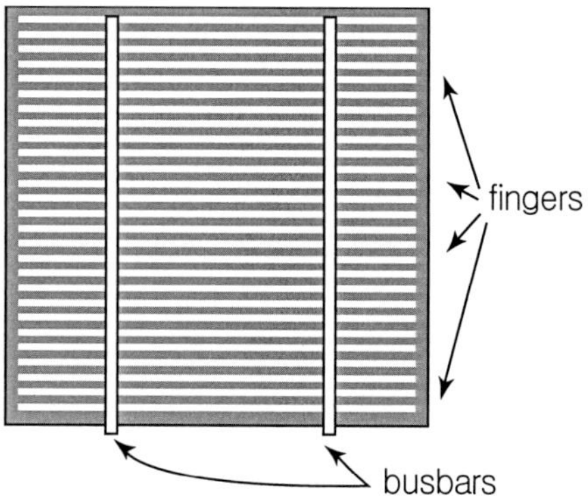

그림 16-16 솔라셀의 상부 전극 구조

솔라셀에서 광 캐리어의 이동 경로를 살펴보면 p형 베이스에서 n형 에미터로 전자가 수직으로 이동하고 이들이 핑거 전극을 통해 버스바로 모인 다음 외부로 흐르게 된다. 따라서 베이스와 에미터 영역의 벌크 저항과 전극 자체의 저항 그리고 금속과 Si 접합부 등이 모두 저항성 요소로 작용한다.

16.4.1 벌크 저항

광 캐리어는 솔라셀의 베이스에서 표면을 향해 수직 방향으로 흐른 뒤, 상부 에미터 영역에서는 금속 전극으로 수평방향으로 흐르게 된다. 따라서 베이스 영역에서의 전류는 일정하다고 볼 수 있으며 베이스 저항은 솔라셀의 단면적(A)과 솔라셀의 두께(W) 그리고 베이스 비저항(ρ_b)으로 결정된다. 에미터 영역의 저항은 두께가 반영된 면저항(ρ_s)으로 정의할 수 있다. 그런데 에미터 영역에서의 핑거 전극 간격에 따라 캐리어가 이동하는 거리가 다르기 때문에 핑거 전극 간격 S가 중요한 역할을 하게 된다. 에미터 영역에서 핑거

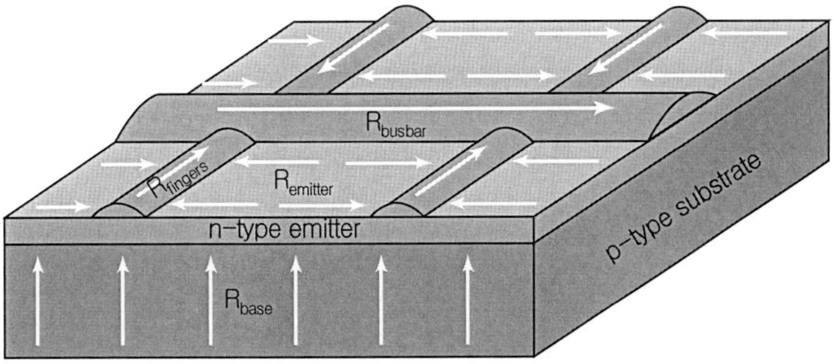

《 그림 16-17 》 솔라셀 내 전류 경로

전극으로 흐르는 전류의 크기는 위치에 따라 달라지는데, 핑거와 핑거의 간격(S) 중앙에서 전류가 최소이고 핑거 전극쪽으로 갈수록 선형적으로 증가한다. 이를 고려해서 계산을 하면 에미터 영역에서의 저항성 손실은 핑거 전극 간격의 세제곱에 비례한다.

$$R_b[\Omega] = \rho \cdot \frac{L}{A} = \rho_b \cdot \frac{W}{A}$$

$$\rho_s[\Omega/\square] = \frac{\rho}{t}$$

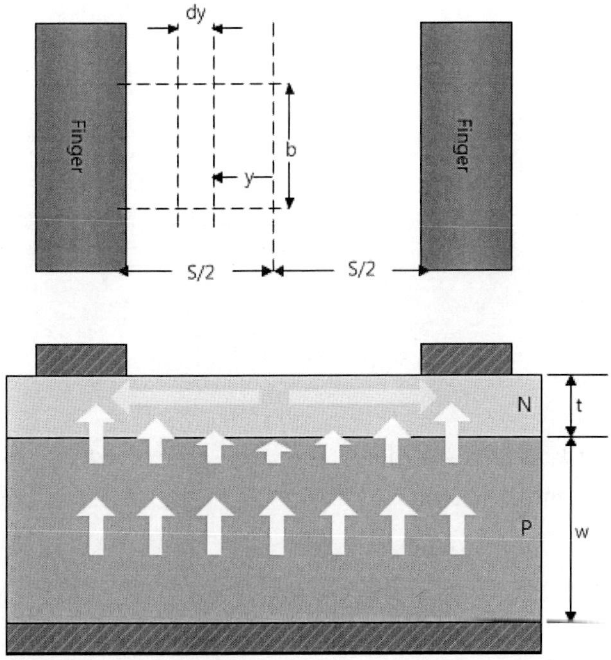

《 그림 16-18 》 솔라셀에서의 전류 흐름과 벌크 저항에 의한 손실

$$dR_e[\Omega] = \rho_s \cdot \frac{dy}{b}$$

$$I[\mathrm{A}] = J \cdot b \cdot y$$

$$P_{loss}[W]t = \int_0^{S/2} I^2 dR = \int_0^{S/2} \frac{J^2 b^2 y^2 \rho_s}{b} dy = P_{loss}[W] = \frac{J^2 b \rho_s S^3}{24}$$

16.4.2 금속 저항

솔라셀 상부에 높은 도전성을 부여하기 위해선 표면에 일정한 간격으로 핑거 전극을 배치하는데, 핑거 전극도 저항 성분이 있으므로 손실이 발생한다. 핑거 저항에 의한 손실을 계산해 보면 전극의 길이와 핑거 전극의 간격(S), 폭(w_f), 그리고 두께(h)에 의해 달라진다.

$$dR_f[\Omega] = \rho_f \cdot \frac{dx}{w_f d_f}$$

$$dP_{loss}[W] = I^2 \cdot dR_f$$

$$P_{loss}[W] = \int_0^L (xJ_{MP}S_f)^2 \frac{\rho_f}{w_f d_f} dx = \frac{1}{3} L^3 J_{MP}^2 S_f^2 \frac{\rho_f}{w_f d_f}$$

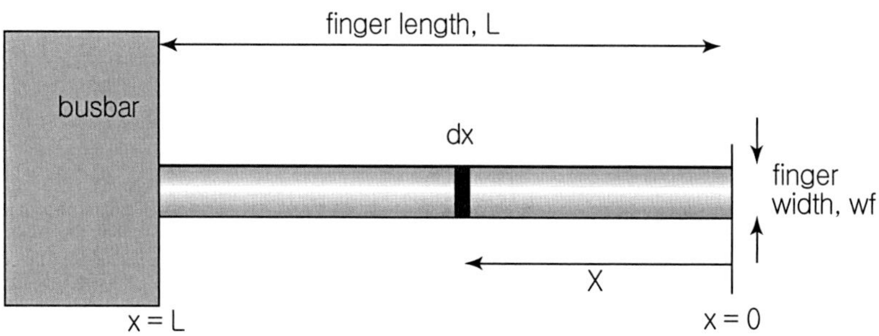

《 그림 16-19 》 핑거 전극 개략도

여기서 핑거 전극에 의한 저항성 손실을 줄이려면 전극의 폭(w_f)과 두께(h)를 키워야 하는데 광학적인 손실을 감안하면 폭보다는 두께를 키우는 것이 유리하다. 결국 핑거 전극은 고단면비 구조가 될수록 좋은데 금속 전극을 구성하는 물질에 따라 구현 가능한 단면비가 결정되므로 조정이 쉽지 않은 부분이다.

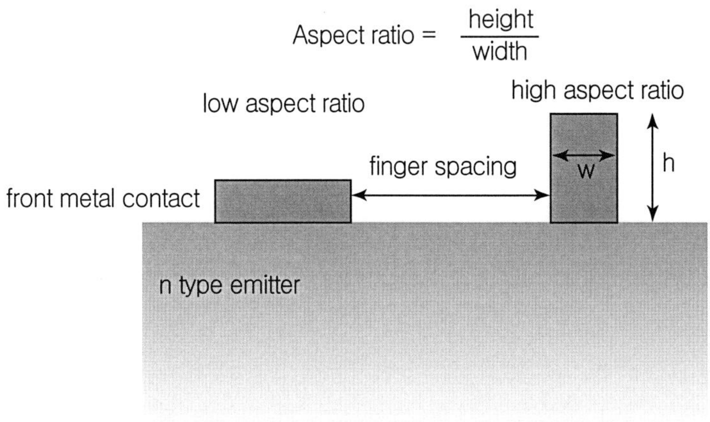

《 그림 16-20 》 솔라셀 상부 전극 단면비

16.4.3 접촉 저항

솔라셀의 에미터 영역과 금속 전극 사이의 접합부에 존재하는 접촉 저항도 솔라셀의 기생 직렬 저항의 원인이 된다. 이를 줄이기 위해 에미터 층을 고농도 도핑하면 접촉 저항은 줄겠지만 소수 캐리어 재결합을 증가시켜 광 캐리어 수집 확률이 감소한다. 따라서 금속과 접촉하는 하부는 고농도로 도핑을 하되, 에미터 영역에서의 농도는 확산거리와 암 포화 전류를 고려하여 적절히 조절해야 한다.

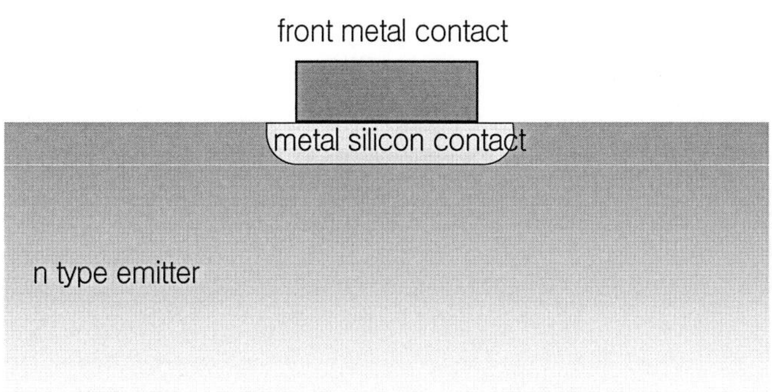

《 그림 16-21 》 금속 전극과 실리콘 접촉 영역

실리콘 솔라셀 제조기술

CHAPTER 17

결정질형 Si 솔라셀은 p형 베이스 기판의 상부에 얇은 에미터 층과 그 위에 반사 방지막(ARC) 그리고 핑거 그리드 전극이 위치하고, p형 베이스의 최하부는 p^+ 층 그리고 그 아래에 하부 전극이 형성되어 있다. 또한 Si 기판 자체는 광 트랩핑 효과를 얻기 위해 표면 조직화가 되어 있는 것이 일반적인 구성이다. 이러한 솔라셀을 제조하기 위한 공정 기술에 대해 살펴본다.

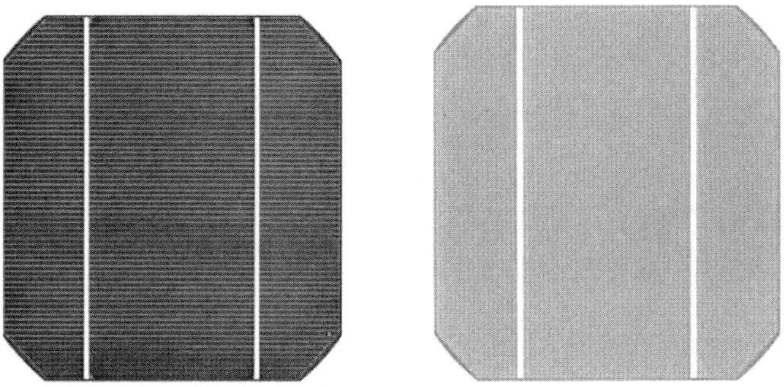

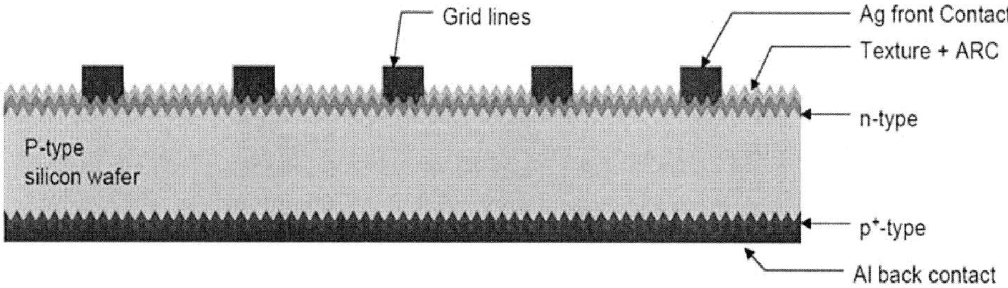

【 그림 17-1 】 단결정 Si 기반 솔라셀 외관과 단면

17.1 솔라셀용 실리콘 웨이퍼 제조

Si 솔라셀 제조용으로 사용하는 웨이퍼는 결정 구조에 따라 단결정(single crystalline), 복결정(multi crystalline), 다결정(poly crystalline), 미결정(micro crystalline) 등으로 구분할 수 있다. 이 차이는 반도체의 결정 구조가 얼마나 규칙성을 유지하느냐에 따라 달라진다. 반도체 물질에서 일정한 결정 격자가 유지되는 영역을 결정립(grain)이라 하는데 이 결정립의 크기에 따라 다음과 같이 분류한다.

표 17-1 실리콘 결정 구조에 따른 분류

구분	표기	결정립 크기	결정 성장 방법
단결정 Single crystal	sc-Si	〉10[cm]	Czochraski(CZ), float zone(FZ)
복결정 Multi crystal	mc-Si	1[mm]~10[cm]	Cast, sheet, ribbon
다결정 Poly crystal	pc-Si	1[μm]~1[mm]	LPCVD
미결정 Micro crystal	μc-Si	〈1[μm]	PECVD

앞서 9장에서 살펴본 바와 같이 전자 소자를 제작하기 위해 불순물 농도를 10억분의 1 미만으로 관리하는 초고순도의 Si을 EGS(Electronic Grade Si)급이라고 한다. 그러나 솔라셀용 Si은 SGS(Solar Grade Si)급이라 불리며 불순물이 100만분의 1 수준이어도 충분히 사용할 수 있다. 참고로 Si 추출 과정에서 얻어지는 MGS(Metallurgical Grade Si)급 Si의 불순물은 100분의 1 수준이다.

현재 Si 솔라셀에서 가장 많이 사용되는 복결정 Si 잉곳은 주로 주조(cast)법으로 성장시킨다. 주조법은 주형에 Si 용액을 넣어서 상부는 고온, 하부는 저온으로 온도 구배(gradient)를 가하면서 고화시키는 방법이다. 이렇게 하면 주형의 하부에서 결정 핵이 발생하고 이것이 성장하고 융합하면서 결정립이 자라게 된다. 이 과정이 끝나면 전체가 복결정 잉곳이 되는 것이다.

이처럼 복결정 Si 잉곳은 단결정 Si 잉곳을 잘라낸 양단(shoulder, tail)부나 절단 부스러기 등을 다시 용해해서 사용하면 되고 비교적 간단히 만들 수 있기 때문에 기판 제조비용이 훨씬 적게 소요된다. 그러나 결정립계(grain boundary)가 있어서 물질의 특성은 떨어진다. 특히 입계면에서 재결합이 활발히 일어나기 때문에 전체 소수 캐리어 수명이 줄어들고 캐리어의 흐름을 방해하거나 병렬 저항의 원인이 되기도 한다. 또한 주조 과정에서 주형의 안쪽 면에는 잉곳을 쉽게 분리할 수 있도록 이형제로 Si_3N_4(silicon nitride)가 도포되어 있는데 이를 통해 불순물이 유입될 수도 있기 때문에 순도는 떨어질 수밖에 없다. 단결정 Si 솔라셀 웨이퍼는 원형 잉곳을 잘라서 만들기 때문에 준사각(pseudo square) 형태이지만 복결정 Si 솔라셀 기판은 주형틀에서 형성한 사각 잉곳을 이용하기 때문에 정사각형 기판이다.

◖ 그림 17-2 ◗ 단결정 Si 솔라셀용 웨이퍼

◖ 그림 17-3 ◗ 복결정 Si 솔라셀용 웨이퍼

17.2 솔라셀 일괄 제조 공정

17.2.1 스크린 프린팅(screen printing) 방식

스크린 프린팅을 이용한 솔라셀 공정은 1970년대에 개발되었는데 현재도 대부분의 지상용 솔라셀 제조의 기본 공정이 될 정도로 간단하고 저가의 공정이다. 주요 공정 흐름을 살펴보면 다음과 같다.

(1) p형 웨이퍼 표면처리

솔라셀의 베이스 영역을 위해 저농도(10^{16}[cm^{-3}])로 도핑된 p형 기판을 시작 재료로 사용한다. 우선 기판의 표면 결함이나 기타 잔류 물질은 알카리(alkali) 용액에서 제거한다.

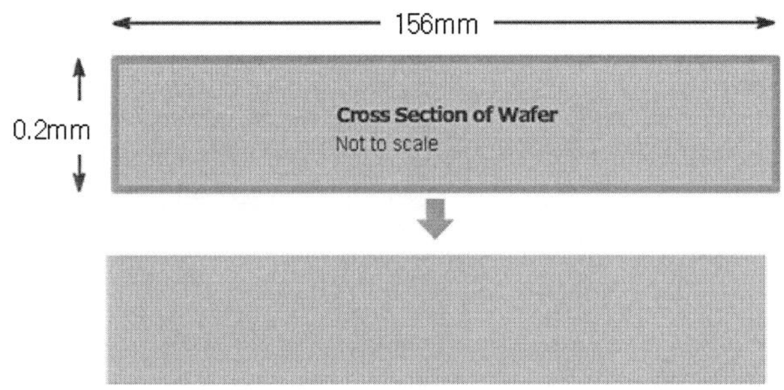

❰ 그림 17-4 ❱ p형 웨이퍼 표면 처리

(2) pn 접합 형성

이후 800~1,000[℃] 열 확산 공정으로 V족 불순물인 P를 주입하면 기판 표면에 n형 에미터 영역이 만들어진다. 따라서 기판의 전면에 걸쳐 pn 접합이 균일하게 형성된다.

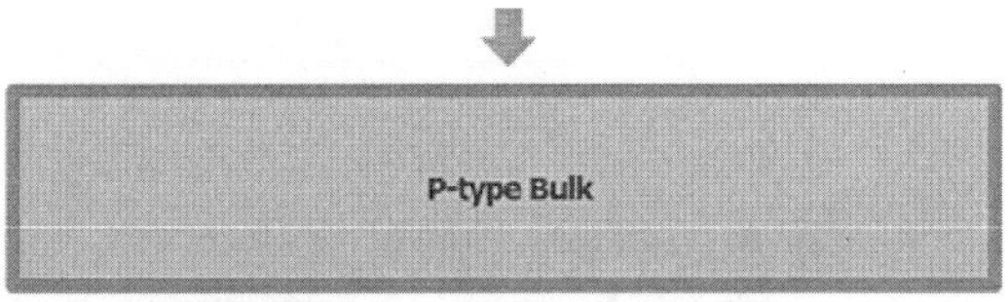

❰ 그림 17-5 ❱ pn 접합 형성

(3) 측면 분리(edge isolation)

솔라셀의 베이스와 에미터는 전기적으로 절연되어야 하므로 측면의 pn 접합을 제거해야 한다. 이를 위해 솔라셀 기판을 적층해서 HF(Hydro Fluoric) 플라즈마로 건식 식각하면 측면의 pn 접합만 제거된다. 이 경우 적층한 기판사이의 간격이 발생하면 플라즈마가 전면 도핑층까지 식각하기 때문에 주의해야 한다.

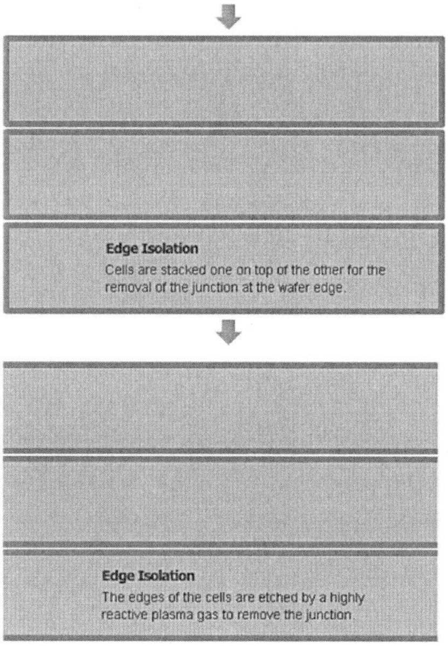

《 그림 17-6 》 외곽 분리

(4) 하부 전극 형성

셀 하부에 스크린 프린팅 공정으로 금속 페이스트(paste)를 도포한 다음, 오븐에서 건조시킨다. 솔벤트(solvent)와 바인더(binder)가 제거된 상태에서 고온을 가해서 금속과 Si 접합을 형성한다. 이때 금속이 Si으로 확산하면서 하부층의 pn 접합은 제거된다.

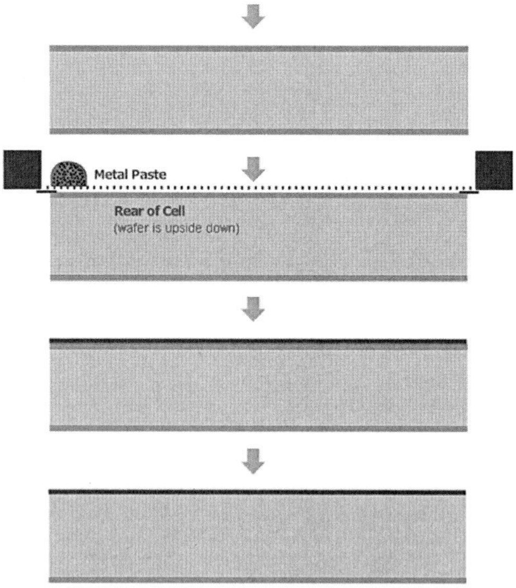

《 그림 17-7 》 하부 전극 형성

(5) 상부 전극 형성

셀 상하부를 뒤집은 다음 상부층을 프린팅 공정으로 금속 페이스트를 도포한 다음, 오븐에서 건조시킨다. 솔벤트와 바인더가 제거된 상태에서 고온 반응로에서 금속과 Si 접합을 형성하면 완성된다.

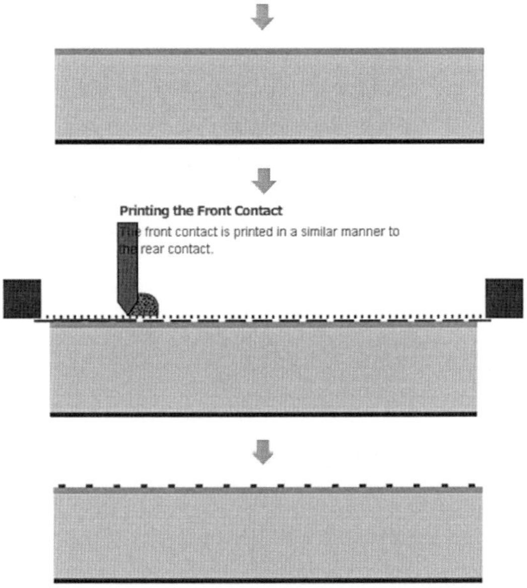

《 그림 17-8 》 상부 전극 형성

17.2.2 매립 전극 방식

매립 전극형 솔라셀은 레이저로 가공한 홈에 도금층을 형성해서 만드는 고효율 솔라셀 공정이다. 이 방식은 스크린 프린팅 방식의 단점인 상부 금속 전극에 의한 광전류 감소를 완화할 수 있기 때문에 25%대의 높은 효율이 가능하다.

이 공정의 핵심은 금속층의 단면비를 높일 수 있어서 상부면에 넓은 면적을 점유하지 않은 상태에서 큰 금속 전극을 형성할 수 있다는 점이다. 따라서 태양광 차단 영역을 최소로 하면서 핑거 전극의 간격을 줄일 수 있다. 예를 들어 대면적 소자의 경우 스크린 프린팅 공정의 경우 15% 태양광 차단 면적이 생기는 반면, 매립 전극형은 2~3% 수준에 불과하다. 이는 결국 반사율을 줄여서 단락전류를 증가시키는 효과가 있다. 다음은 대표적인 매립 전극형 솔라셀 제조 공정의 주요 흐름과 공정 내용을 설명한 것이다.

(1) p형 웨이퍼 표면 처리

솔라셀의 베이스 영역을 위해 저농도(10^{16}[cm^{-3}])로 도핑된 p형 기판을 시작 재료로 사용한다. 우선 기판의 표면 결함이나 기타 잔류 물질은 알카리 용액에서 제거한다. 다시 KOH:IPA:H_2O 용액으로 Si을 습식 식각하면 결정면에 따른 식각 속도 차이에 의해 거친 표면이 만들어진다.

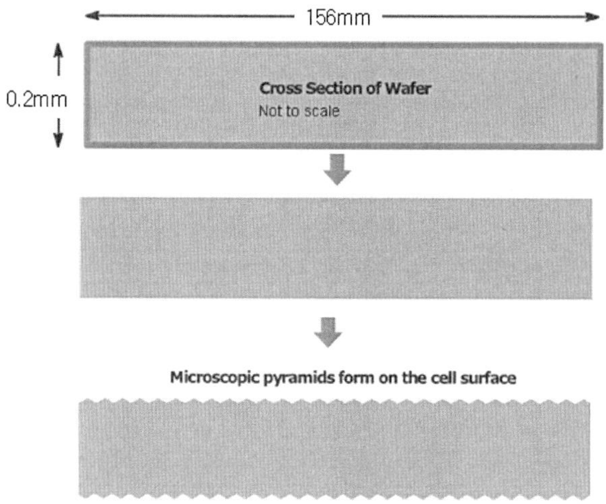

◀ 그림 17-9 ▶ p형 웨이퍼 표면 처리

(2) 전면 pn 접합 형성

이후 800~1,000[℃] 열 확산 공정으로 V족 불순물인 P를 주입하면 기판 표면에 n형 에미터 영역이 만들어진다. 따라서 기판의 전면에 걸쳐 pn 접합이 균일하게 형성된다. 이어서 도금 방지막 용도로 사용하기 위한 습식 산화막을 0.5[μm] 두께로 성장시킨다.

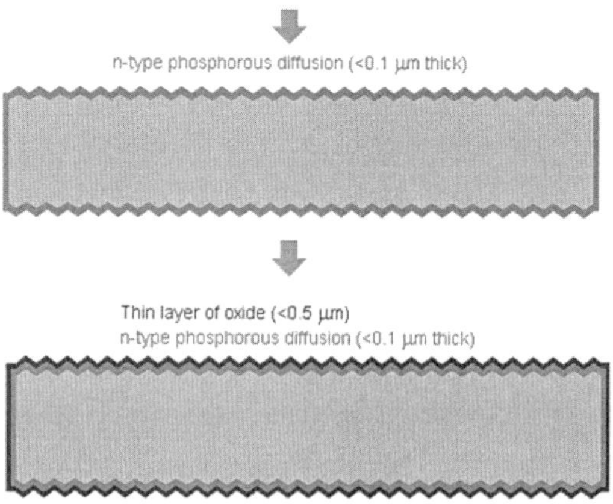

◀ 그림 17-10 ▶ 전면 pn 접합 형성

(3) 트랜치(trench) pn 접합 형성

레이저 가공을 통해 웨이퍼의 표면에 폭 30[μm], 깊이 80[μm]의 트랜치를 형성하고 P를 주입하면 마스크 산화막에 노출된 트랜치 측면에만 도핑이 되므로 넓은 표면적에 걸쳐 pn 접합이 형성된다.

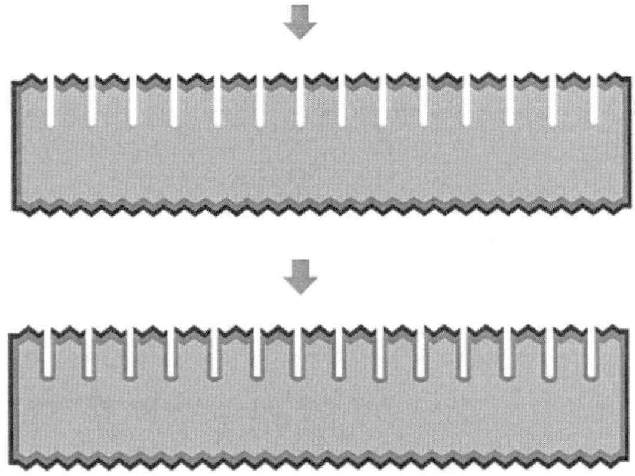

◀ 그림 17-11 ▶ 트랜치 pn 접합 형성

(4) 하부 전극 형성

PVD나 스크린 프린팅 공정으로 셀 하부에 Al 박막 전극과 BSF층을 형성하는 공정이다. 주로 사용하는 방식은 스크린 프린팅 공정인데 Al 페이스트를 도포한 다음, 오븐에서 건조시키면 된다. 이후 솔벤트와 바인더가 제거된 상태에서 고온 소결 공정을 통해 금속과 Si 접합을 형성한다. 이 과정에서 Al이 Si으로 확산하면서 하부층의 pn 접합은 제거되고 BSF 형성에 필요한 p^+ 층이 형성된다.

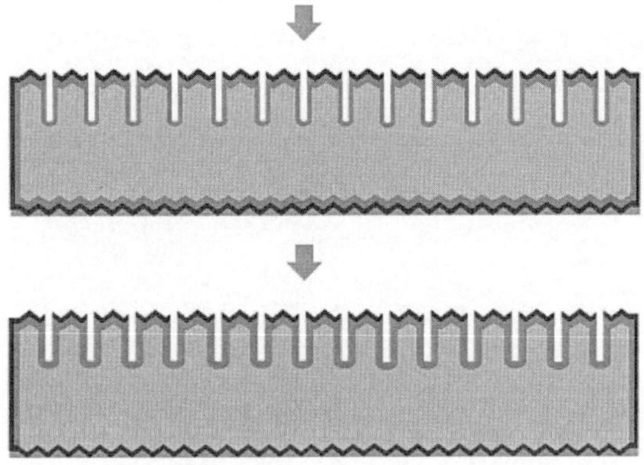

◀ 그림 17-12 ▶ 하부 전극 형성

(5) 상부 전극 형성

상부 전극을 형성하기 위해 기판을 Ni와 Cu로 도금을 하면 마스크 산화막이 없는 트랜치 내부와 하부면에 금속 전극이 형성된다. 전기적으로 연결된 솔라셀의 베이스와 에미터는 절연되어야 하므로 웨이퍼의 측면을 분리하면 완성된다.

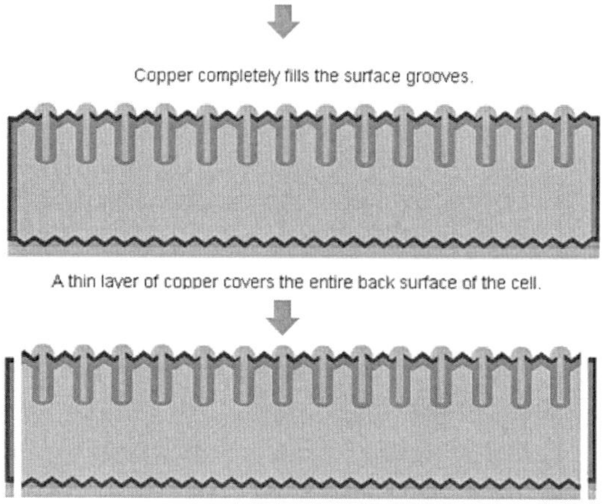

◀ 그림 17-13 ▶ 상부 전극 형성

17.4 솔라셀 제조설비

솔라셀 제조 설비는 한국기술교육대학교(KoreaTech) 신성장 동력센터 솔라셀 제조 실습실에 설치된 설비를 기준으로 살펴보기로 한다. KoreaTech에서 사용하는 표준 솔라셀 공정은 단결정 Si 기판의 스크린 프린팅 방식을 기반으로 한다. 대략적인 흐름을 살펴보면 먼저 p형 기판을 원재료로 사용하여 전처리 과정을 거친다. 습식 식각으로 결함제거와 표면 조직화 과정을 거치고 P 도핑을 한 다음 PSG를 제거한다. 상부면에 반사방지막을 형성한 뒤 상 over 하부면에 금속전극을 스크린 프린팅으로 형성한 뒤 건조시킨 다음 고온 소결을 통해 금속과 Si 접합을 형성한다. 마지막에 레이저로 측면 분리 공정까지 마치면 솔라셀이 완성된다.

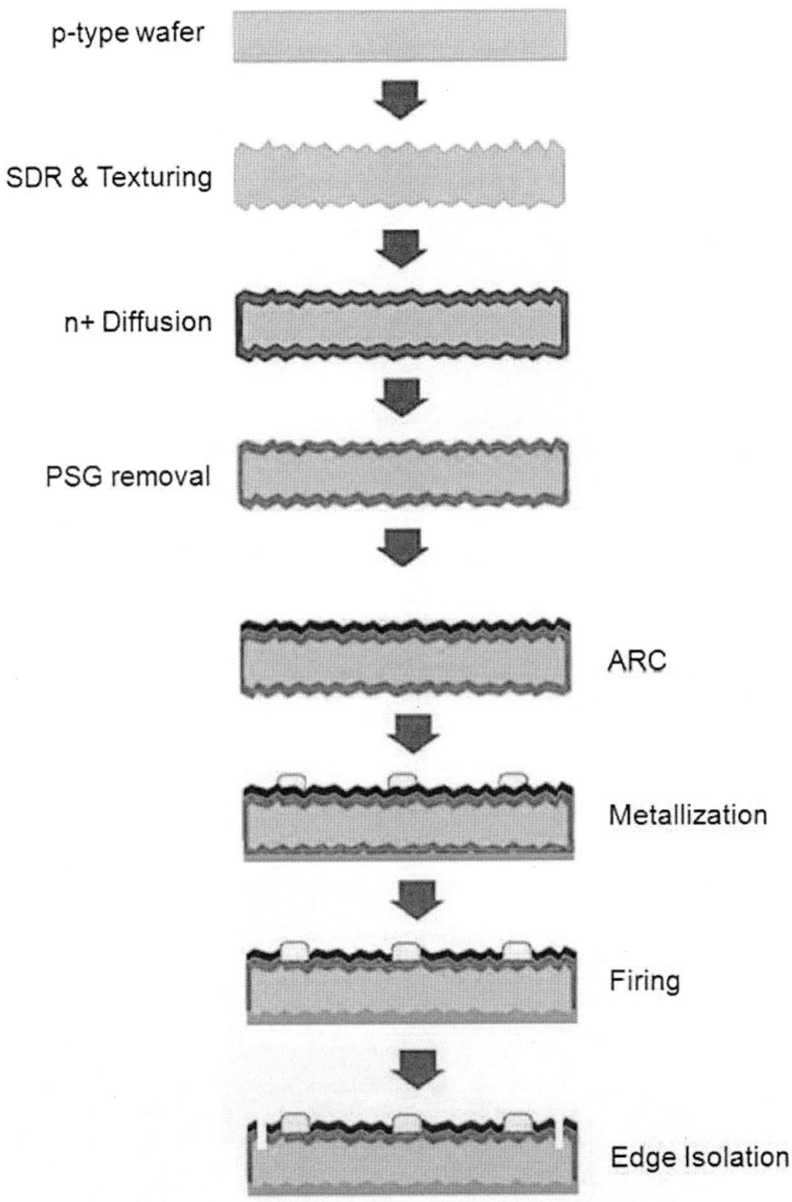

【그림 17-14】 KoreaTech 표준 솔라셀 공정 흐름도

(1) 기판 전처리

솔라셀 공정 시작 전에 웨이퍼 표면에 잔류물이 존재할 수 있으므로 KOH 용액으로 제거한 다음, 웨이퍼의 표면 결함을 제거하는 공정을 수행한다. 이어서 표면 조직화 공정을 거치면 솔라셀의 상부와 하부면이 거칠게 형성된다. 이렇게 하면 전면의 빛 반사에 의한 손실을 줄이고, 후면으로부터의 내부 반사를 이용할 수 있다. 따라서 솔라셀 내부에서 빛의 통과 길이를 증폭하는 효과가 있으므로 흡수된 빛의 양을 늘릴 수 있다. 표면 조직화 공정은 Si의 결정면에 따라 식각률이 달라지는 특성을 이용하는 것으로 KOH와 IPA를 혼합하여 사용한다. 이 과정을 마치고 나면 표준 세정과 건조 과정을 거친다.

◀ 그림 17-15 ▶ 기판 전처리 장비 외관

◀ 그림 17-16 ▶ 기판 세정 공정

◀ 그림 17-17 ▶ 표면 조직화 공정

(2) 에미터 도핑

솔라셀 표면에 n^+ 에미터 층을 형성하기 위해 $POCl_3$ 가스로 열 확산 도핑 공정을 진행한다. 780[℃] 고온 전기로에서 프리데포지션(predeposition)을 하면 $POCl_3$과 O_2가 반응하여 P_2O_5(Phosphorus pentoxide)층이 Si 표면에 형성된다. 이 상태에서 840[℃]로 드라이브인(drive-in) 공정을 거치면 P가 Si으로 확산되어 접합 깊이가 약 0.5[μm]인 pn 접합이 웨이퍼 전면에 걸쳐 형성된다.

$$POCl_3 + O_2 \rightarrow P_2O_5$$
$$2P_2O_5 + 5Si \rightarrow 4P + 5SiO_2$$

에미터 층의 도핑 정도는 면저항 측정을 통해 확인할 수 있는데 대략 $\rho_s = 53\,[\Omega/\square]$ 정도이다.

◀ 그림 17-18 ▶ 열 확산 도핑 장비 외관

◀ 그림 17-19 ▶ 석영 보트에 장착한 상태의 웨이퍼

◀ 그림 17-20 ▶ 열 확산용 전기로에 웨이퍼 로딩

(3) PSG 제거

$POCl_3$ 소스로 열 확산을 마치면 Si 표면에 P를 다량 함유한 PSG(Phosphor Silicate Glass) 산화막이 부산물로 생긴다.

$$SiO_2 + P \rightarrow PSG(\text{phosho silicate glass})$$

이 PSG 막에는 Si 내부에 있던 불순물이 석출된 상태로 존재하므로 완벽하게 제거해야 하는데, 산화막 계열이므로 BOE(Buffered Oxide Etchant) 용액으로 쉽게 제거할 수 있다.

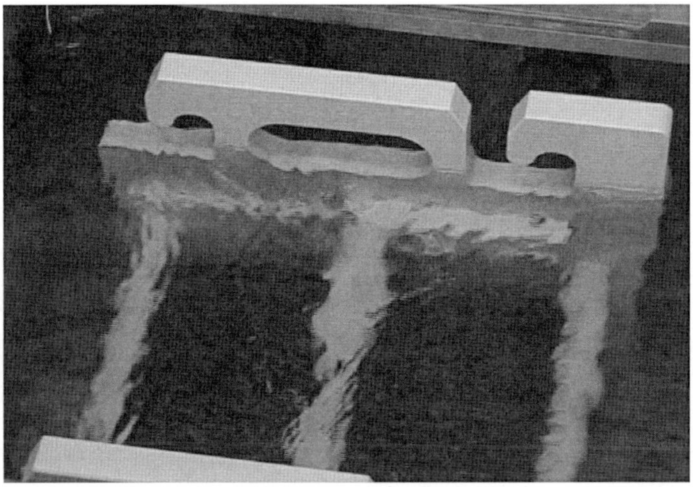

《 그림 17-21 》 PSG 제거 공정

(4) ARC 형성

이어서 솔라셀 표면에서 빛의 반사로 인한 손실을 최소화하기 위해 반사 방지막(ARC)을 형성한다. 반사 방지막은 솔라셀의 상부 Si과 맞닿는 부분이므로 표면 재결합에 의한 손실을 저감시키는 역할을 할 수 있도록 Si과 화학적 결합이 생성되는 물질을 사용하는 것이 유리하다. 이를 위해 Si_3N_x(silicon nitride) 박막을 굴절률이 2에서 2.2 사이의 값을 갖도록 성분을 조절하여 PECVD 장비로 1,000[Å] 두께로 증착한다.

《 그림 17-22 》 ARC용 PECVD 장비 외관

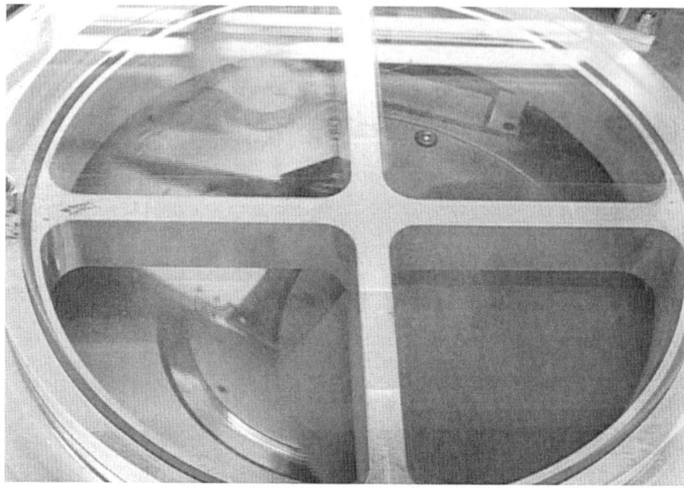

《 그림 17-23 》 CVD 공정 챔버에 웨이퍼 로딩

《 그림 17-24 》 ARC 박막 증착 완료된 웨이퍼

(5) 후면 스크린 프린팅

다음은 솔라셀의 상부와 하부면에 전극을 만들어야 하는데, 먼저 후면 전극부터 형성한다. 솔라셀의 후면에는 p^+ 영역으로 BSF층을 만들면 후면 재결합을 줄일 수 있으므로 Al을 후면 전극 물질로 사용한다. Al 페이스트를 개구부가 형성된 실크 스크린(silk screen) 마스크와 스퀴저(squeezer)를 사용하여 기판 표면에 30~40[μm] 두께의 금속 막을 형성한다. 이후 금속 페이스트에 함유되어 있는 솔벤트와 바인더를 제거하기 위해 250[℃] 온도에서 건조 과정을 거친다.

《 그림 17-25 》 스크린 프린팅 공정 장비 외관

《 그림 17-26 》 실크 스크린 마스크와 스퀴저

《 그림 17-27 》 후면 스크린 프린팅 완료된 웨이퍼

《 그림 17-28 》 페이스트 건조 공정 장비 외관

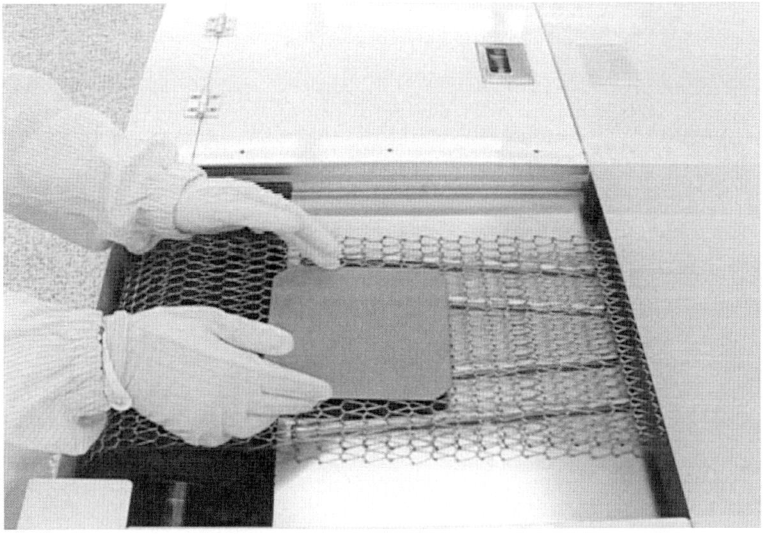

◀ 그림 17-29 ▶ 페이스트 건조를 위한 웨이퍼 로딩

◀ 그림 17-30 ▶ 페이스트 건조 공정

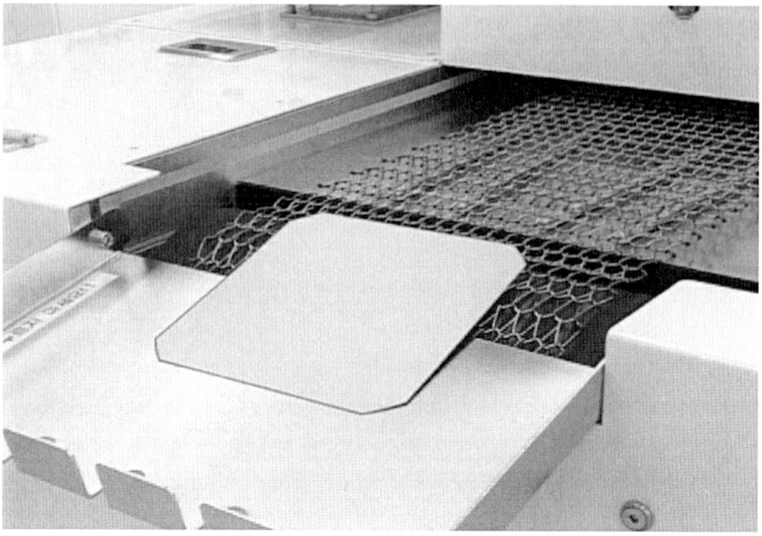

《 그림 17-31 》 건조 작업 완료 후 웨이퍼

(6) 전면 스크린 프린팅

솔라셀의 상부면에는 일정 간격을 사이에 두고 핑거 전극을 배치해야 한다. 이를 위해 상부면은 Ag 페이스트를 스크린 프린팅 공정을 통해 15~20[μm] 두께의 전극을 형성한다. 이후 Ag 페이스트에 함유되어 있는 솔벤트와 바인더를 제거하기 위해 180[℃] 온도에서 건조 공정을 거친다.

《 그림 17-32 》 전면 스크린 프린팅 공정 완료된 웨이퍼

《 그림 17-33 》 전면 페이스트 건조 공정

《 그림 17-34 》 페이스트 건조 공정 완료된 웨이퍼

(7) 소결(firing)

전극 물질을 스크린 프린팅하고 건조 과정을 거쳤더라도 금속 자체의 비저항이 크고 Si과의 전기적인 접촉이 형성되지 못한 상태이다. 소결 공정은 고온 열처리를 통해 금속 자체의 비저항을 줄이면서 금속과 Si이 접촉을 형성하기 위한 과정이다. 이 단계에서 하부 Al 전극은 p형 베이스까지 확산되어 p^+ 영역의 BSF층을 형성하고, 상부 Ag 전극은 ARC

박막을 뚫고 들어가서 n형 에미터와 전기적인 접촉을 형성한다.

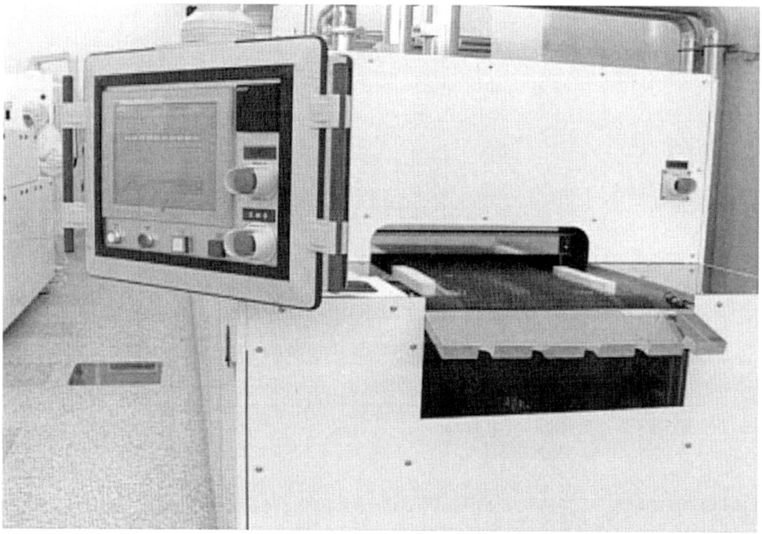

《 그림 17-35 》 소결 공정 장비 외관

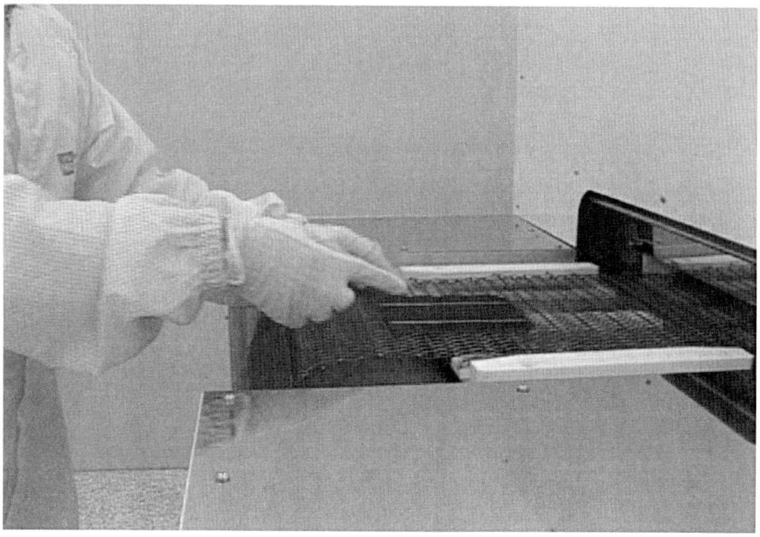

《 그림 17-36 》 소결 공정을 위한 웨이퍼 로딩

◀ 그림 17-37 ▶ 소결 완료된 웨이퍼

(8) 측면 분리(Edge isolation)

앞서 pn 접합을 형성하기 위해 P를 도핑하면 솔라셀의 전면뿐 아니라 측면과 후면에도 불순물이 주입된다. 결국 솔라셀의 에미터와 베이스가 전기적으로 연결된 상태가 되므로 물리적으로 분리시키는 과정이 필요하다. 이를 위해 파장이 532[nm]인 25[W]급 고출력 레이저를 이용하여 솔라셀의 외곽을 절삭해서 상부와 하부를 전기적으로 분리시키면 솔라셀이 완성된다.

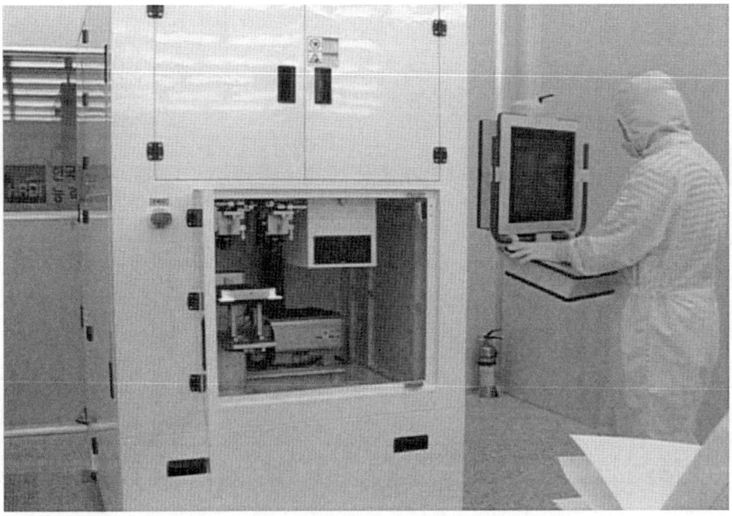

◀ 그림 17-38 ▶ 측면 분리 공정용 레이저 장비 외관

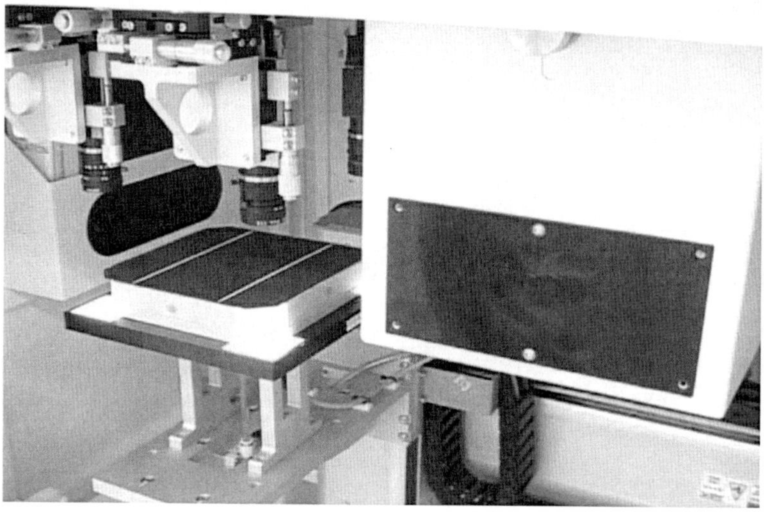

❰ 그림 17-39 ❱ 웨이퍼 정렬 작업

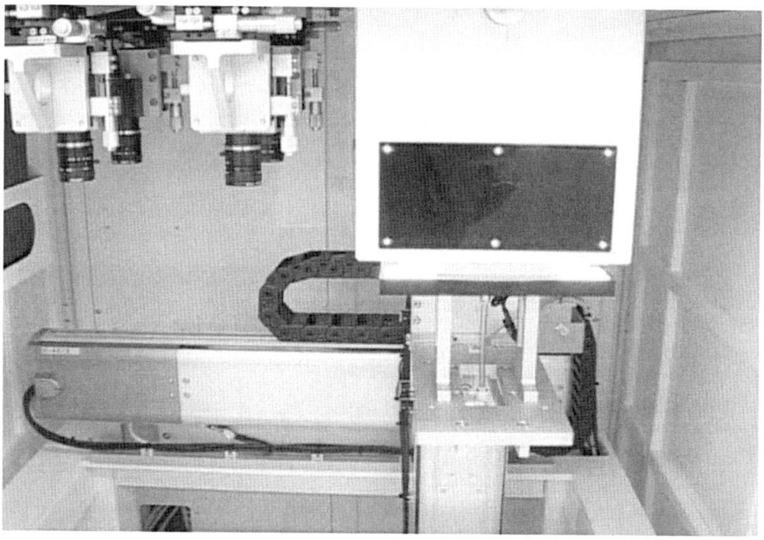

❰ 그림 17-40 ❱ 레이저를 이용한 측면 분리 공정

《 그림 17-41 》 측면 분리 공정 완료된 웨이퍼

(9) 솔라셀 평가

제작된 솔라셀의 성능을 평가하기 위해 $AM\,1.5G$ 태양광 스펙트럼을 갖는 인조 광원으로 솔라셀의 개방전압, 단락전류, 곡선인자, 효율 등을 측정한다. 이 외에도 입사광 파장에 따른 양자 효율이나 반사율 등을 측정한다.

《 그림 17-42 》 솔라셀 평가 장치 외관

《 그림 17-43 》 인조 광원에 노출시킨 상태의 솔라셀 웨이퍼

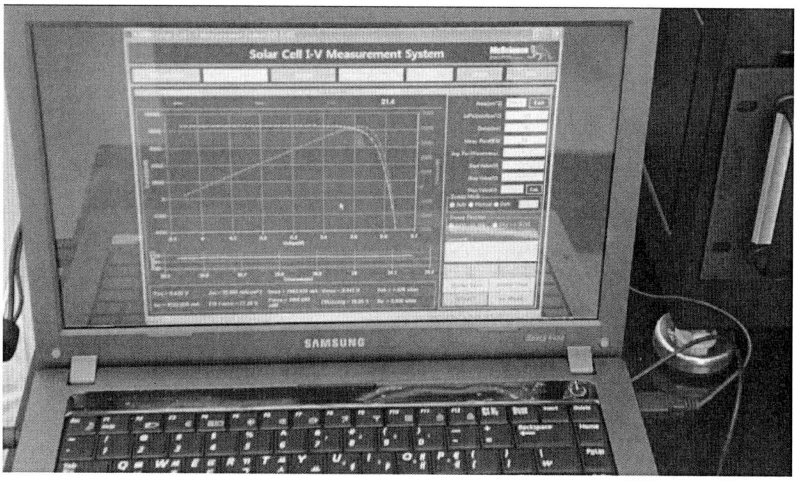

《 그림 17-44 》 솔라셀 출력 특성 곡선

CHAPTER 18

솔라 모듈/어레이

18.1 솔라 모듈

솔라 모듈은 용량에 따라 36개, 60개, 72개 등 다수의 솔라셀을 전기적으로 결선해서 하나의 단위로 포장한 형태이다. 포장을 하는 주목적은 사용 환경에서 솔라셀 자체와 결선부의 고장을 방지하기 위한 것이다. 솔라셀 자체는 상대적으로 얇기 때문에 파손되기 쉽고, 상부 전극은 습기가 닿을 경우 부식이 잘 일어난다. 이 두 가지 현상을 막기 위한 솔라 모듈의 구성은 솔라셀의 종류나 응용 분야에 따라 조금씩 다른데, 예를 들어 비정질 Si 솔라셀의 경우 유연한 형태의 어레이로 보호하지만 발전용에 사용하는 결정형의 경우 상부에 유리 덮개를 사용한다. 결정형 솔라 모듈의 수명과 보증기간은 대략 20년 정도이다.

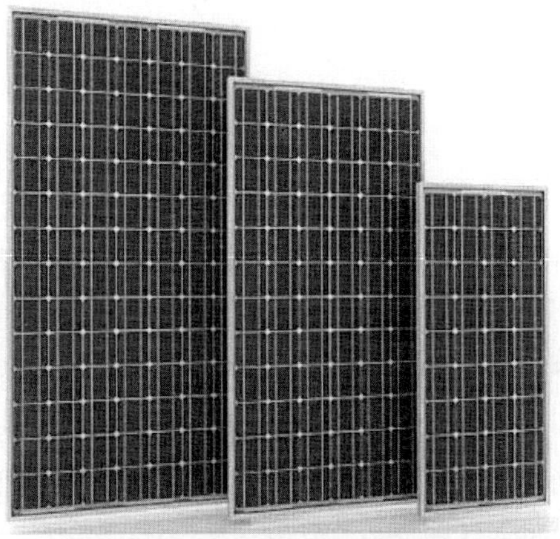

《 그림 18-1 》 솔라 모듈

18.1.1 솔라 모듈 구조

(1) 모듈 구성

솔라 모듈의 구조는 투명한 상층부와 밀봉층, 하부층 그리고 외형을 유지하는 틀로 구성한다. 상층부는 솔라셀 보호를 위해 주로 유리 기판을 사용하고 셀을 밀봉하는 재질은 EVA(Ethyl Vinyl Acetate), 그리고 하부층은 PVF(Poly Vinyl Fluoride) 필름, 그리고 외형은 Al 재질의 프레임으로 구성한다.

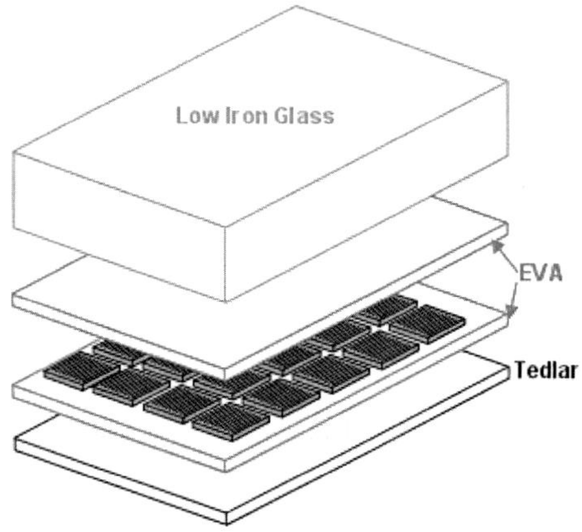

《 그림 18-2 》 솔라 모듈의 구성

모듈의 상층부는 태양광 파장(350~1,200[nm])에 대해 투과율이 높아야 하며 반사율도 낮아야 한다. 이론상으로 무반사 코팅을 하면 반사율은 감소하겠지만 실제 솔라 모듈이 사용되는 거친 환경에서 장기간 성능은 보장할 수 없다. 반사를 줄이기 위해 코팅 대신에 나온 방법이 표면을 거칠게 하는 것이다. 그러나 이 경우 먼지나 오염원이 표면에 부착하기 쉽고, 또한 비나 바람에 잘 제거되지 않는다는 단점이 있어서 반사율 저감 효과가 크지 않다. 또한 반사와 투과성 외에도 습기와 충격에 강해야 하며 장시간의 자외선 노출에도 영향이 없어야 하며 열 저항도 낮아야 한다. 솔라 모듈에 습기가 배어들면 전극과 결선부가 부식하기 때문에 수명이 급격히 감소한다. 이러한 요건을 만족할 수 있는 물질로는 아크릴, 폴리머, 유리 등이 있는데 가격, 강성, 안정성, 투과성, 내습성 등을 고려할 때 유리가 가장 좋은 물질이라고 할 수 있다. 또한 유리는 먼지나 오염물질이 쉽게 제거되는 성질도 갖고 있다.

밀봉층은 솔라셀을 상/하부층에 붙이는 역할을 한다. 밀봉층은 고온과 자외선 노출이 심한 환경에서 안정한 물질이어야 한다. 또한 광학적 투과성이 좋고 열저항이 낮아야 하는데 EVA가 가장 대표적으로 사용되는 물질이다. EVA는 얇은 시트 형식으로 나오기 때문에 솔라셀과 상하부 층의 사이에 집어넣어 사용할 수 있다. 이 상태에서 약 150[℃]로 가열하면 EVA는 중합 반응을 해서 모듈을 접착시킨다.

솔라 모듈에서 배치 밀도(packing density)는 모듈에서 솔라셀이 점유하는 면적의 비율을 나타내는 지표이다. 이에 의해 동작 온도와 출력 전력이 영향을 받는다. 솔라 모듈에서 셀의 배치 밀도가 높아야 하므로 과거에 사용하던 원형 솔라셀은 거의 사용하지 않는다. 단결정 셀은 준사각 형태인 반면 다결정 솔라셀은 사각형이기 때문에 단결정에 비해 효율은 낮지만 배치 밀도는 높일 수 있는 것이 장점이다.

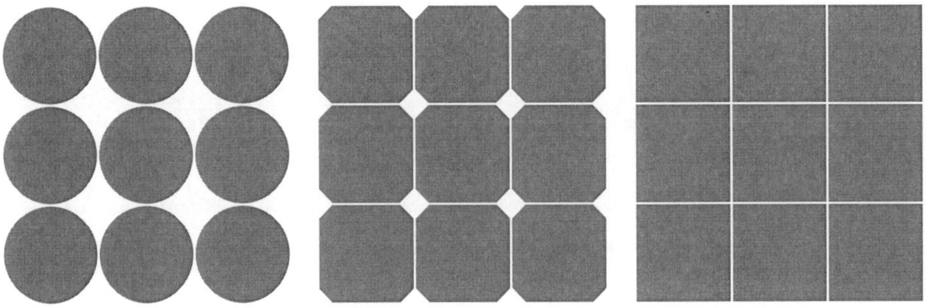

◖ 그림 18-3 ◗ 솔라셀 형태에 따른 모듈 내부 셀 배치 밀도

(2) 모듈 특성

단위 솔라셀로는 충분한 전압을 얻을 수 없기 때문에 솔라 모듈은 다수의 솔라셀을 직결하여 높은 동작 전압에서 작동하도록 구성한다. 솔라 모듈의 출력전압은 직렬 연결한 셀의 숫자에 비례하는데 단위 셀의 개방전압이 통상 0.6[V]이므로 36셀 모듈이면 약 22[V], 72셀 모듈이면 약 44[V]까지 얻을 수 있다.

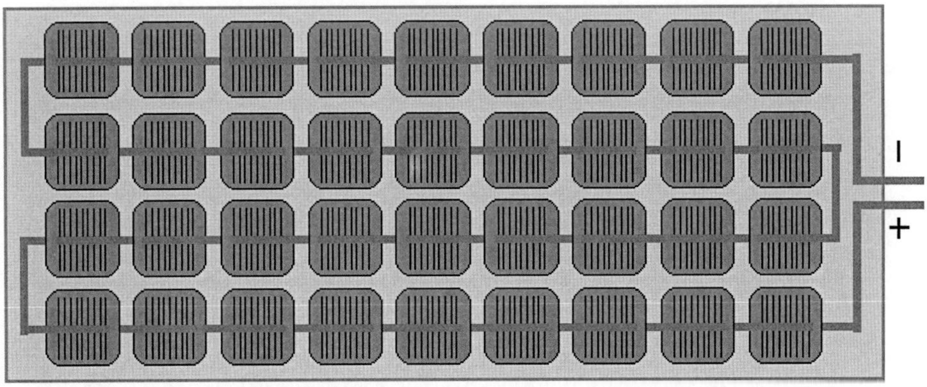

◖ 그림 18-4 ◗ 36셀 모듈의 내부 결선 구조

반면 솔라셀이 직결된 모듈의 출력 전류는 단위 셀의 출력전류와 동일하므로 셀 면적과 효율에 의해 결정된다. $AM\,1.5G$ 일조 조건에서 솔라셀의 전류 밀도는 대략 30~36[mA/cm^2] 인데, 156×156[mm^2] 크기의 솔라셀로 구성한 모듈로 7~8[A]의 출력 전류를 얻을 수 있다.

앞에서 살펴본 단위 셀의 전압 전류 특성으로부터 N개의 셀을 직렬 연결하고 이를 M개 병렬 연결했을 때 출력 특성을 구할 수 있다. 단위 셀의 특성에 비해 개방전압은 직결 개수만큼 N배로 늘어나고, 단락전류는 M배로 증가한다.

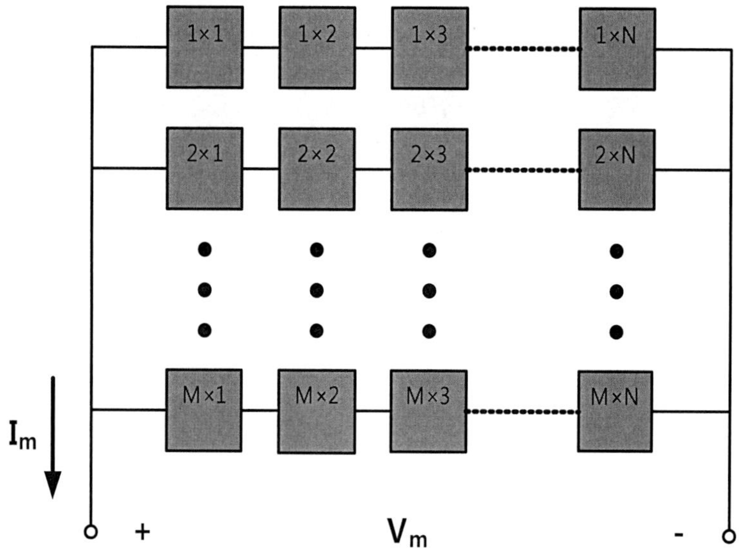

《 그림 18-5 》 M×N 결선 구조

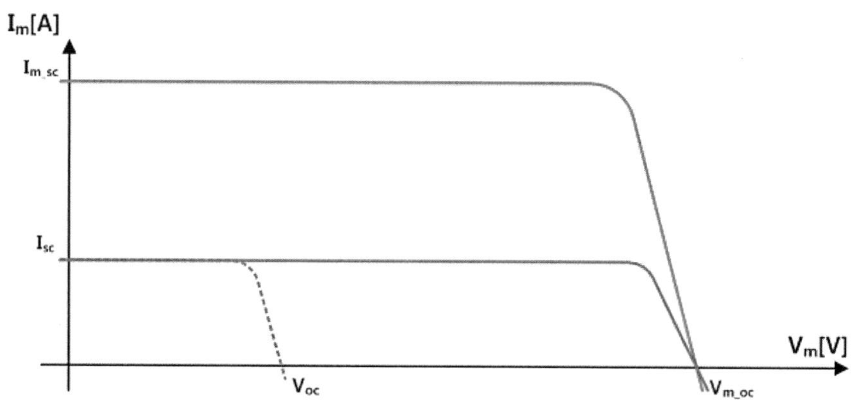

《 그림 18-6 》 M×N 결선구조에서 셀과 모듈의 출력 특성

따라서 만일 솔라셀을 직결한 모듈에서 각각의 셀 특성이 같다면 동일한 일조조건에서 같은 동작점에서 작동할 것이고 전체 전압 전류 특성은 개별 솔라셀에 비해 개방전압만 달라질 뿐 동일한 형태가 될 것이다.

- 셀 출력

$$I = I_L - I_o\left[\exp\left(\frac{V}{V_T}\right) - 1\right] \cong I_L - I_o \cdot \exp\left(\frac{V}{V_T}\right)$$

$$I_{sc} = I_L - I_o \cong I_L$$

$$V_{oc} = V_T \cdot \ln\left(\frac{I_L}{I_o} + 1\right) \cong V_T \cdot \ln\left(\frac{I_L}{I_o}\right) = V_T \cdot \ln\left(\frac{I_{sc}}{I_o}\right)$$

- 모듈 출력

$$I_m = M \cdot I_L - M \cdot I_o\left[\exp\left(\frac{V_m}{N \cdot V_T}\right) - 1\right] \cong M \cdot I_L - M \cdot I_o \cdot \exp\left(\frac{V_m}{N \cdot V_T}\right)$$

$$I_{m_{sc}} = M(I_L - I_o) \cong M \cdot I_L$$

$$V_{m_{oc}} = N \cdot V_T \cdot \ln\left(\frac{I_L}{I_o} + 1\right) \cong N \cdot V_T \cdot \ln\left(\frac{I_L}{I_o}\right) = N \cdot V_T \cdot \ln\left(\frac{I_{sc}}{I_o}\right)$$

18.1.2 솔라셀 비정합

솔라 모듈은 다수의 솔라셀을 직결한 상태이므로 이 상태에서 발생하는 비정합(mis-matching) 현상만 고려하면 된다. 동일한 셀이 직결된 모듈은 각 셀에 같은 크기의 전류가 흐르므로 모듈의 단락전류와 단위 셀의 단락전류가 동일하지만, 개방전압은 직결 개수에 비례해서 증가한다. 예를 들어 동일한 셀을 2개 연결했다면 개방전압은 2배가 되어야 정상이다.

$$I_{sc1} = I_{sc2} = I_{sc} = I_{m\_sc}$$

$$V_{oc1} = V_{oc2} = V_{oc}$$

$$\rightarrow V_{m_{oc}} = V_{oc1} + V_{oc2} = 2V_{oc}$$

동일한 셀을 연결한 모듈이라도 부분적으로 특정 셀에만 음영이 생기면 셀 출력 특성이 달라진다. 따라서 솔라 모듈을 구성하는 셀간 출력 특성에 차이가 발생해서 비정합 현상이 발생할 수 있다. 이러한 직렬 비정합 영향은 셀간의 개방전압 차이에 의한 결과와 단락전류 차이에 의한 결과로 구분해서 생각할 수 있다.

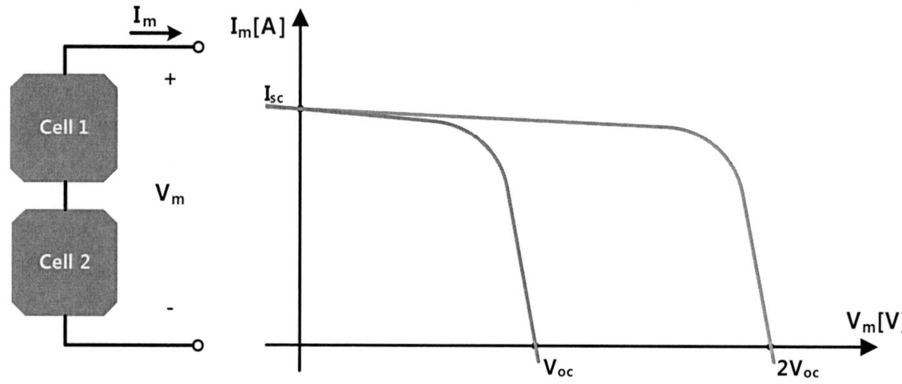

◀ 그림 18-7 ▶ 동일한 솔라셀로 구성된 솔라 모듈의 출력 특성

먼저 개방전압 차이에 의한 직렬 비정합을 살펴보면 모듈 전류는 각 셀에 흐르는 전류와 동일하고, 모듈 전압은 각 셀 전압을 더한 것과 같으므로 모듈 개방전압만 약간 감소할 뿐 전체적인 특성에 미치는 영향은 크지 않다. 따라서 최대 전력 동작점에서 생성된 전체 전력은 각 셀이 생성할 수 있는 최대 전력의 합과 같으므로 소폭 감소한 형태가 된다.

$$V_{oc} = V_{oc1} > V_{oc2} \rightarrow V_{m_{oc}} = V_{oc1} + V_{oc2} < 2V_{oc}$$

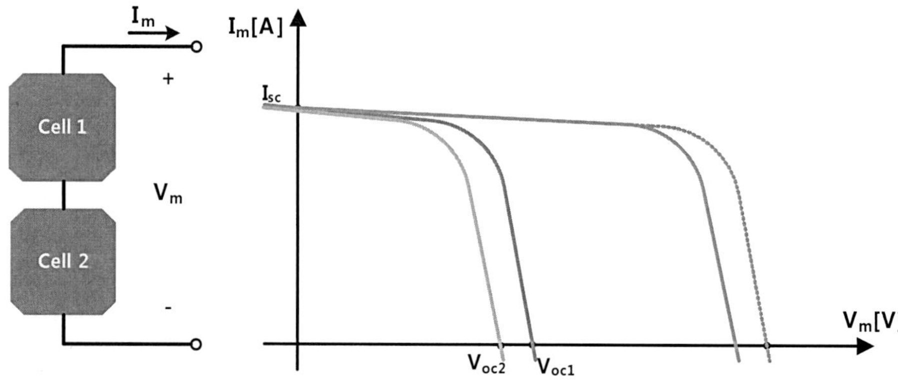

◀ 그림 18-8 ▶ 개방전압 차이에 의한 직렬 비정합

이에 반해 단락전류 차이가 발생하면 모듈의 성능을 크게 떨어뜨린다. 직렬 셀에 흐르는 전류는 동일해야 하므로 전체 모듈 전류는 두 셀 중에 단락전류가 작은 불량 셀에 흐르는 전류의 크기로 제한된다.

$$I_{sc} = I_{sc1} > I_{sc2} \rightarrow I_{m_{sc}} = I_{sc2} < I_{sc}$$

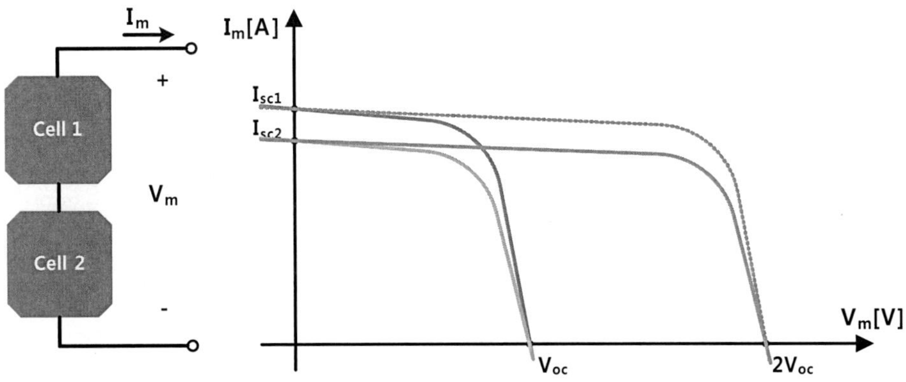

그림 18-9 단락전류 차이에 의한 직렬 비정합

앞서 설명한 셀간 단락전류 차이에 의한 직렬 비정합을 좀 더 자세히 살펴보자. 2개의 셀이 직결된 모듈에서 하나의 셀에 50%의 부분 음영(partial shading)이 발생했다고 가정하면 이 셀에서의 광전류, 즉 단락전류도 50%로 감소할 것이다. 음영 셀의 광전류 크기와 부하에 흐르는 전류의 크기에 따라 동작은 판이하게 달라진다.

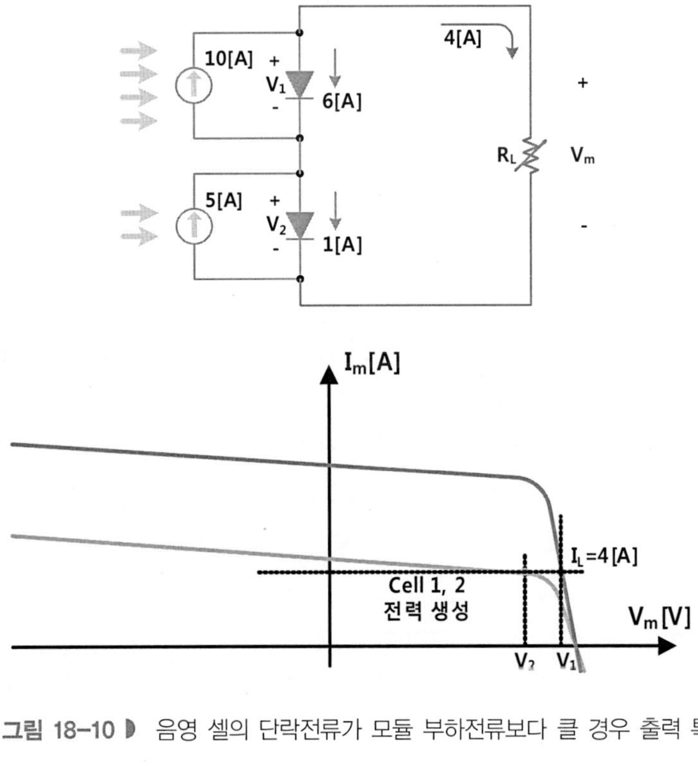

그림 18-10 음영 셀의 단락전류가 모듈 부하전류보다 클 경우 출력 특성

먼저 부분 음영이 작용한 셀의 단락전류보다 모듈의 부하 전류가 작을 때는 효율은 일부 줄지만 두 셀 모두 전력을 생산한다. 예를 들어 정상 셀에서 10[A], 음영 셀에서 5[A]의 광전류가 형성되는 일조 조건에서 부하에 4[A]의 전류가 흐르는 상황이라면 직결된 두 셀의 동작점은 아래 그림과 같이 결정되어 최적 동작점에서 벗어나지만 기본적으로 두 셀 다 전력을 생산하는 상태이다.

만일 모듈 부하 전류가 더 증가해서 부분 음영 셀의 단락전류와 같아지면 정상 셀은 좀 더 많은 전력을 생성하지만 음영 셀은 전력을 생산하지 못하는 상태가 된다.

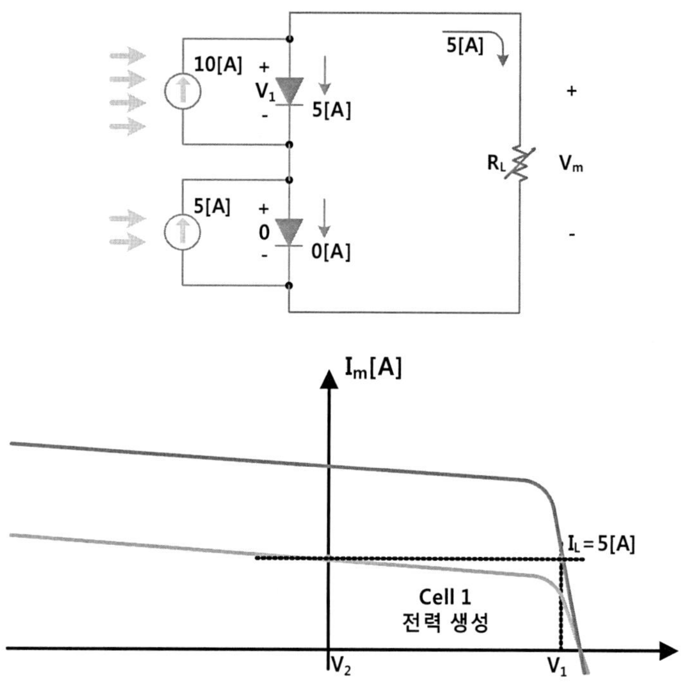

《 그림 18-11 》 음영 셀의 단락전류와 모듈 부하전류가 같을 경우 출력 특성

여기서 모듈 전류가 더 증가해서 부하가 단락($V_m = 0$)이 되면 부분 음영 셀은 정상 셀에 의해 역방향으로 바이어스되어 전력을 소비한다. 즉 부하에 전력은 더 이상 공급되지 않고 정상 셀에서 생성된 전력과 동일한 크기로 부분 음영 셀에서 전력이 소비된다.

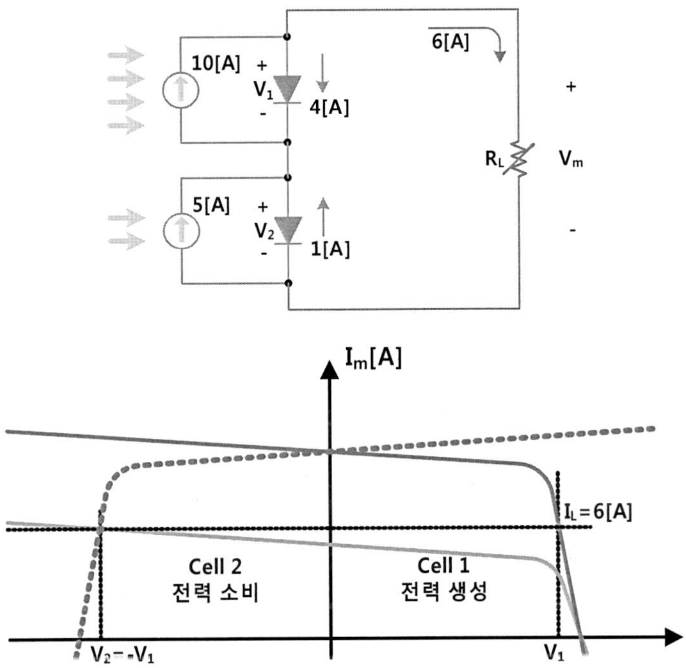

《 그림 18-12 》 음영 셀의 단락전류보다 모듈 부하전류가 커질 경우 출력 특성

이 현상은 다수의 셀이 직결된 경우 역방향 바이어스가 더 크게 증가하기 때문에 부분 음영 셀의 내부 전력 소비가 심해진다. 따라서 불량 셀에 국부적인 발열로 인해 솔라셀의 특성이 더 나빠지므로 심각한 고장의 원인이 될 수 있다. 이러한 문제를 해결하기 위해 솔라셀에 역병렬로 바이패스(bypass) 다이오드를 연결하면 부분 음영 셀의 국부적인 과열 현상을 크게 줄일 수 있다.

다음 그림에서 보이는 바와 같이 불량셀의 단락전류에 비해 부하 전류가 작거나 같은 경우 바이패스 다이오드는 아무런 기능을 하지 않지만 모듈 부하 전류가 더 증가하면 불량 셀에 역방향으로 흐르던 전류는 바이패스를 통해 흐르게 된다. 따라서 불량 솔라셀에서 소비하던 전력 중 일부가 바이패스 다이오드에서 소비되므로 발열 현상이 완화된다.

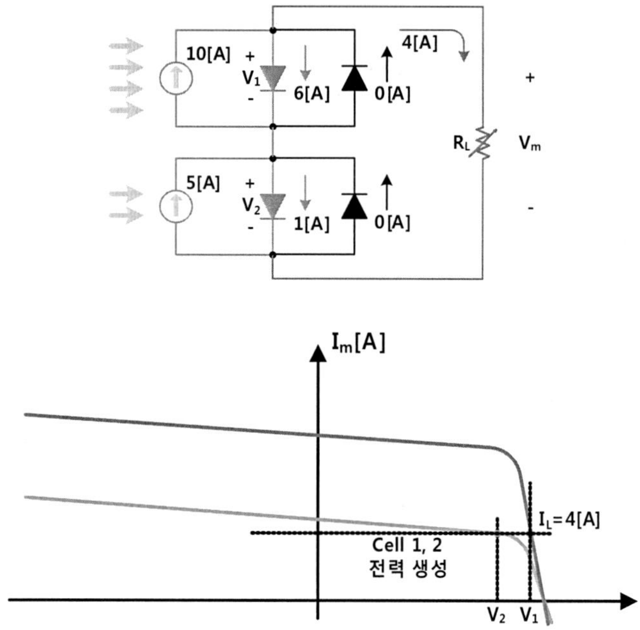

《 그림 18-13 》 음영 셀의 단락전류가 모듈 부하전류보다 클 경우 출력 특성

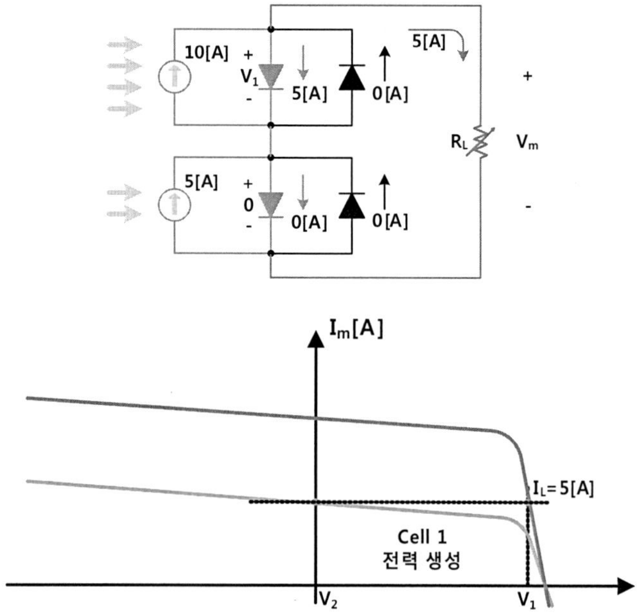

《 그림 18-14 》 음영 셀의 단락전류와 모듈 부하전류가 같을 경우 출력 특성

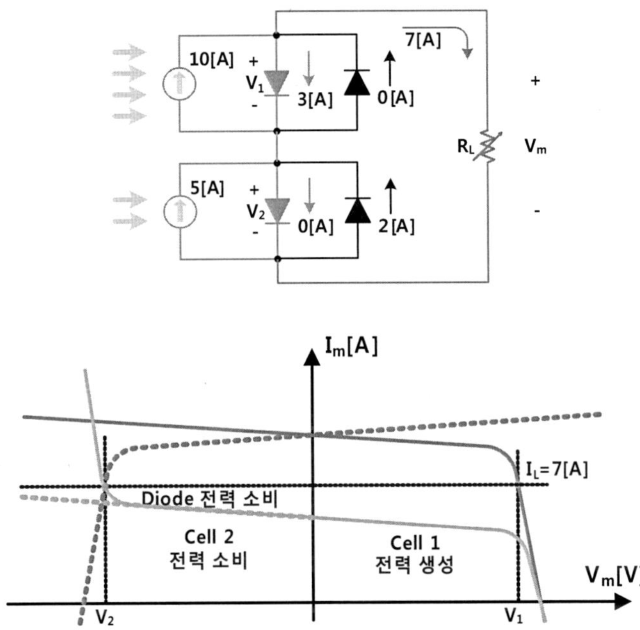

《 그림 18-15 》 음영 셀의 단락전류보다 모듈 부하전류가 커질 경우 출력 특성

특히 다수의 솔라셀이 직결된 경우에 특정 셀에 부분 음영이 발생하더라도 불량 셀에 작용하는 역방향 전압은 바이패스 다이오드 도통 전압인 0.7[V] 부근으로 제한되므로 불량 셀 내부에서 소비하는 전력을 크게 줄일 수 있다. 따라서 솔라 모듈을 구성할 때 개별 셀에 바이패스 다이오드를 달면 불량 셀에 작용하는 역방향 전압을 0.7[V] 부근으로 제한할 수 있으므로 가장 좋은 결과를 얻을 수 있다.

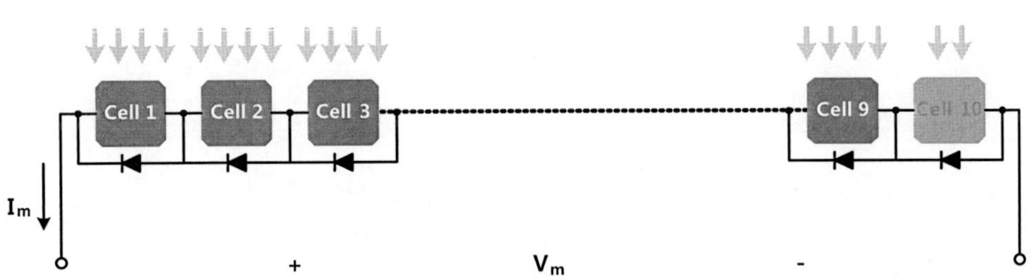

《 그림 18-16 》 솔라셀별 바이패스 다이오드 결선

그러나 이는 경제적으로 비용이 너무 많이 드는 방법이므로 실제로는 몇 개의 솔라 셀을 그룹으로 묶어서 하나씩 연결하는 방법을 많이 사용한다. 이 경우 부분 음영에 의한 불량 솔라셀의 내부 전력 소비는 동일 그룹 내 정상 솔라셀들이 생성하는 전력과 거의 같으므로

이를 감안하여 결선하면 된다. 통상 36셀형 Si 솔라 모듈은 2개의 바이패스 다이오드를, 그리고 60셀 직결형 모듈이라면 3개의 다이오드를 달면 충분히 안정적으로 사용할 수 있다.

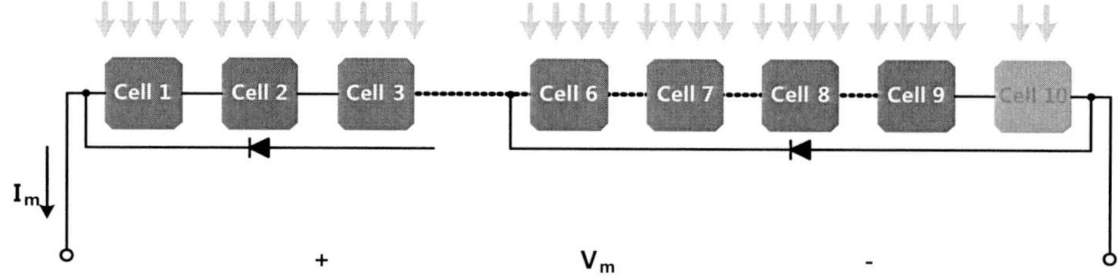

《 그림 18-17 》 솔라셀 그룹별 바이패스 다이오드 결선

18.2 솔라 어레이(array)

일반적으로 PV 시스템에는 다수의 솔라 모듈을 직/병렬로 결선해서 사용한다. 이때 전체 출력전압을 높이기 위해 모듈을 직렬 연결한 구조를 솔라 스트링(string)이라 하고 전류 공급 능력을 높이기 위해 스트링을 다시 병렬로 연결한 구조를 솔라 블록(block)이라고 한다. 모듈을 직/병렬로 연결한 구조를 솔라 어레이(array)라고 부르는데, 전체 어레이의 배치는 전력 공급 크기에 따라 달라진다. 즉 출력전압을 높이기 위해선 스트링의 내부 모듈 수를 늘려야 하며, 출력 전류를 키우기 위해선 블록 내 스트링의 개수를 늘리면 된다.

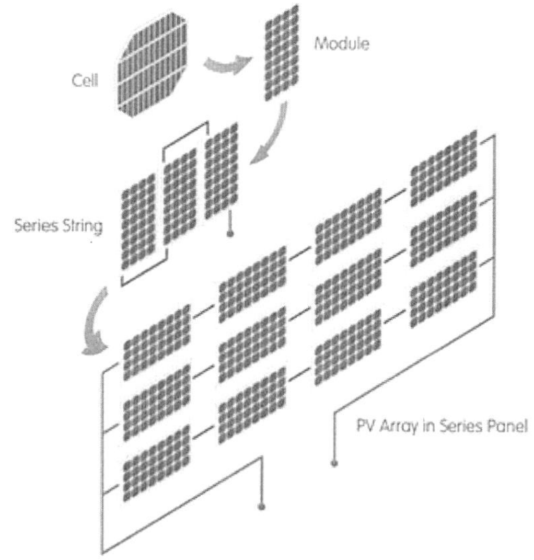

《 그림 18-18 》 솔라 셀/모듈/스트링/블록/어레이

18.2.1 모듈 비정합

솔라 어레이 구조에서 특정 모듈에 부분 음영이 발생해서 모듈 전류가 감소하면 이는 직렬 비정합과 동일한 현상으로 이해할 수 있다. 따라서 모듈에 바이패스 다이오드가 없다면 불량 패널에 역방향 전압이 형성되어 내부 전력 소비가 크게 발생한다. 그러나 실제로는 바이패스 다이오드로 전류가 분산되면서 모듈에 전력 소비를 발생시키는 역방향 전압이 바이패스 다이오드의 도통(ON) 전압 크기로 제한되므로 결국 패널 내부 전력 소비량이 감소하게 된다.

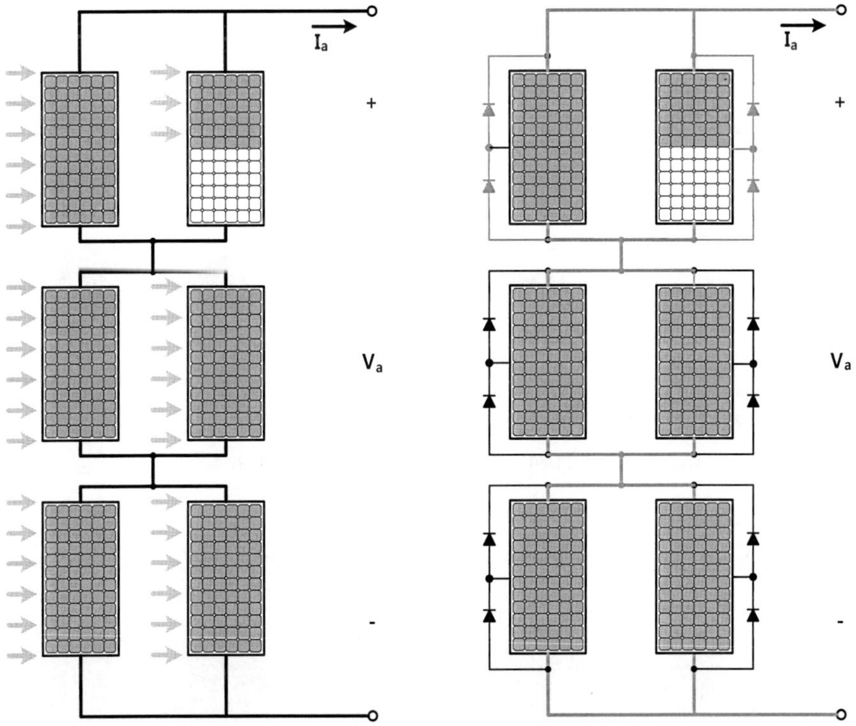

《 그림 18-19 》 솔라 모듈의 직렬 비정합과 바이패스 다이오드의 역할

그런데 바이패스 다이오드로 전류가 흐르면서 가열되면 포화전류와 유효 저항이 줄게 되어 더 많은 전류가 다이오드를 통해 흐르게 되고, 결국 다이오드의 온도가 더 상승하면서 전류가 증가하는 악순환이 발생한다. 따라서 바이패스 다이오드의 정격(rating)이 충분히 크지 않으면 치명적인 고장의 원인이 될 수 있다.

한편 솔라 모듈이나 스트링이 병렬로 연결된 상태에서도 비정합이 발생할 수 있다. 동일한 모듈이 병렬 연결된 어레이에서 각 모듈의 개방전압은 같으므로 모듈의 개방전압과 어레이의 개방전압은 동일하다. 그러나 단락전류는 병렬 연결된 모듈의 개수에 비례해서 증가한다. 예를 들어 모듈을 2개 병렬 연결했다면 전체 어레이의 단락전류는 2배가 되어야 정상이다.

$$V_{m_{oc1}} = V_{m_{oc2}} = V_{m_{oc}} = V_{a_{oc}}$$

$$I_{m_{sc1}} = I_{m_{sc2}} = I_{m_{sc}} \rightarrow I_{a_{sc}} = 2 \cdot I_{m_{sc}}$$

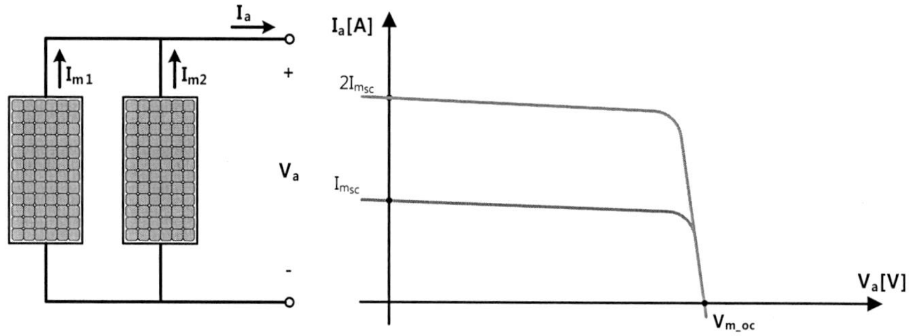

◀ 그림 18-20 ▶ 동일한 솔라 모듈로 구성된 솔라 어레이의 출력 특성

병렬 비정합의 영향은 모듈간 단락전류의 차이에 의한 결과와 개방전압 차이에 의한 결과로 구분해서 생각할 수 있다. 먼저 단락전류 차이에 의한 병렬 비정합을 살펴보자. 이때 전체 어레이 전압은 각 모듈의 출력전압과 동일하고, 전체 어레이 전류는 각 모듈의 출력전류를 더한 것과 같으므로 어레이 단락전류가 소폭 감소할 뿐 전체 특성에 미치는 영향은 크지 않다. 최대 전력 동작점에서 생성되는 전체 전력은 각 모듈이 생성할 수 있는 최대 전력의 합과 같으므로 소폭 감소한 형태가 된다.

$$I_{m_{sc}} = I_{m_{sc1}} > I_{m_{sc2}} \rightarrow I_{a_{sc}} = I_{m_{sc1}} + I_{m_{sc2}} < 2 \cdot I_{m_{sc}}$$

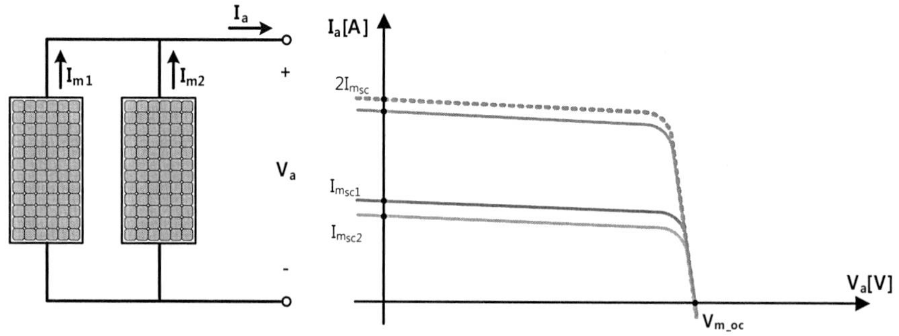

◀ 그림 18-21 ▶ 모듈 단락전류 차이에 의한 병렬 비정합

반면 병렬 연결된 모듈간 개방전압 차이가 발생하면 어레이의 성능은 크게 나빠진다. 병렬 모듈의 출력전압은 동일해야 하므로 어레이 출력전압은 두 모듈 중 개방전압이 작은 불량 모듈에 의해 영향을 받게 되어 정상적인 모듈 출력도 감소한다.

$$V_{m_{oc}} = V_{m_{oc1}} > V_{m_{oc2}} \rightarrow V_{a_{oc}} < 2V_{m_{oc}}$$

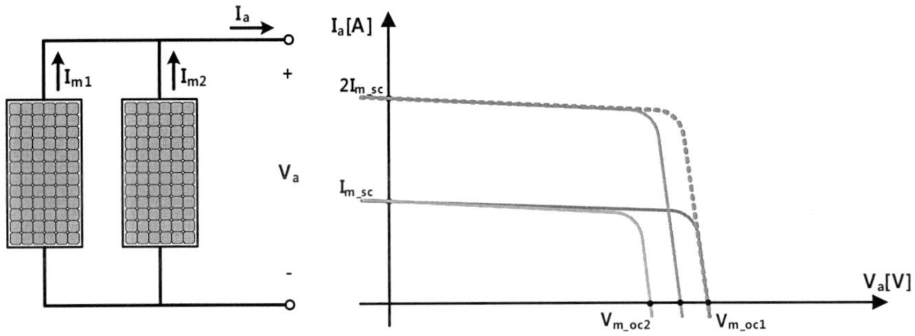

그림 18-22 개방전압 차이에 의한 병렬 비정합

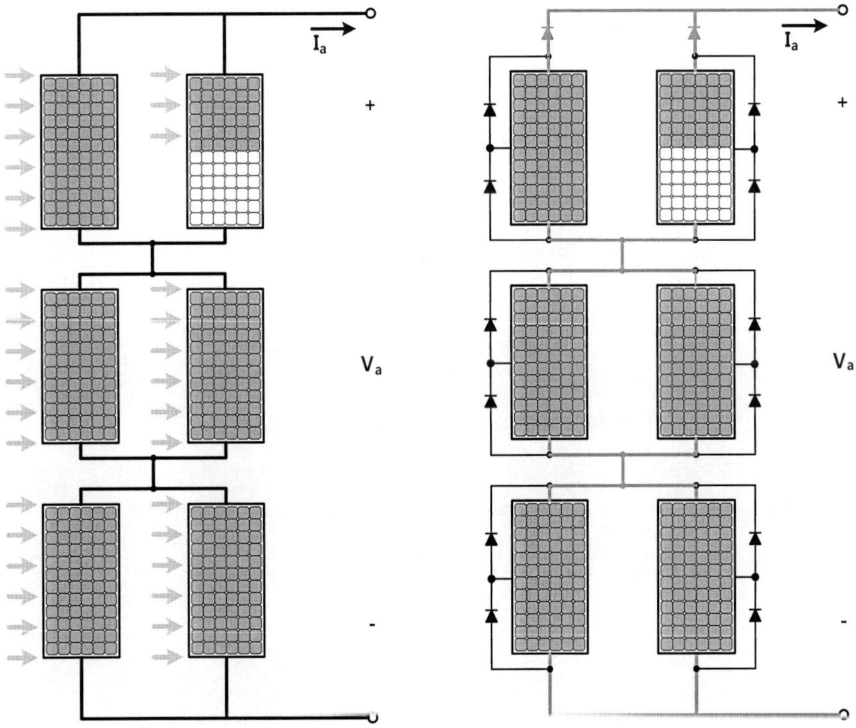

그림 18-23 솔라 모듈의 병렬 비정합과 블록킹 다이오드의 역할

한편 솔라 어레이에서 병렬로 연결된 모듈이나 스트링이 있다면 바이패스 다이오드 외에 블록킹(blocking) 다이오드가 필요하다. 블록킹 다이오드는 병렬 비정합에 의해 불량 스트링으로 전류가 유입되는 것을 방지할 뿐 아니라, 배터리 충전형 PV 시스템에서 야간에 배터리로부터 모듈로 전류가 흘러들어오는 것을 막는 용도로도 사용한다.

18.2.2 환경 신뢰성

태양광 발전 시스템에서 가장 큰 비용을 차지하는 솔라셀의 수명은 대략 20년 정도인데 고장이나 성능 저하의 대표적인 원인은 발열이나 습기 그리고 반복 응력 등이다.

(1) 온도 영향

솔라 모듈이 태양광에 노출되면 전력을 생산할 뿐 아니라 열도 발생한다. 일반적으로 솔라셀을 모듈로 밀봉하게 되면 셀 단위로 존재할 때에 비해 열 흐름이 나쁘기 때문에 동작 온도가 더 상승한다. 동작 온도가 상승하면 다이오드의 전압이 감소하기 때문에 결국 개방전압이 줄게 되어 전력 생산량이 감소한다.

$$\frac{\Delta V_{oc}}{\Delta T} = -2.2\,[\mathrm{mV/℃}]$$

솔라 모듈의 동작 온도는 모듈에서 발생하는 열과 외부로 손실되는 열 그리고 주변 온도에 의해 결정된다. 모듈에서 발생하는 열은 모듈의 동작점, 광학 특성 그리고 솔라 모듈의 집적도에 따라 달라진다. 외부로 방출되는 열은 전도, 대류, 방사 3가지 형태가 있는데, 이는 모듈을 구성하는 물질의 열 저항과 방사 능력 그리고 모듈이 장착된 위치에서의 풍속 등과 같은 주변 환경에 의해 결정된다.

일반적인 상용 솔라셀의 경우 입사 태양 에너지의 10~15%만 전기 에너지로 변환되고, 나머지는 열에너지로 변환된다. 모듈에서 발생하는 열을 결정하는 요인은 다음과 같다.

- 모듈 상부에서의 반사 정도(통상의 상용 모듈은 4% 정도의 반사광 에너지)
- 모듈의 전기적 동작점(가능한 최대 전력점에서 동작하는 것이 유리)
- 모듈 내 솔라셀이 채워지지 않은 부분에서의 태양 에너지 흡수
- 적외선 등 밴드 갭보다 낮은 저에너지 광 흡수
- 솔라 모듈의 집적도

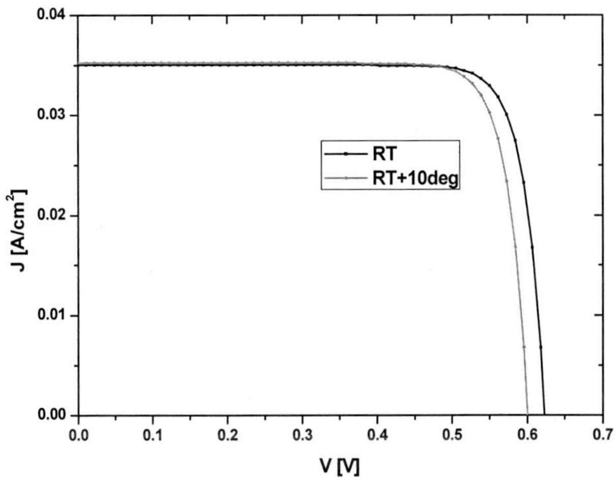

《 그림 18-24 》 솔라 모듈의 온도 특성

(2) 모듈 응력

한편 이러한 온도 상승에 의한 솔라셀의 출력 저하뿐 아니라 열 팽창 현상도 발생하기 때문에 모듈 내 셀을 직결한 결선부에 반복 응력이 작용한다. 이 경우에도 셀 간 결선부가 영향을 받지 않도록 반복 응력을 고려해서 배선 작업을 해야 한다.

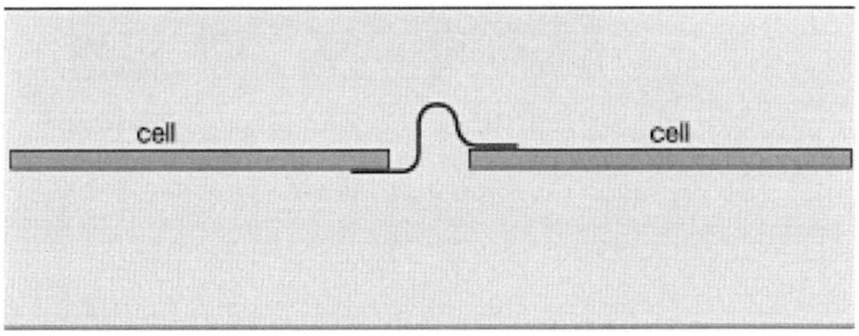

《 그림 18-25 》 모듈 내 반복 응력을 고려한 셀 간 결선

또한 모듈의 조립 과정이나 설치 과정에서 발생하는 뒤틀림에 의한 응력의 영향도 고려해야 한다. 특히 솔라셀 직결 결선 부위에서 의도치 않은 단락이 발생하게 되면 치명적인 고장의 원인이 될 수 있다.

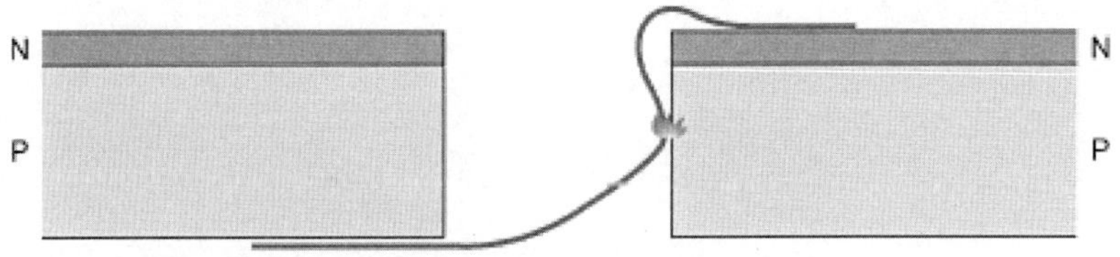

《 그림 18-26 》 결선부 단락에 의한 고장

(3) 부분 음영

온도 외에 솔라셀 성능에 직접적으로 영향을 주는 요소는 부분 음영에 의한 출력 저하이다. 부분 음영에 대한 대책은 바이패스 다이오드나 블록킹 다이오드로 완화시킬 수 있지만 근본적으로 부분 음영이 발생할 수 있는 원인을 제거해야 한다. 특히 부분 음영은 구조물의 그림자에 의해 일시적으로 생길 수도 있지만 모듈 표면에 흙이나 먼지가 부착하기 때문에 발생할 수도 있다. 솔라 모듈은 표면에 붙은 오염물질에 의해 통상 10% 정도의 출력저하가 발생하는 것으로 알려져 있다.따라서 솔라 어레이의 설치 위치를 신중히 결정해야 할 뿐 아니라 주기적인 유지 보수를 해 주는 것이 좋다.

《 그림 18-27 》 솔라 모듈의 부분 음영

찾아보기

[저자소개]

이병렬 교수

서울대학교 공학박사

현재 한국기술교육대학교 메카트로닉스공학부 교수

e-mail: bllee@koreatech.ac.kr

본 과제(결과물)는 교육과학기술부의 재원으로 지원을 받아 수행된 산학협력 선도대학(LINC) 육성사업의 연구결과입니다.

Following are results of a study on the "Leades INdustry-university Cooperation" Project, supported by the Ministry of Education, Science & Technology(MEST)

정가 16,000원

실리콘 태양전지 기술

2013년 2월 20일 초판 인쇄
2013년 2월 27일 초판 발행

저 자 : 이병렬
발행자 : 우명찬·송 준
발행처 : 홍릉과학출판사
주 소 : ㊄ 142-885 서울시 강북구 인수동 455-60
등 록 : 1976년 10월 21일 제5-66호
전 화 : 999-2274~5, 996-8341, 903-7037
팩 스 : 905-6729
ISBN : 978-89-97570-71-3

hongpub@hongpub.co.kr
www.hongpub.co.kr

저자와의 협의하에 인지생략